智能手机检测维修技能全图解

贺 鹏◎编著

中国铁道出版社有限公司
CHINA RAILWAY PUBLISHING HOUSE CO., LTD.

内 容 简 介

作为电子硬件维修实用工具书，本书力求为读者梳理出掌握智能手机检测和维修技能的实践学习方法，书中不但有对智能手机组成结构和关键电路原理的透彻理解，还有对常用维修工具使用方法的详细讲述，更从实践中总结出行之有效的检修思路和维修流程。

全书结合实操和图解来讲解，方便初学者快速掌握智能手机的检测方法。

本书内容全面，图文并茂，强调动手能力和实用技能的培养，结合图解有助于增加实践经验。本书适合作为从事专业智能手机维修工作人员的学习用书，也可作为智能手机维修培训学员的参考教材以及职业学校相关专业师生的参考资料。

图书在版编目（CIP）数据

智能手机检测维修技能全图解/贺鹏编著. —北京：中国铁道出版社有限公司，2022.4

ISBN 978-7-113-28011-6

Ⅰ.①智… Ⅱ.①贺… Ⅲ.①移动电话机-检测-图解②移动电话机-维修-图解 Ⅳ.①TN929.53-64

中国版本图书馆CIP数据核字(2021)第104703号

书　　名：智能手机检测维修技能全图解
ZHINENG SHOUJI JIANCE WEIXIU JINENG QUANTUJIE

作　　者：贺　鹏

责任编辑：荆　波　　编辑部电话：（010）51873026　　邮箱：the-tradeoff@qq.com

封面设计：高博越

责任校对：安海燕

责任印制：赵星辰

出版发行：中国铁道出版社有限公司（100054，北京市西城区右安门西街 8 号）

印　　刷：北京柏力行彩印有限公司

版　　次：2022 年 4 月第 1 版　2022 年 4 月第 1 次印刷

开　　本：787 mm×1 092 mm 1/16　印张：18　字数：426 千

书　　号：ISBN 978-7-113-28011-6

定　　价：79.00 元

前　言

为什么写这本书

智能手机在我们生活学习中的作用不言而喻，极高的使用频率和愈加复杂的电子结构让智能手机的故障发生率居高不下，因此智能手机维修服务已经成为一个有着稳定和长期需求的行业，而且随着智能手机功能的不断完善和精密程度不断提高，对掌握着扎实智能手机维修知识和实践技能的电子硬件高级维修人员的需求也在不断提升。

那么如何掌握智能手机的维修技能呢？其实也不难，只要“多看、多学、多问、多练”即可。

首先，知其然知其所以然，透彻理解智能手机的组成结构和关键电路的工作原理是我们掌握智能手机维修技能的前提，更是提升智能手机维修效率的知识保障。

其次，磨刀不误砍柴工，工具仪表（如万用表、热风焊台、可调直流稳压电源、电烙铁、吸锡器等）的使用方法和技巧是必须要掌握的。检修手机电路板时，如何才能知道电路的工作状态是否正常，哪些电子元器件出现了问题，出现了什么样的问题，如何去维修和焊接等，这些都需要借助一些工具仪表，这首先就需要掌握它们的使用方法和技巧。

然后，要掌握智能手机常见故障的产生原因、正确的维修思路以及常见电子元器件（芯片）的检测维修技巧，这些不但是一名智能手机维修人员水平高低的重要体现，更是本书的精华所在，蕴含着笔者多年的实践维修心得。

最后，要通过具体故障手机的检修实操来梳理我们学过的电路原理、维修方法和工具使用技巧，梳理出有效的实践检修思路，提升技能，积累经验。

笔者写作本书就是结合自己多年的维修经验，尝试帮助读者梳理出一条智能手机检测和维修的学习与实践之路。基于这个目的，笔者会结合实操和图解来展开本书内容的讲解，方便读者快速掌握智能手机维修技能。

全书学习地图

本书开篇讲解了智能手机电路图读图技能，并在此基础上细致分析了智能手机主要电路的结构和工作原理。

第二篇讲解了智能手机维修工具的使用技巧、芯片焊接技术以及智能手机中常见电子元器件的检测方法，为后续的手机检修实操夯实技能基础。

第三篇是本书的重点篇章，首先结合作者经验梳理了智能手机常见故障的维修思路和通用方法，然后分别讲解了智能进水故障、不开机故障、不入网 / 无信号故障、声音故障、充电及其他故障的维修实操；除此之外，还从软件方面讲解了解锁与数据恢复的实现方法。

本书特色

1　技术实用，内容丰富

本书讲解了智能手机的基本维修技能，同时总结了智能手机常见的不开机、不入网、不显示、触屏无反应、无声音、不充电、进水、解锁、恢复数据等故障的维修方法，内容丰富实用。

2　大量实训，增加经验

本书结合了大量的检测实操对智能手机的各种故障进行了实际检测判断，配备了大量的实践操作图，总结了丰富的实践经验。读者学过这些实训内容，可以轻松掌握智能手机的检测与维修技能。

3　实操图解，轻松掌握

本书讲解过程中使用了直观图解的同步讲解方式，上手更容易，学习更轻松。读者可以一目了然地看清智能手机故障的检测判断过程，可以快速掌握所学知识。

读者定位

本书通过知识 + 技能 + 实操的讲解方式铺就了一条智能手机维修学习和实践之路，旨在帮助智能手机维修从业人员夯实知识基础，提升维修水平，积累实践经验。

除此之外，鉴于本书系统的知识架构和翔实的实践操作，也可帮助智能手机维修培训学员和职业院校相关专业师生梳理知识脉络，掌握维修技能。

整体下载包

为了帮助读者更加扎实地掌握智能手机故障检测与维修技能，笔者特地为本书制作了整体下载包，内容包括：

- 9 段智能手机故障检修视频；
- 15 段常见电子元器件故障检测与判断视频；
- 智能手机维修实践相关电子文档。

整体下载包可通过图书封底的下载链接获取使用。

编者

2022 年 1 月

目 录

第一篇 智能手机电路运行原理

第1章 如何读懂智能手机电路图

第2章 智能手机射频电路结构与工作原理

第 3 章 智能手机电源电路结构与工作原理

第 4 章 智能手机处理器电路结构与工作原理

第 5 章 智能手机音频处理电路结构与工作原理

第 8 章 智能手机芯片焊接技术

第 9 章 智能手机电路常用电子元器件检测方法

第三篇 智能手机维修实操

第 10 章 智能手机常见故障诊断与通用维修方法

第 11 章 智能手机无法开机故障检测维修实操

第 12 章 智能手机不入网 / 无信号故障检测维修实操

第 16 章 智能手机解锁与数据恢复维修实操

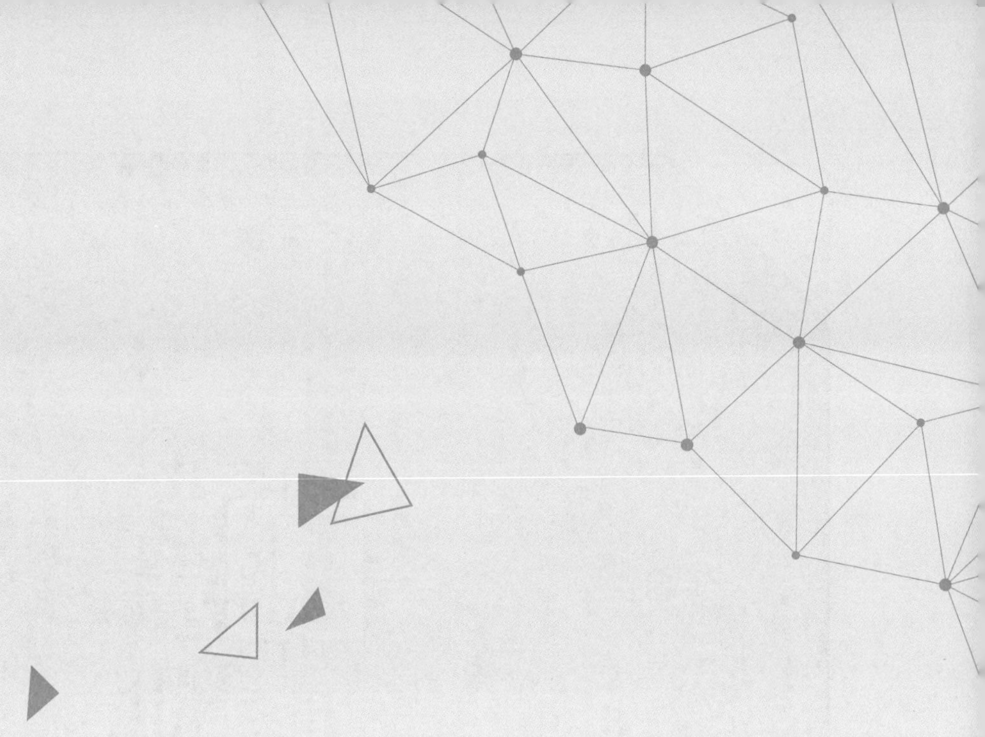

第一篇

智能手机电路运行原理

智能手机的核心是内部的电路板，电路板上有很多电路，如射频电路、电源和充电电路、处理器电路（逻辑电路）、音频电路、液晶显示屏电路、触摸屏电路、照相电路、USB 接口电路等。在实际维修过程中，手机硬件电路故障占很大比例。由于智能手机的集成度非常高，要想快速准确地找到故障原因，就必须掌握智能手机电路的组成结构和工作原理。

本篇内容首先讲解如何读懂智能手机的电路图，并在此基础上详细讲解智能手机硬件电路的结构和工作原理，帮助读者对智能手机硬件电路信号工作的各个环节了如指掌。

如何读懂智能手机电路图

智能手机电路图是人们为了研究手机电路而用约定符号和特殊绘制方法绘制的图形。看懂并透彻理解智能手机电路图，对检测和维修手机都是至关重要的。本章将详细讲解智能手机电路图的组成元素、读图方法等内容。

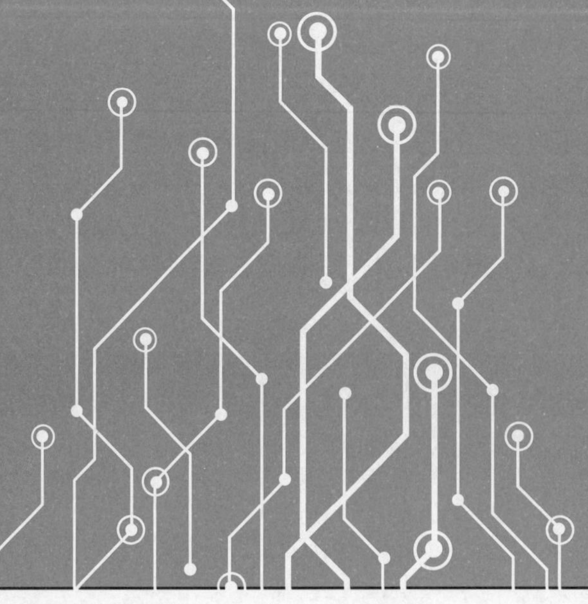

1.1 智能手机电路图读图基础

智能手机电路图比较复杂，涉及的内容比较多，想要掌握手机电路图的读图方法，最好先对电路图的基本知识做一个了解，如什么是电路图、电路图的组成元素、电路图的种类及相关专业名词等，下面本节将重点讲解这些内容。

1.1.1 什么是电路图

电路图是人们为了研究和工程的需要，用约定的符号绘制的一种表示电路结构的图形。通过电路图可以分析和了解实际电路的情况。这样，我们在分析电路时，就不必把实物翻来覆去地琢磨，而只要拿着一张图纸即可，大大提高了工作效率。图 1-1 所示为手机的部分电路图。

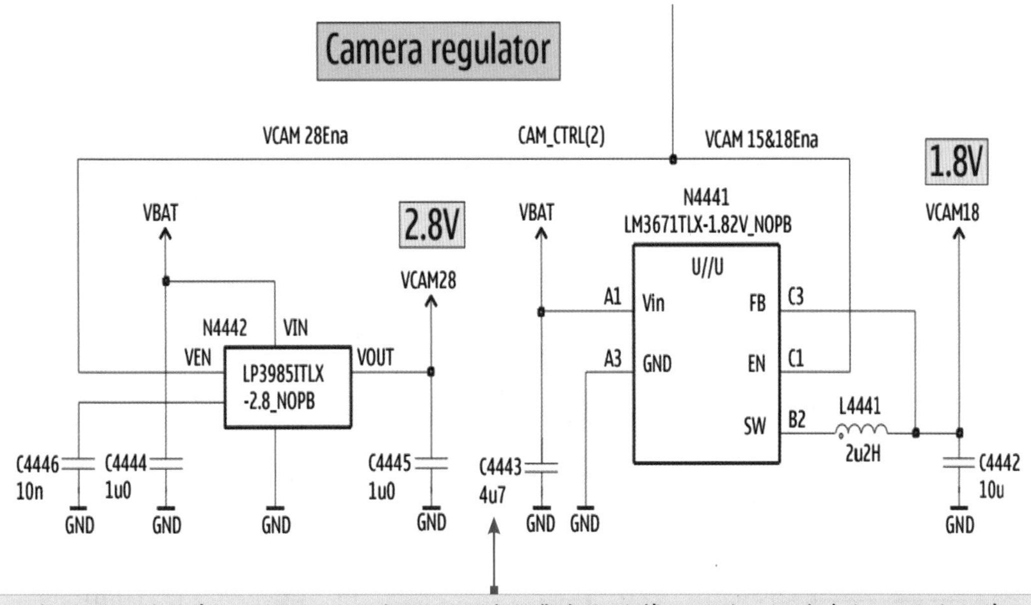

图 1-1 手机的部分电路图

1.1.2 智能手机电路图的组成元素

电路图主要由元器件符号、连线、结点、注释四大部分组成，如图 1-2 所示。

（1）元器件符号。表示实际电路中的元件，其形状与实际的元器件不一定相似，甚至完全不一样。但是它一般都表示出了元器件的特点，而且引脚的数目都和实际元器件保持一致。

（2）连线。表示实际电路中的导线，在原理图中虽然是一根线，但在常用的印制电路板中往往不是线，而是各种形状的铜箔块，就像收音机原理图中的许多连线在印制电路板图中并不一定都是线形的，也可以是一定形状的铜膜。还要注意的是，在电路原理图中总线的画法经常是采用一条粗线，在这条粗线上再分支出若干支线连到各处。

（3）结点。表示几个元件引脚或几条导线之间相互的连接关系。所有和结点相连的元件引脚、导线，不论数目多少，都是导通的。不可避免的，在电路中肯定会有交叉的现象，为了区别交叉相连和不连接，一般在电路图制作时，给相连的交叉点加实心圆点表示，不相连的交叉点不加实心圆点或绕半圆表示，也有个别的电路图是用空心圆来表示不相连的。

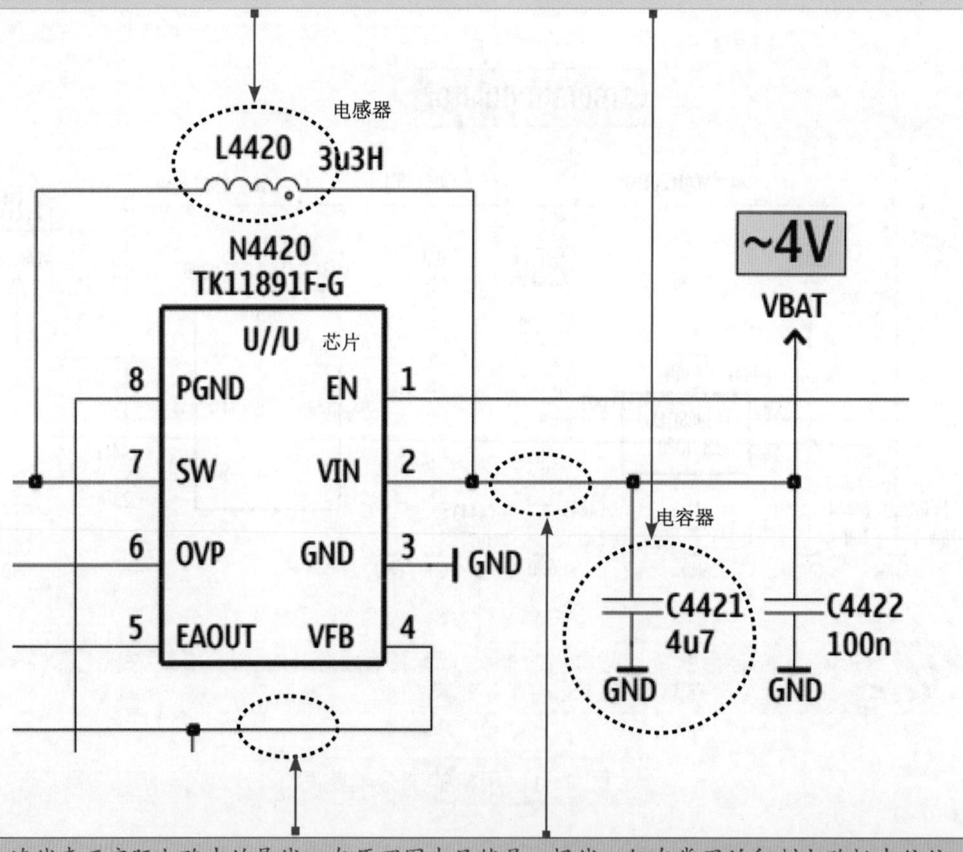

图 1-2　电路图组成元素

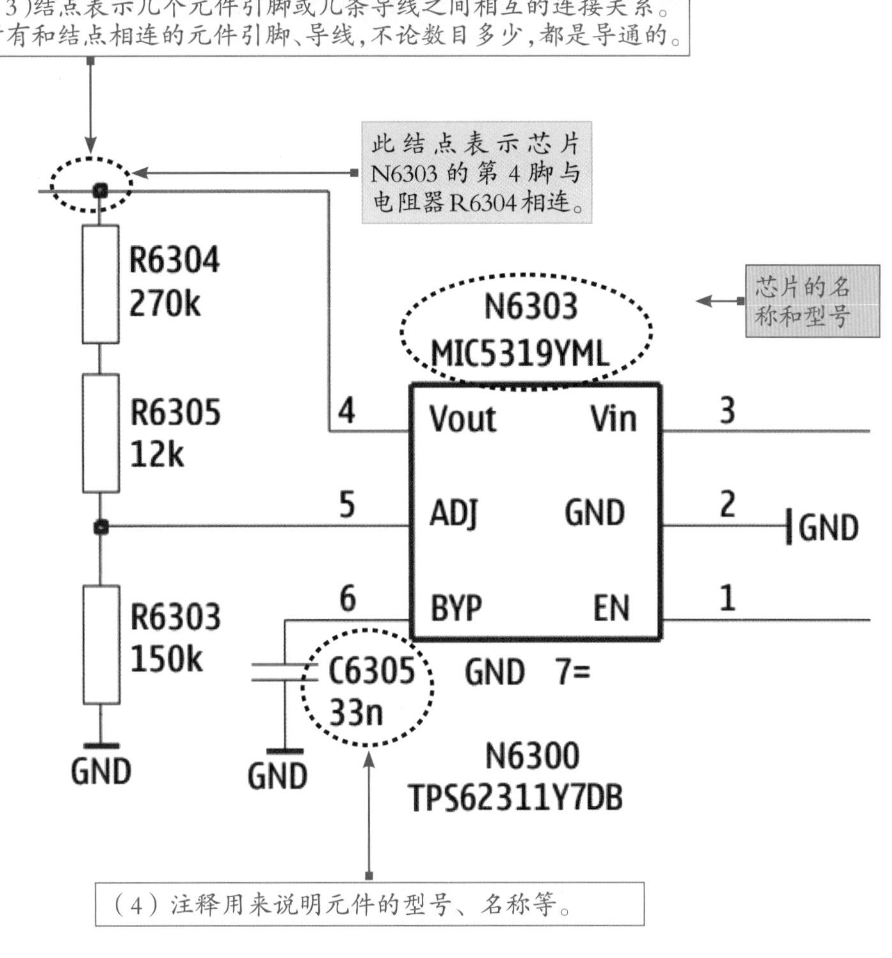

图 1-2　电路图组成元素（续）

（4）注释。在电路图中十分重要，电路图中所有的文字都可以归入注释一类。细看以上各图就会发现，在电路图的各个地方都有注释存在，它们用来说明元件的型号、名称等。

1.1.3　维修中常用到的手机电路图

日常维修中经常用到的手机电路图主要有电路原理图和元器件位置图两种，它们分别体现了电子电路的工作原理和各个元器件的名称、位置，是维修人员工作中的重要参考依据，下面详细分析。

1. 电路原理图

电路原理图就是用来体现电子电路的工作原理的一种电路图。这种图，由于它直接体现了电子电路的结构和工作原理，所以一般用在设计、分析电路中，如图 1-3 所示。

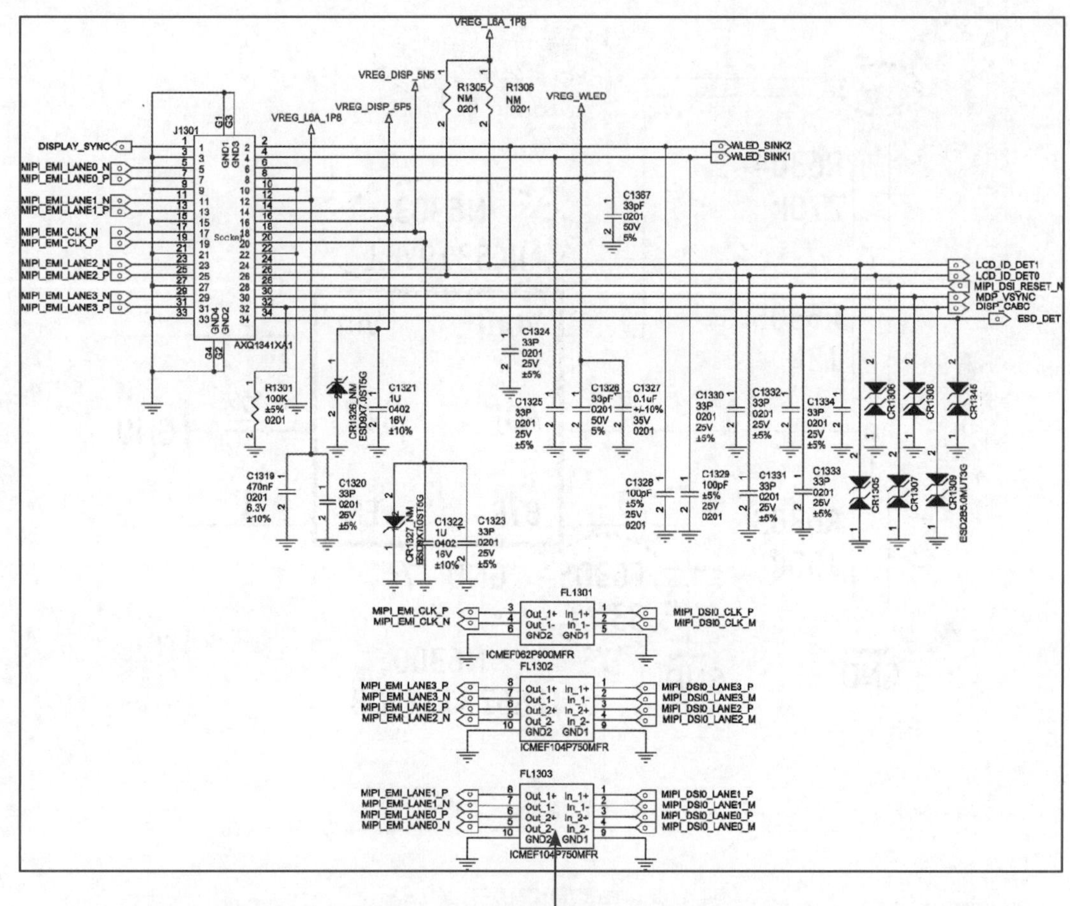

电路原理图中还给出了每个元器件的具体参数，为检测和更换元器件提供依据；给出了许多工作点的电压、电流参数等，为快速查找和检修电路故障提供方便。除此之外，还提供一些与识图有关的提示、信息等。

图 1-3　电路原理图

在电路原理图中，用符号代表各种电子元器件，它给出了产品的电路结构、各单元电路的具体形式和单元电路之间的连接方式。

2. 电路元器件位置图

电路元器件位置图是为进一步了解手机电路中各个元器件的名称和位置的图。由于手机是高度集成的电子设备，电路板上元器件比较密集，且没有标注元器件的符号名称，因此在维修时，需要结合位置图了解疑似故障元器件的名称，如图 1-4 所示。

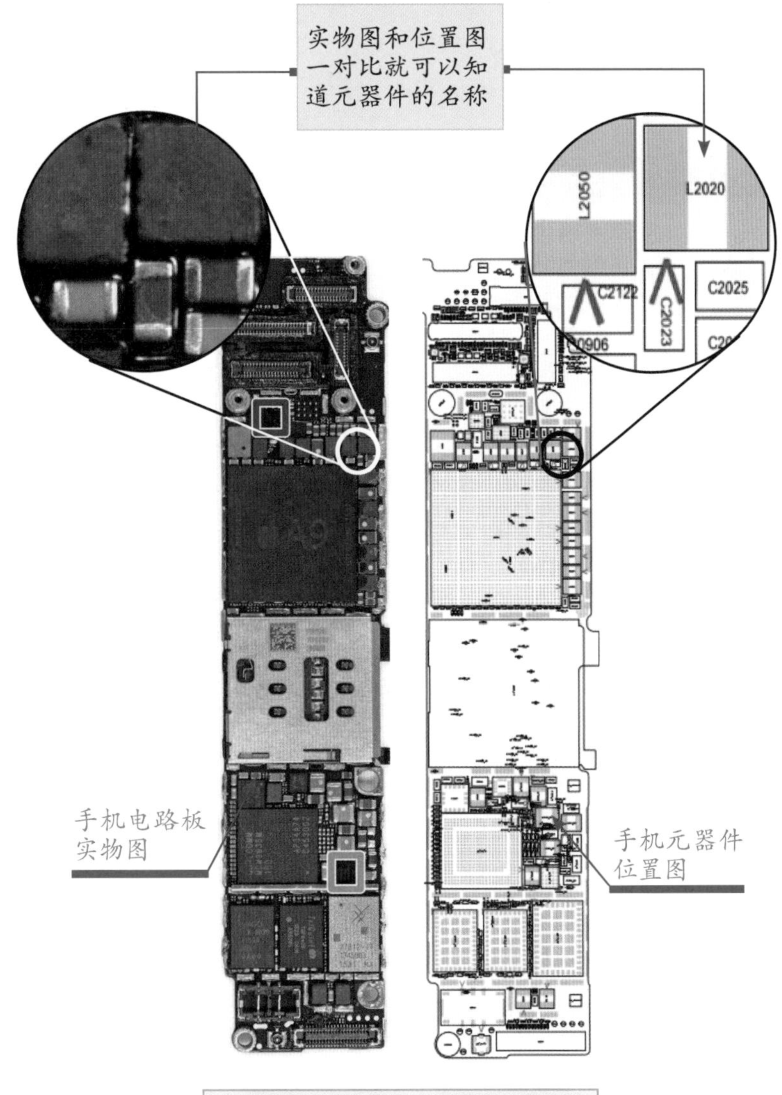

图 1-4　手机元器件位置图

1.1.4　手机电路图中相关名词解释

电路图中会涉及许多英文标识，这些标识主要起到辅助解图的作用，如果不了解它们，根本不知道它们的作用，也就根本不可能看得懂原理图。在这里我们会将主要的英文标识进行解释，如表 1-1 所示。

表 1-1　手机电路图中相关名词解释

英文标识	中文名称	英文标识	中文名称
ADC	模数转换器	BYTE	二进制
ADD	地址	CAMERA	照相机

续 表

英文标识	中文名称	英文标识	中文名称
ADDRESS	地址	CARD	卡
AFC	自动频率控制	CHANGE	改变
ALERTER	振铃	CHANNEL	频道
ANT	天线	CHARGING	充电
APC	自动功率控制	CHIP	芯片
AUDIO	音频	CLOCK	时钟
AVDD	模拟电压	COMPASS	罗盘
BACKLIGHT	背光灯	CANNECTAOR	连接器
BASEBAND	基带	CONTROL	控制
BIAS	偏置	CPU	中央处理器
BLUETOOTH	蓝牙	DATA	数据
DCS	1800M频段	MIC	麦克风
DETECT	检测	MODE	模式
DIGITAL	数字	RF	射频
EARPHON	耳机	RX	接收
EN	使能	SEL	片选
ENABLE	使能	SELECT	选择
FLASH	闪存	SENSOR	感应器
FM	调频	SPEAKER	扬声器
GND	接地	SPK	扬声器
GSM	900M频段	SPKN	扬声器负
HEADSET	送话器	SPKP	扬声器正
HORIZONTAL	水平	SYNC	同步
I/O	输入/输出接口	SYS	系统
INTERRUPT	切断	TEST	测试
LCD	液晶屏	TORCH	手电筒
LDO	低压差线性稳压器	TOUCH PANEL	触摸屏
LED	发光二极管	TP	测试点
MEMORY	存储器	TX	发射

看懂电路原理图中的各种标识

读懂电路原理图首先应建立图形符号与电气设备或部件的对应关系，以及明确文字标识的含义，才能了解电路图所表达的功能、连接关系等，如图 1-5 所示。

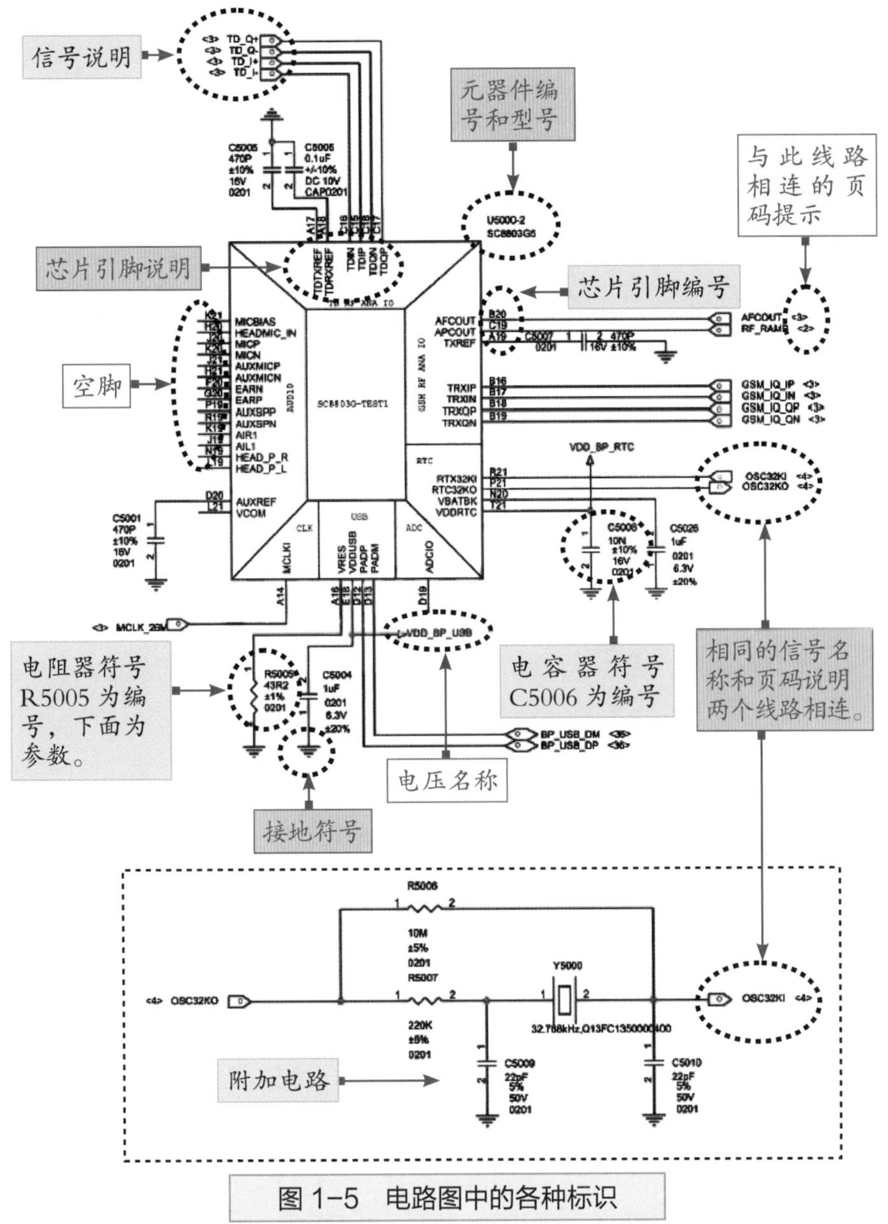

图 1-5　电路图中的各种标识

1.2.1　手机电路图中的元器件编号

电路图中对每一个元器件进行编号。编号规则一般为字母 + 数字，如 CPU 芯片的编号为 U101。

1. 电阻器的符号和编号

电阻器的符号和编号如图 1-6 所示。

电阻器一般用字母“R”来表示。除了图中的符号，还用━▭━表示电阻器，图中R5030，R表示电阻器，5030是其编号，100k为其容量表示100kΩ，±5%为其精度，0201为其规格。

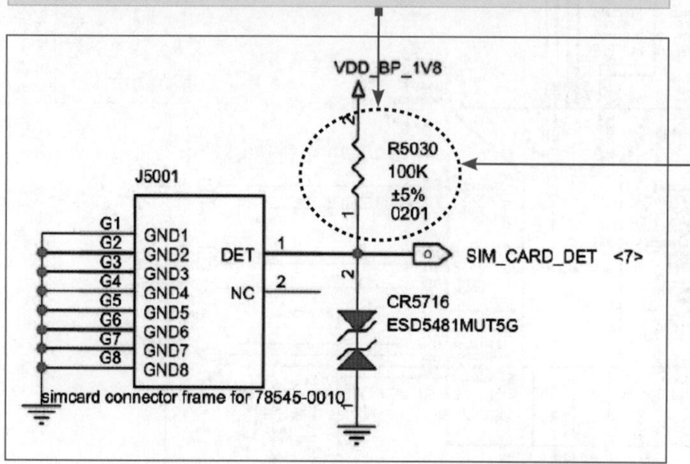

在电路中，电阻器的主要作用是稳定和调节电路中的电流和电压，即控制某一部分电路的电压和电流比例的作用。

图 1-6　电阻器的符号和编号

2. 电容器的符号和编号

电容器的符号和编号如图 1-7 所示。

电容器一般用字母“C”来表示。通常用在供电电路中，C607中的C表示电容器，607为编号，22uF为其容量，0603为其规格，6.3V为其耐压参数，±20%为其精度参数。

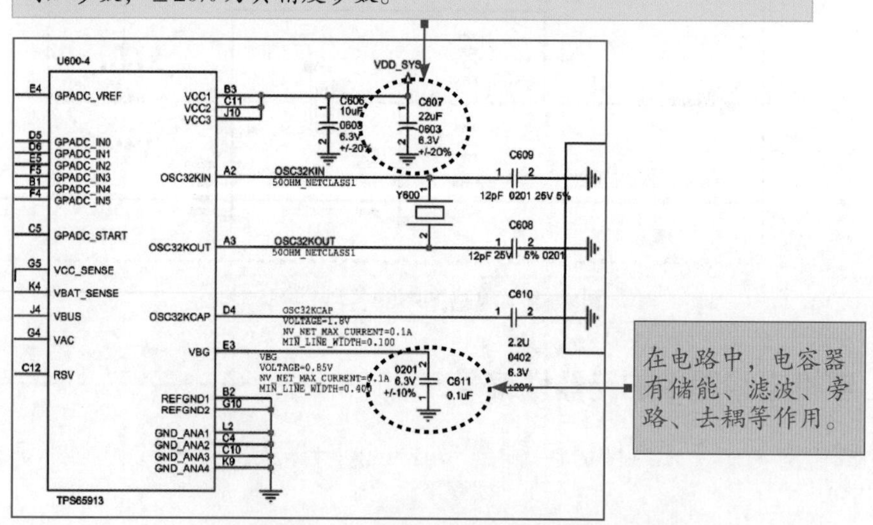

图 1-7　电容器的符号和编号

3. 电感器的符号和编号

电感器的符号和编号如图 1-8 所示。

电感器是一般用字母“L”表示。图中电感器的符号表示有铁芯的电感器，电感器通常用在供电电路中，L802 中的 L 表示电感器，802 为编号，33ohm 为感抗值，0201 为其规格，±25% 为其精度参数。

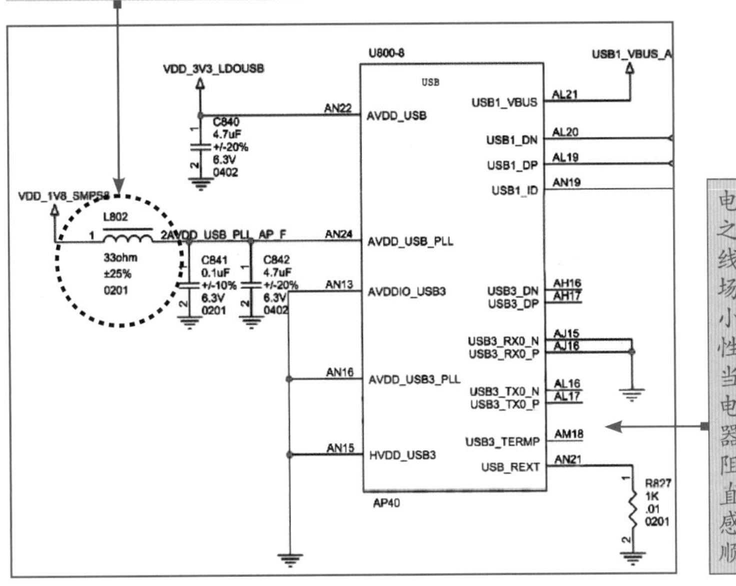

电感器的特性之一就是通电线圈会产生磁场，且磁场大小与电流的特性息息相关。当交流电通过电感器时电感器对交流电有阻碍作用，而直流电通过电感器时，可以顺利通过。

图 1-8　电感器的符号和编号

4. 二极管的符号和编号

二极管的符号和编号如图 1-9 所示。

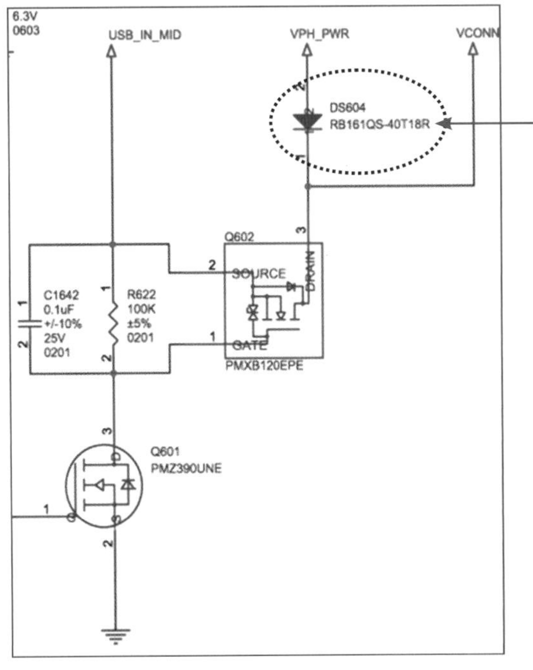

二极管一般用字母“D”表示。图中二极管符号表示稳压二极管，DS604 中的 D 表示二极管，S604 为编号，RB161QS-40T18R 为其型号。

图 1-9　二极管的符号和编号

5. 三极管的符号和编号

三极管的符号和编号如图 1-10 所示。

三极管一般用字母“Q”“V”或“BG”表示。Q802 中的 Q 表示三极管，802 为编号，EMD6T2R 为其型号。

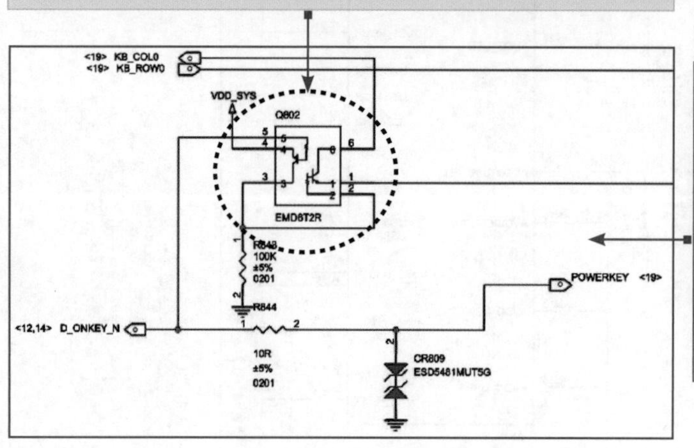

在电路中，三极管最重要的特性就是对电流的放大作用。实质上是一种以小电流操控大电流的作用，并不是一种使能量无端放大的过程，该过程遵循能量守恒。

图 1-10　三极管的符号和编号

6. 场效应管的符号和编号

场效应管的符号和编号如图 1-11 所示。

场效应管是一种用电压控制电流大小的器件，即利用电场效应来控制管子的电流。场效应管一般用字母“Q”“PQ”等表示。Q5003 中的 Q 表示场效应管，5003 为编号，NTA4001NT1G 为其型号。

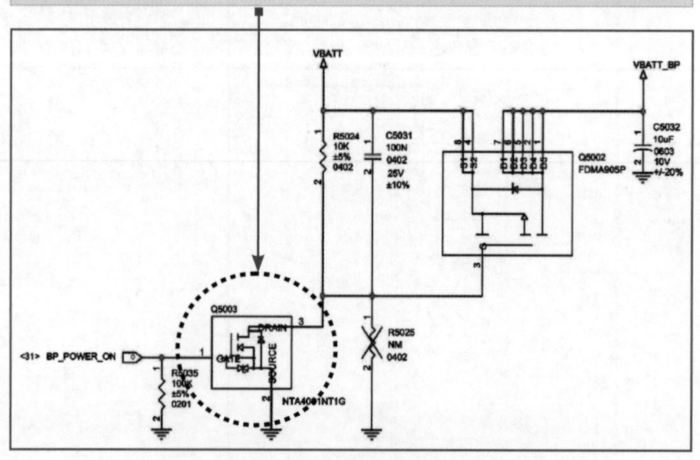

图 1-11　场效应管的符号和编号

7. 晶振的符号和编号

晶振的符号和编号如图 1-12 所示。

晶振的作用在于产生原始的时钟频率，这个频率经过频率发生器的放大或缩小后就成了电路中各种不同的总线频率。晶振一般用字母“X”“G”或“Y”表示。Y5000 中的 Y 表示晶振，5000 为编号，32.768kHz 为晶振的频率。

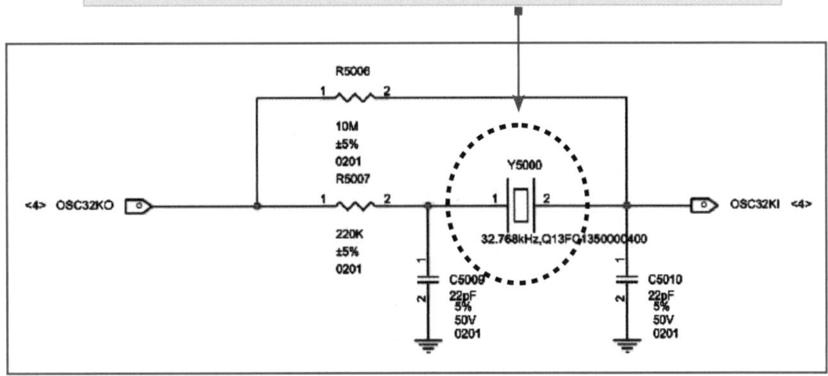

图 1-12　晶振的符号和编号

8. 稳压器的符号和编号

稳压器的符号和编号如图 1-13 所示。

稳压电路是一种将不稳定直流电压转换成稳定的直流电压的集成电路。稳压器一般用字母“Q”“U”表示。U1501 中的 U 表示稳压器，1501 为编号，TPS22913B 为型号。

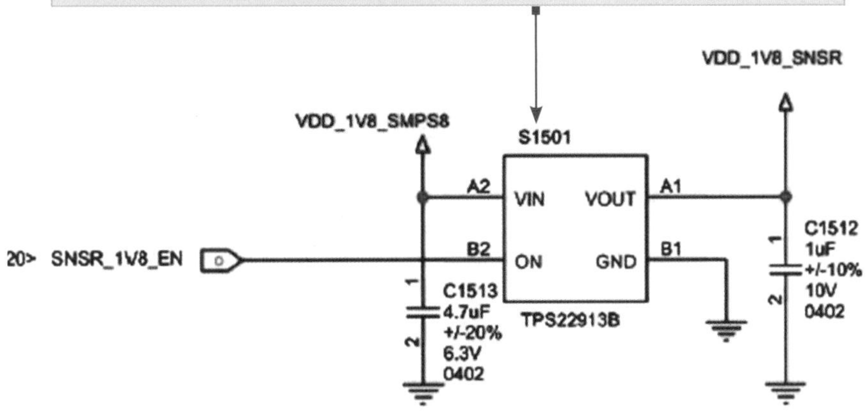

图 1-13　稳压器的符号和编号

9. 集成电路的符号和编号

集成电路的符号和编号如图 1-14 所示。

10. 集成电路的引脚分布规律

DIP 封装、SOP 封装的集成电路的引脚分布规律如图 1-15 所示。

集成电路是一种微型电子器件或部件，其内部包含很多个晶体管、二极管、电阻器、电容器和电感器等元件。集成电路一般用字母“U”表示。U501 中的 U 表示集成电路，501 为编号，MT46H32M16LF 为型号。

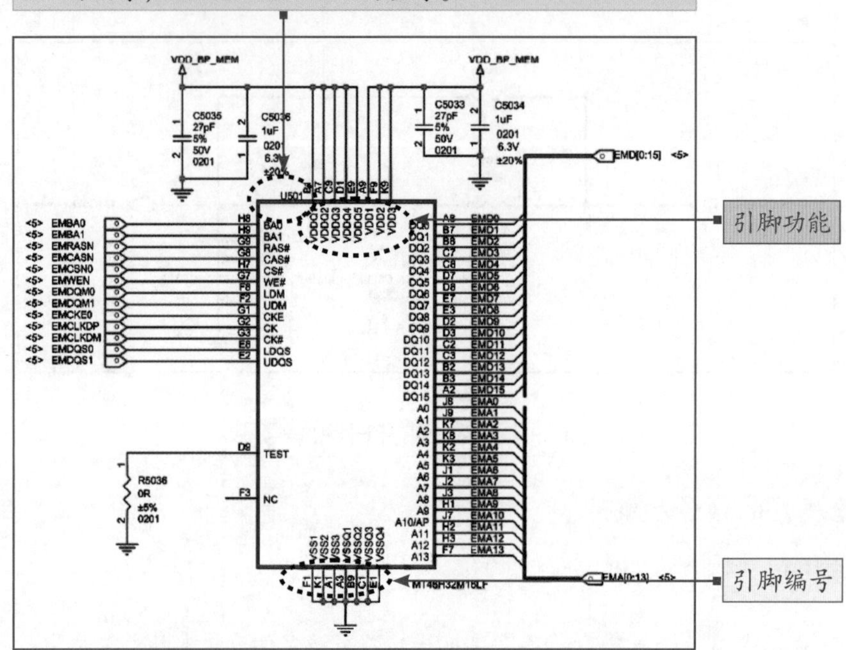

图 1-14 集成电路的符号和编号

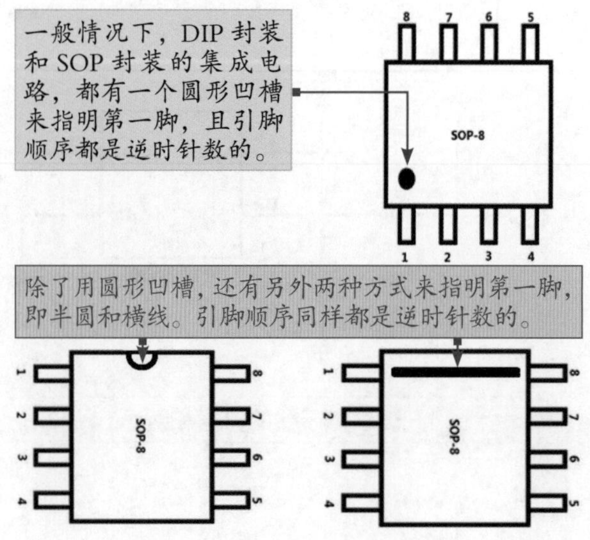

一般情况下，DIP 封装和 SOP 封装的集成电路，都有一个圆形凹槽来指明第一脚，且引脚顺序都是逆时针数的。
SOP-8
除了用圆形凹槽，还有另外两种方式来指明第一脚，即半圆和横线。引脚顺序同样都是逆时针数的。

图 1-15 DIP 封装、SOP 封装的集成电路的引脚分布规律

TQFP 封装的集成电路的引脚分布规律如图 1-16 所示。

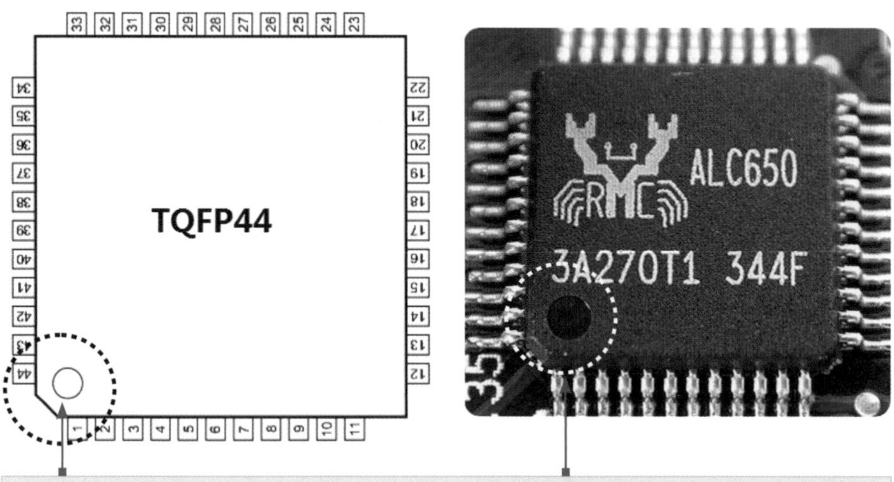

图 1-16　TQFP 封装的集成电路的引脚分布规律

BGA 封装的集成电路的引脚分布规律如图 1-17 所示。

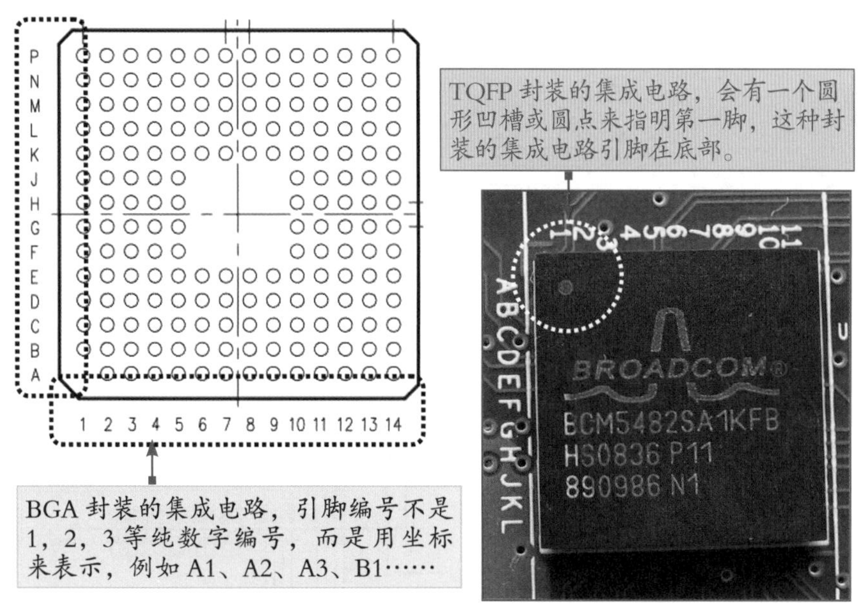

P N M L K J H G F E D C B A
1 2 3 4 5 6 7 8 9 10 11 12 13 14
TQFP 封装的集成电路，会有一个圆形凹槽或圆点来指明第一脚，这种封装的集成电路引脚在底部。
BROADCOM
BCM5482SA1KFB
HS0836 P11
890986 N1
BGA 封装的集成电路，引脚编号不是 1，2，3 等纯数字编号，而是用坐标来表示，例如 A1、A2、A3、B1……

图 1-17　BGA 封装的集成电路的引脚分布规律

11. 接口的符号和编号

接口的符号和编号如图 1-18 所示。

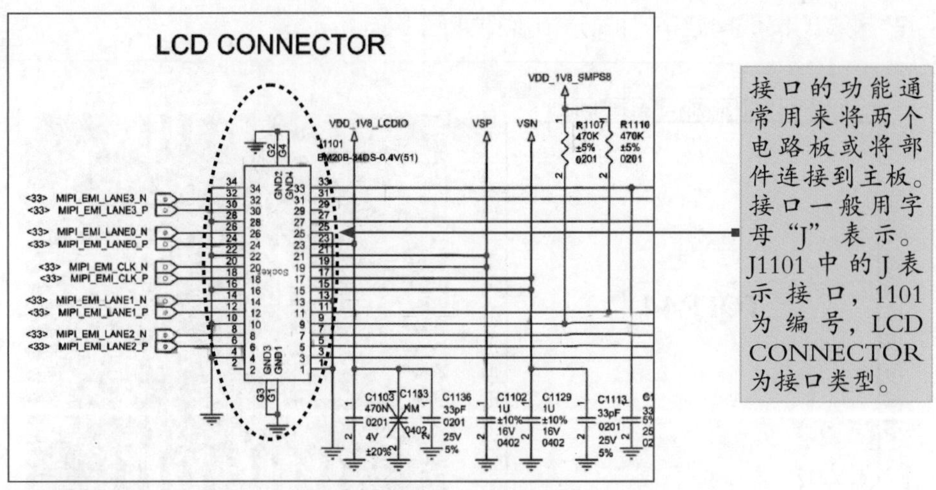

LCD CONNECTOR
接口的功能通常用来将两个电路板或将部件连接到主板。接口一般用字母“J”表示。J1101中的J表示接口，1101为编号，LCD CONNECTOR为接口类型。

图 1-18　接口的符号和编号

1.2.2　线路连接页号提示

为了用户方便查找，在每一条非终端的线路上会标识与之连接的另一端信号的页码。根据线路信号的连接情况，可以了解电路的工作原理，如图 1-19 所示。

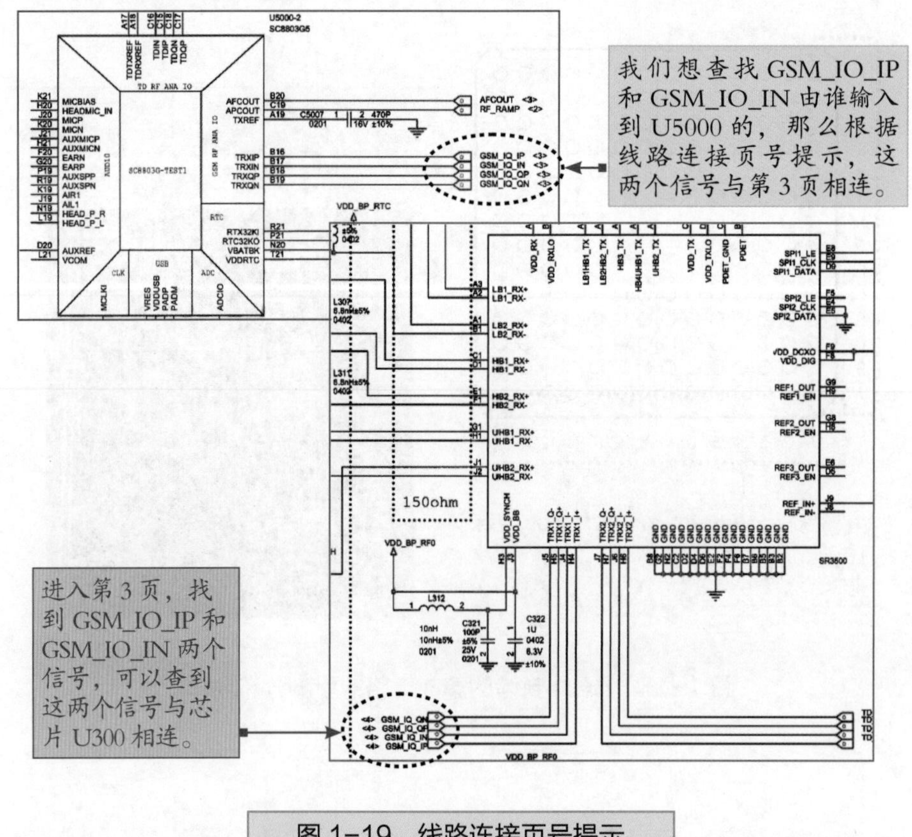

我们想查找GSM_IO_IP和GSM_IO_IN由谁输入到U5000的，那么根据线路连接页号提示，这两个信号与第3页相连。
进入第3页，找到GSM_IO_IP和GSM_IO_IN两个信号，可以查到这两个信号与芯片U300相连。

图 1-19　线路连接页号提示

1.2.3　接地点

电路图中的接地点如图 1-20 所示。

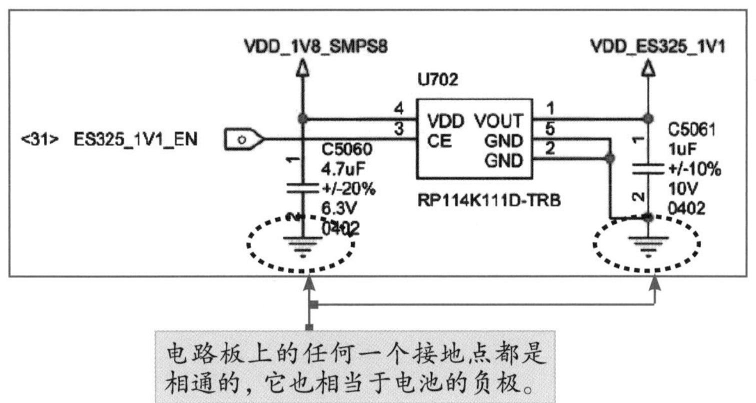

图 1-20　电路图中的接地点

1.2.4　信号说明

信号说明是对该线路传输的信号进行描述。如图 1-21 所示。

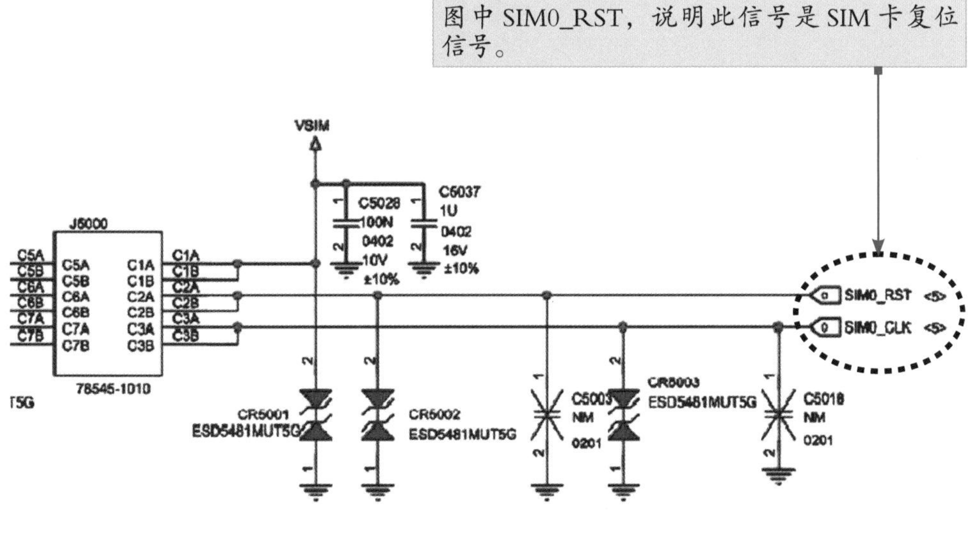

图 1-21　信号说明

1.2.5　线路化简标识

线路化简标识一般在批量线路走线时使用，如图 1-22 所示。

图中，U800-6 SDMM 的存储器数据总线 SDMMC4_DAT0 至 SDMMC4_DAT7 一起连接到 FLASH 的数据总线。

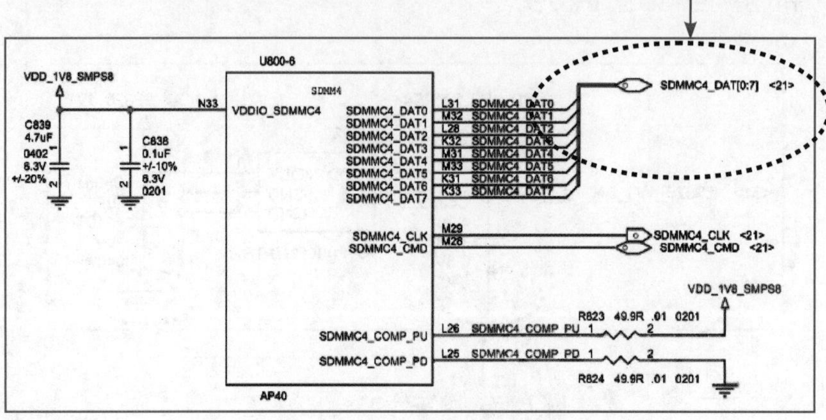

图 1-22　线路化简标识

第2章 智能手机射频电路结构与工作原理

智能手机的射频电路主要处理手机的射频信号，它主要负责接收信号和发射信号，是实现手机间以及与其他智能终端相互通信的关键电路。

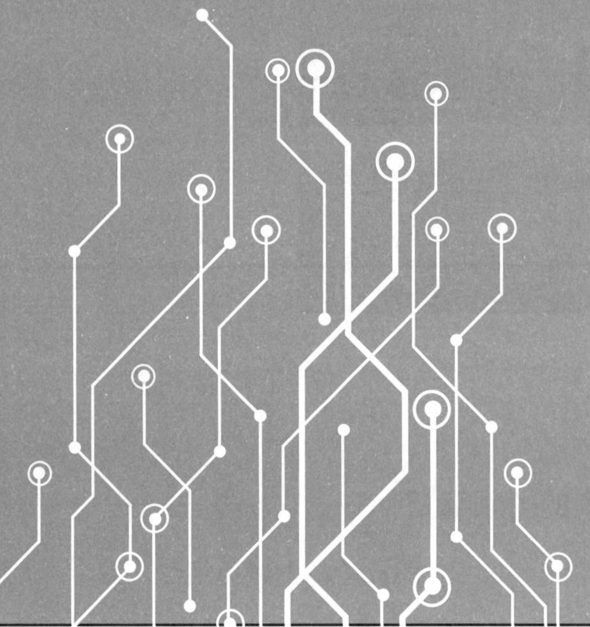

2.1 看图识别智能手机射频电路

射频电路指处理信号的电磁波长与电路（或器件尺寸）处于同一数量级的电路，它的主要应用领域是无线通信，因此在智能手机中的所有电路中，它显得尤其重要。在学习射频电路前，首先通过实物图片及电路图来对射频电路做一个整体的认识。

2.1.1 电路板中的射频电路

智能手机的射频电路在智能手机的主控电路板中，由于智能手机电路板设计不同，射频电路的位置也不相同。一般来说，射频电路由基带、射频功率放大器、射频前端等多个射频芯片和外围电路元件组成。图 2-1 所示为智能手机射频电路。

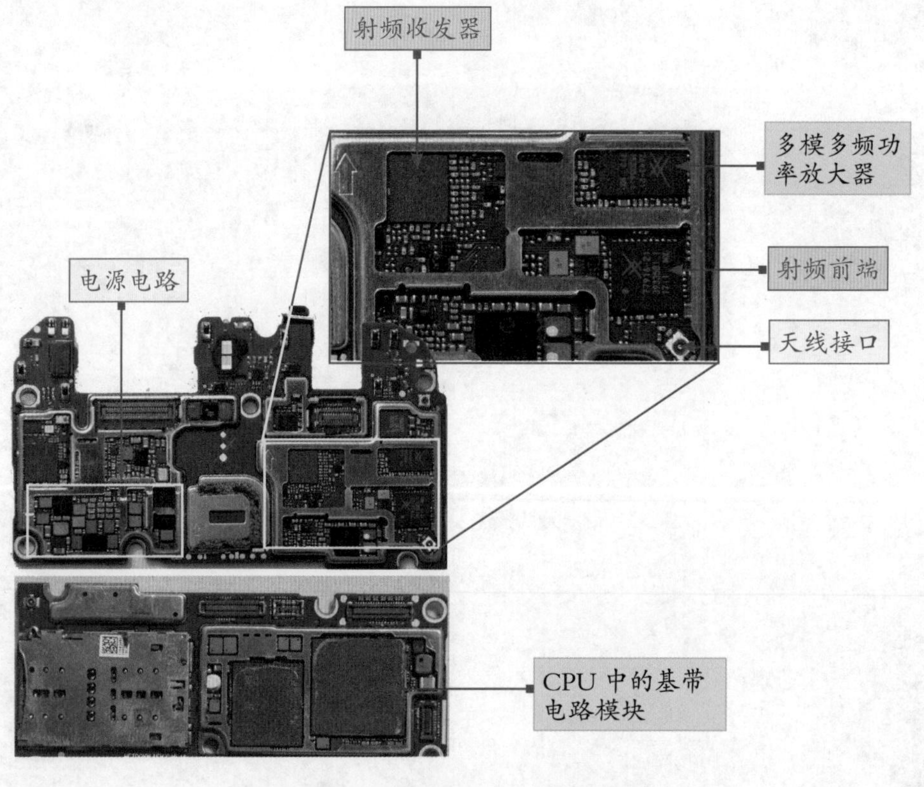

图 2-1　智能手机射频电路

2.1.2 电路图中的射频电路

图 2-2 所示为智能手机主电路板中的射频电路图。图中，大的长方形为电路中比

较大的集成电路，如 U300-1 为射频信号收发器芯片。在长方形的内部是各个引脚的名称，在长方形外部是各个引脚的标号和连接的元器件。另外，图中 S100 为天线开关电路，U200 为射频功率放大器。

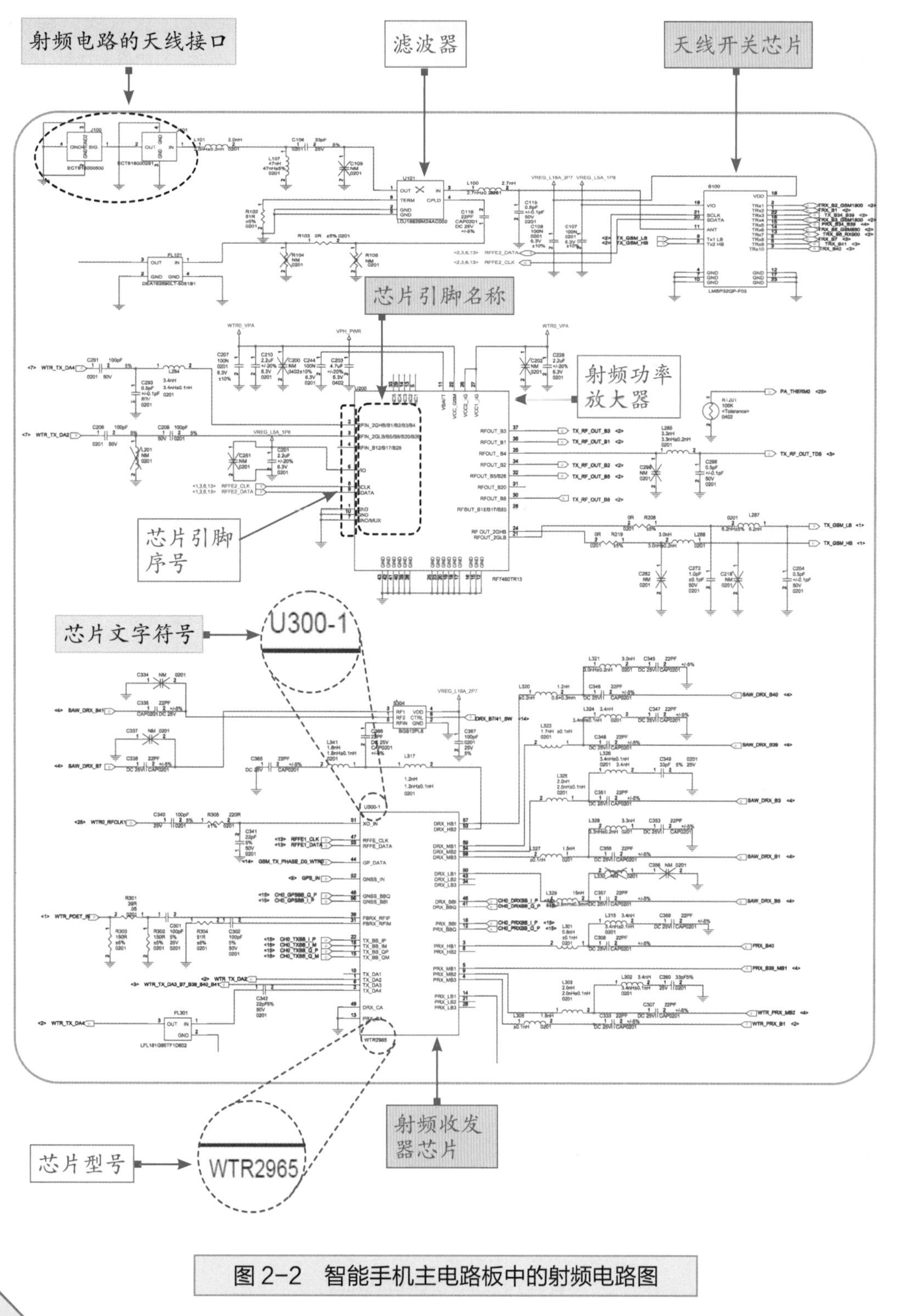

图 2-2　智能手机主电路板中的射频电路图

2.2 射频电路的组成结构

从电路结构上来看，智能手机射频电路主要由射频天线、射频开关电路、射频功率放大器电路、射频电源管理电路、射频收发电路、基带信号处理电路等部件组成。图 2-3 中（a）为智能手机射频电路组成框图，（b）为各部件工作示意图；两图配合会更直观。

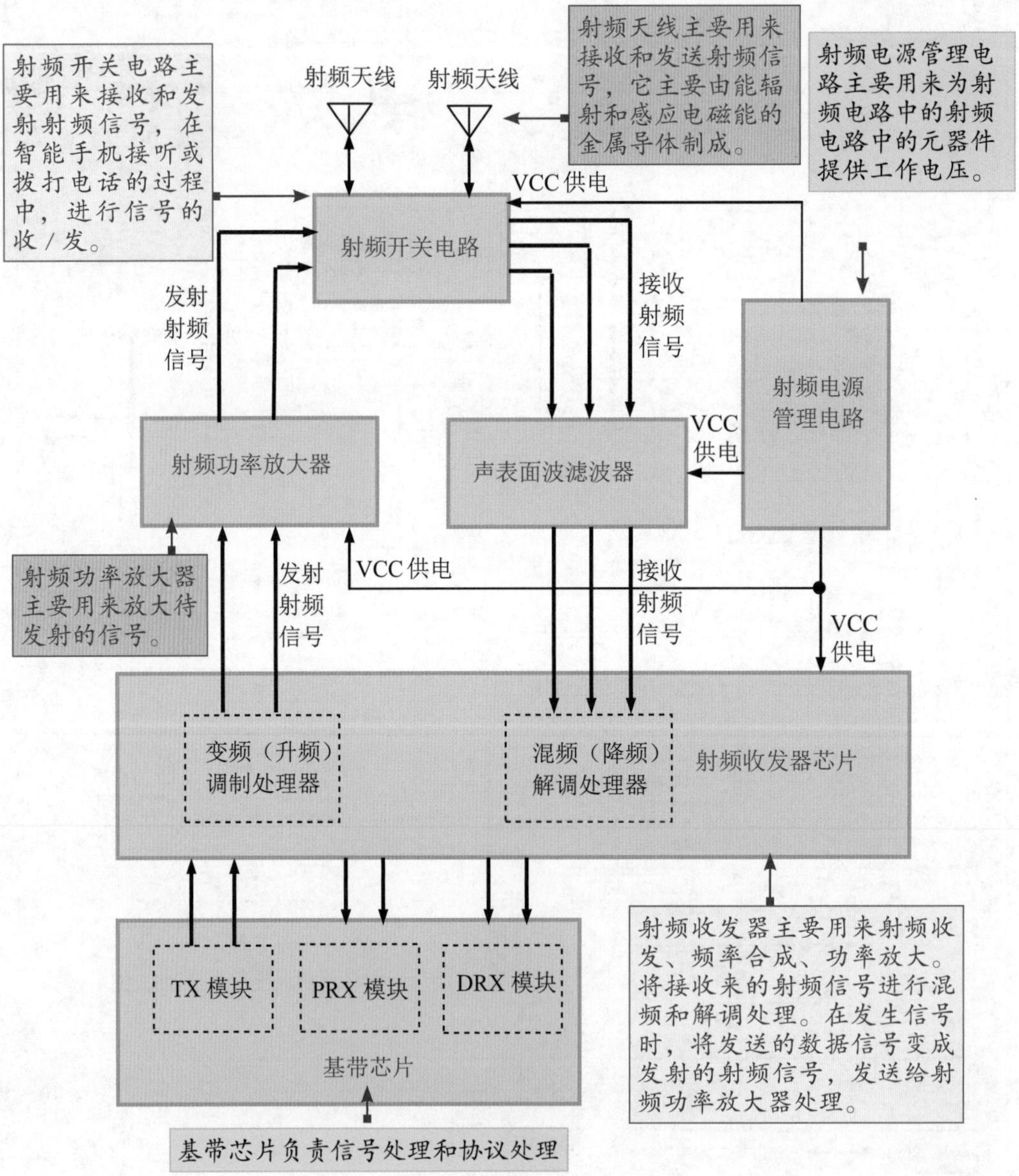

射频开关电路主要用来接收和发射射频信号，在智能手机接听或拨打电话的过程中，进行信号的收/发。

射频天线　射频天线

射频天线主要用来接收和发送射频信号，它主要由能辐射和感应电磁能的金属导体制成。

射频电源管理电路主要用来为射频电路中的射频电路中的元器件提供工作电压。

VCC 供电

射频开关电路

发射射频信号

接收射频信号

射频电源管理电路

射频功率放大器

声表面波滤波器

VCC 供电

射频功率放大器主要用来放大待发射的信号。

发射射频信号

VCC 供电

接收射频信号

VCC 供电

变频（升频）调制处理器

混频（降频）解调处理器

射频收发器芯片

TX 模块　PRX 模块　DRX 模块

基带芯片

射频收发器主要用来射频收发、频率合成、功率放大。将接收来的射频信号进行混频和解调处理。在发生信号时，将发送的数据信号变成发射的射频信号，发送给射频功率放大器处理。

基带芯片负责信号处理和协议处理

（a）智能手机射频电路组成框图

图 2-3　射频电路组成图

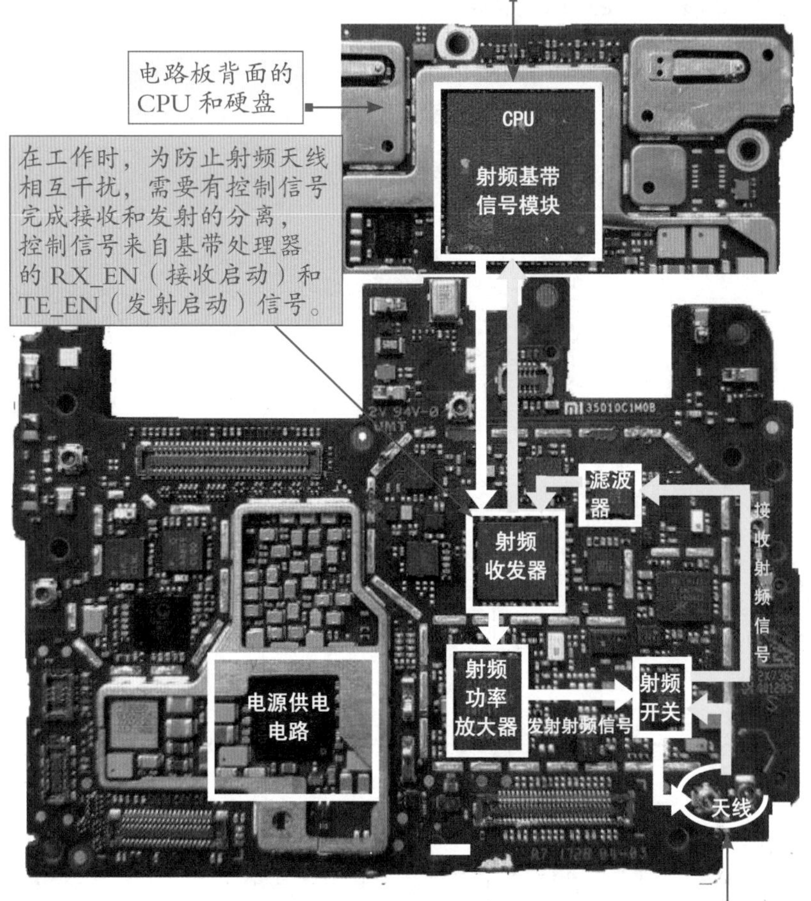

通话时，CPU 中的数据信号被送入射频基带信号处理电路模块中，经调制处理，再经过射频收发电路处理成发射的射频信号，然后经过射频功率放大器放大后，再经过射频收发电路进行切换处理后，送往射频天线发射。
电路板背面的CPU 和硬盘
在工作时，为防止射频天线相互干扰，需要有控制信号完成接收和发射的分离，控制信号来自基带处理器的 RX_EN（接收启动）和 TE_EN（发射启动）信号。
CPU
射频基带信号模块
滤波器
接收射频信号
射频收发器
射频功率放大器
发射射频信号
射频开关
电源供电电路
天线
当射频天线接收到射频信号后，输入到射频收发电路中进行切换处理，再经过声表面波滤波器进行射频滤波处理，然后经过射频收发处理芯片处理后，进入 CPU 的射频基带信号处理电路模块进行频率变换和解调处理，处理后，将数据信号送往 CPU 的数据处理电路进行处理。

（b）智能手机射频电路工作示意图

图 2-3 射频电路组成图（续）

2.3 射频电路工作原理

射频电路是智能手机实现通信的主要电路单元，如果想要诊断智能手机中的射频电路的故障，首先需要对射频电路的结构原理进行深入的了解。不同品牌智能手机的射频电路结构基本相同，工作原理基本相同。下面以一个具体的智能手机射频电路为例讲解智能手机的详细工作原理。

2.3.1 智能手机射频电路工作流程

从整体上来讲，智能手机射频电路的工作可以简单分为接收和发射两个部分；为了更好地理解智能手机射频电路的工作原理，我们先了解一下智能手机信号接收流程和发射流程。

1. 智能手机信号接收处理流程

智能手机的天线感应到无线信号，经过天线匹配电路和接收滤波电路滤波后，再经过低噪声放大器放大，放大后的信号经过接收滤波后被送到混频器，与来自本机振荡电路的压控振荡信号进行混频，得到接收中频信号，经过中频放大后在解调器中进行正交解调，得到接收基带（RX I/Q）信号，接收基带信号在基带电路中经 GMSK 解调，进行去交织、解密、信道解码等处理，再进行 PCM 解码，还原为模拟语音信号，推动受话器，我们就能听到对方讲话的声音了，如图 2-4 所示。

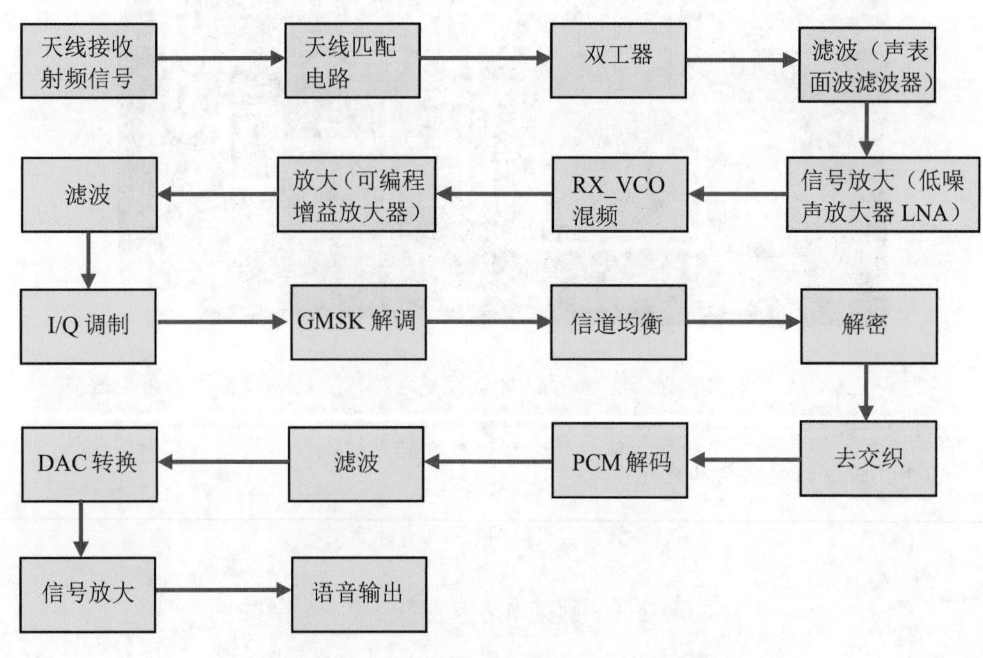

图 2-4 智能手机信号接收处理流程

2. 智能手机信号发射流程

智能手机的送话器将声音转换为模拟信号，经过 PCM 编码，再将其转换为数字信号，经过逻辑音频电路进行数字语音处理，即进行语音编码、交织、加密、突发脉冲形成、TX I/Q 分离。

分离后的四路 TX I/Q 信号到发射中频电路完成 I/Q 调制，该信号与频率合成器的接收本振 RX-VCO 和发射本振 TX-VCO 的差频进行比较（混频后经过鉴相），得到一个包含发射数据的脉动直流信号，去控制发射本振的输出频率，作为最终的信号，经过功率放大，从天线发射，如图 2-5 所示。

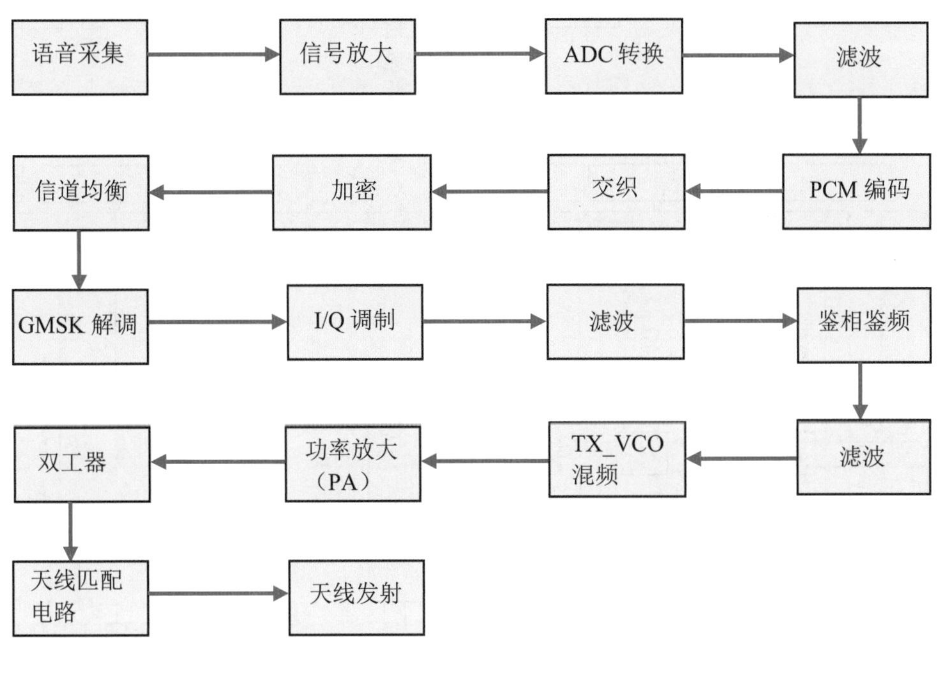

图 2-5　智能手机信号发射流程

2.3.2　智能手机射频电路工作原理

图 2-6 所示为智能手机射频电路图。图中 ANTENNA 为智能手机的射频天线，芯片 U300 为射频收发器，芯片 U200 为射频功率放大器，芯片 S100 和 S201 为天线开关，芯片 S302、S303、S304 为射频开关，FL200~FL221 为滤波器，芯片 U800 为 CPU。

智能手机射频电路的工作原理可分为信号接收原理和信号发射原理两部分。

1. 信号接收电路工作原理

射频电路的信号接收电路主要由射频天线、天线开关、滤波器、射频收发器、基带信号处理电路等组成。当智能手机接收信号时，由射频天线 ANTENNA 接收的手机信号被送入天线开关 S201 中进行切换处理，之后输出接收的射频信号 DRX，即 DRX_B1/B3、DRX_B40、DRX_B41、DRX_B39、DRX_B5、DRX_B7 等信号。

这些射频信号经过声表面波滤波器 FL202、FL218、FL215、FL219、FL216、FL217

滤波后，有的再经过射频开关 S304 处理，然后送入射频收发器芯片 U300 的 DRX 模块电路进行频率变换（降频）和解调处理后，输出 CH0_DRXBB_Q_P 和 CH0_DRXBB_I_P 信号到 CPU 的基带信号处理电路中进一步处理。

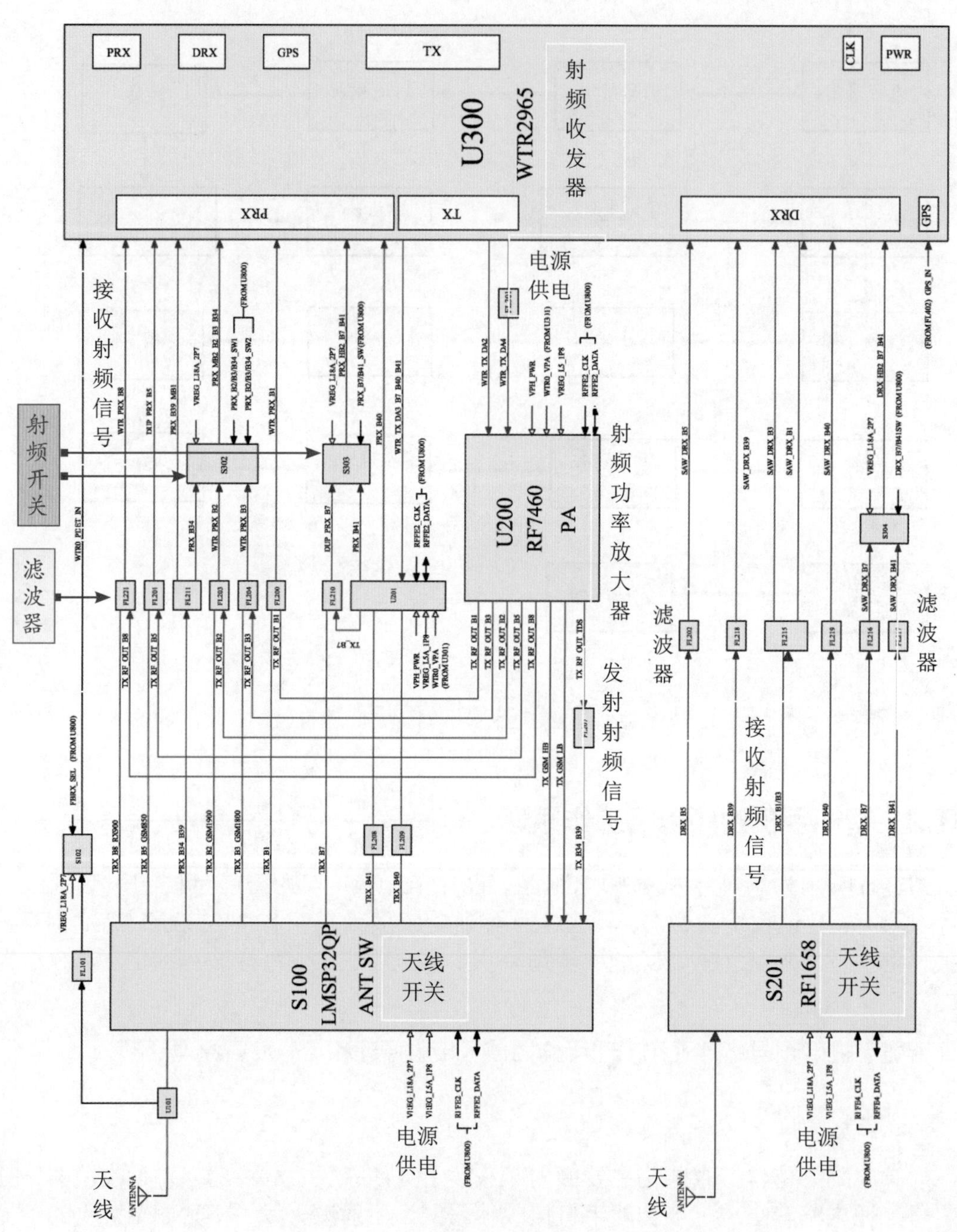

（a）射频收发器与功率放大器及天线连接电路

图 2-6　智能手机射频电路图

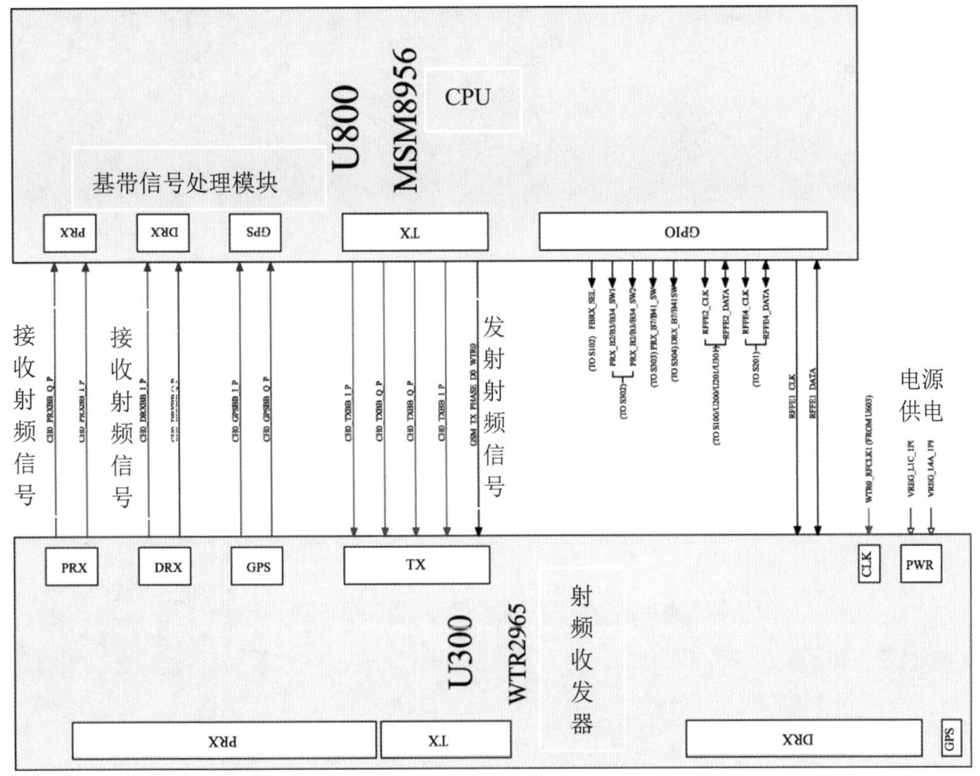

（b）射频收发器与 CPU 连接电路

图 2-6　智能手机射频电路图（续）

2. 信号发射电路工作原理

射频电路的信号发射电路主要由基带信号处理电路、射频收发器芯片、射频功率放大器、滤波器、天线开关和射频天线等组成。我们同样参照上面的图 2-6 来分析信号发射电路的工作原理。

当智能手机发射信号时，发射的数字基带信号 CH0_TXBB_I_P 和 CH0_TXBB_Q_P 从 CPU 的 TX 电路模块中输出，送至射频收发器芯片 U300 的 TX 电路模块，然后进行调制、上变频，然后输出 WTR_TX_DA2、WTR_TX_DA3、 WTR_TX_DA4 信号。

这些射频信号被送到射频功率放大器 U200 中进行放大处理后，再经过声表面波滤波器 FL221、FL201、FL211、FL203、FL204、FL200、FL201、FL207、FL208、FL209 滤波后，送至天线开关 S100 进行频率切换，然后从射频天线发射出去。

第3章 智能手机电源电路结构与工作原理

电源电路在智能手机电路中是至关重要的，它为智能手机各个单元电路提供稳定的直流电压；电源电路工作在大电流、温度高的环境中，很容易出现问题。除此之外，充电电路对于保持电池健康也是相当重要；因此学习和理解电源和充电电路的维修知识对日后维修工作具有很大的帮助。

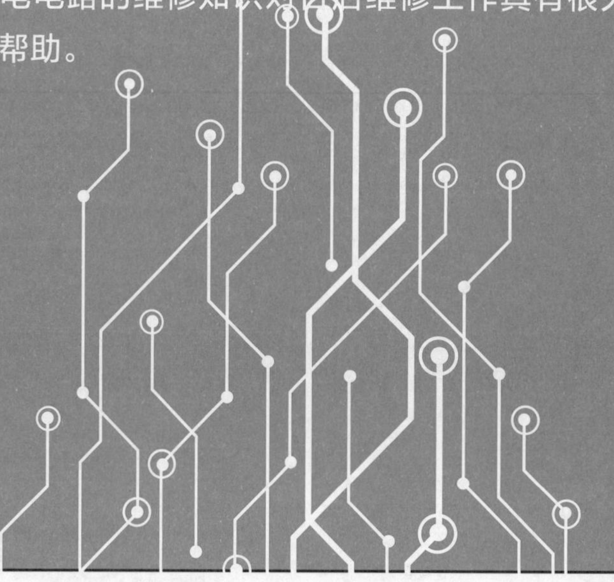

3.1 看图识别智能手机电源电路

电源电路主要为智能手机各单元电路提供供电，其重要性不言而喻。在学习电源电路前，本节我们先通过实物图片及电路图来对智能手机的电源电路做一个整体的认识。

3.1.1 电路板中的电源电路

智能手机的电源电路位于智能手机的主电路板中，由于各品牌型号的智能手机电路板设计不同，电源电路的位置也不相同。一般来说，电源电路由 1 ～ 2 个电源管理芯片、场效应管、滤波电容器、储能电感器等组成。图 3-1 所示为电源电路。

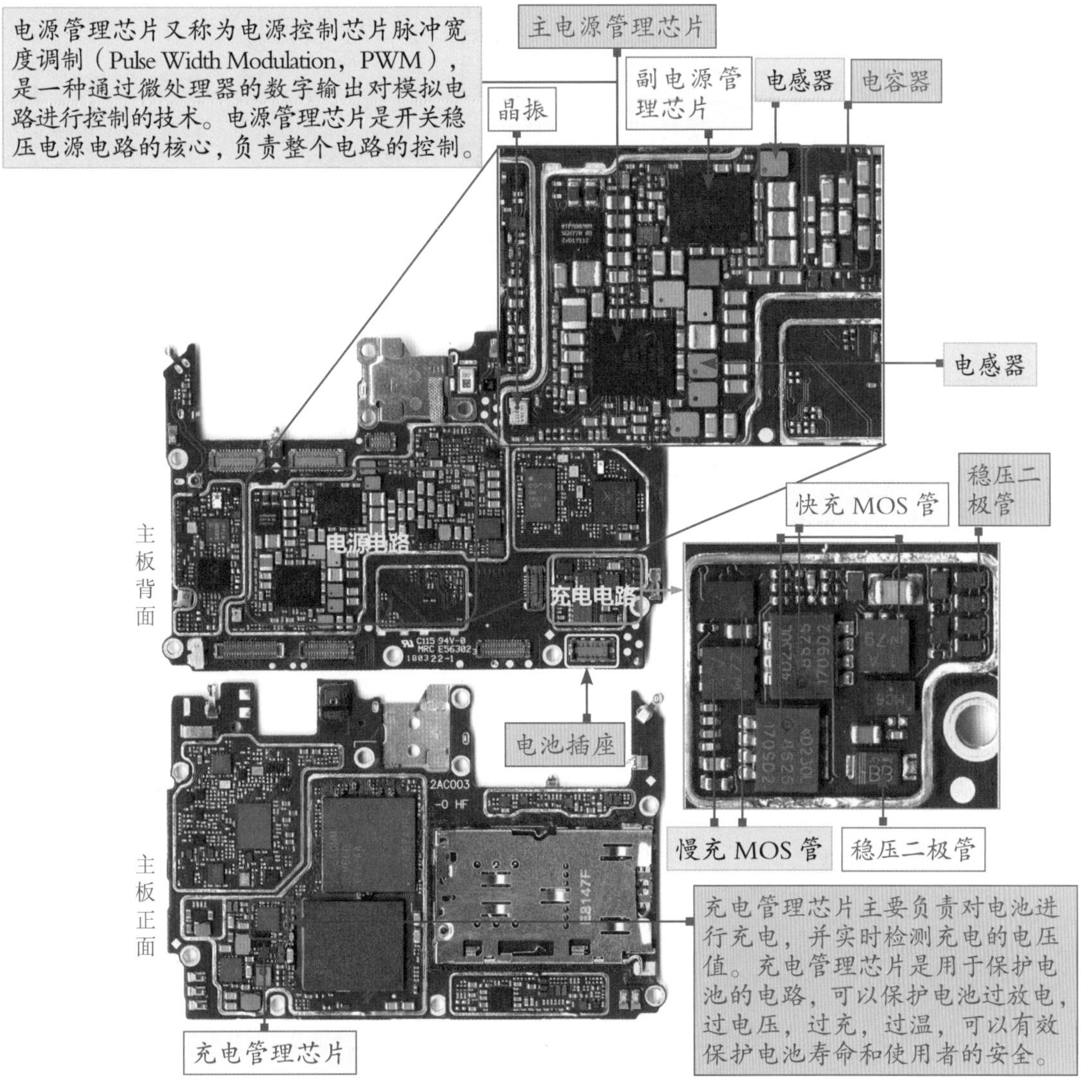

电源管理芯片又称为电源控制芯片脉冲宽度调制（Pulse Width Modulation，PWM），是一种通过微处理器的数字输出对模拟电路进行控制的技术。电源管理芯片是开关稳压电源电路的核心，负责整个电路的控制。

主电源管理芯片

晶振

副电源管理芯片

电感器

电容器

电感器

主板背面

电源电路

充电电路

快充 MOS 管

稳压二极管

电池插座

主板正面

慢充 MOS 管

稳压二极管

充电管理芯片

充电管理芯片主要负责对电池进行充电，并实时检测充电的电压值。充电管理芯片是用于保护电池的电路，可以保护电池过放电，过电压，过充，过温，可以有效保护电池寿命和使用者的安全。

图 3-1　智能手机电源电路

3.1.2 电路图中的电源电路

图 3-2 所示为智能手机主电路板中的电源电路图。图中，U7 为 iPhone 5S 的电源管理芯片。为主处理器、存储器及其他单元电路提供工作电压，同时控制开关机。

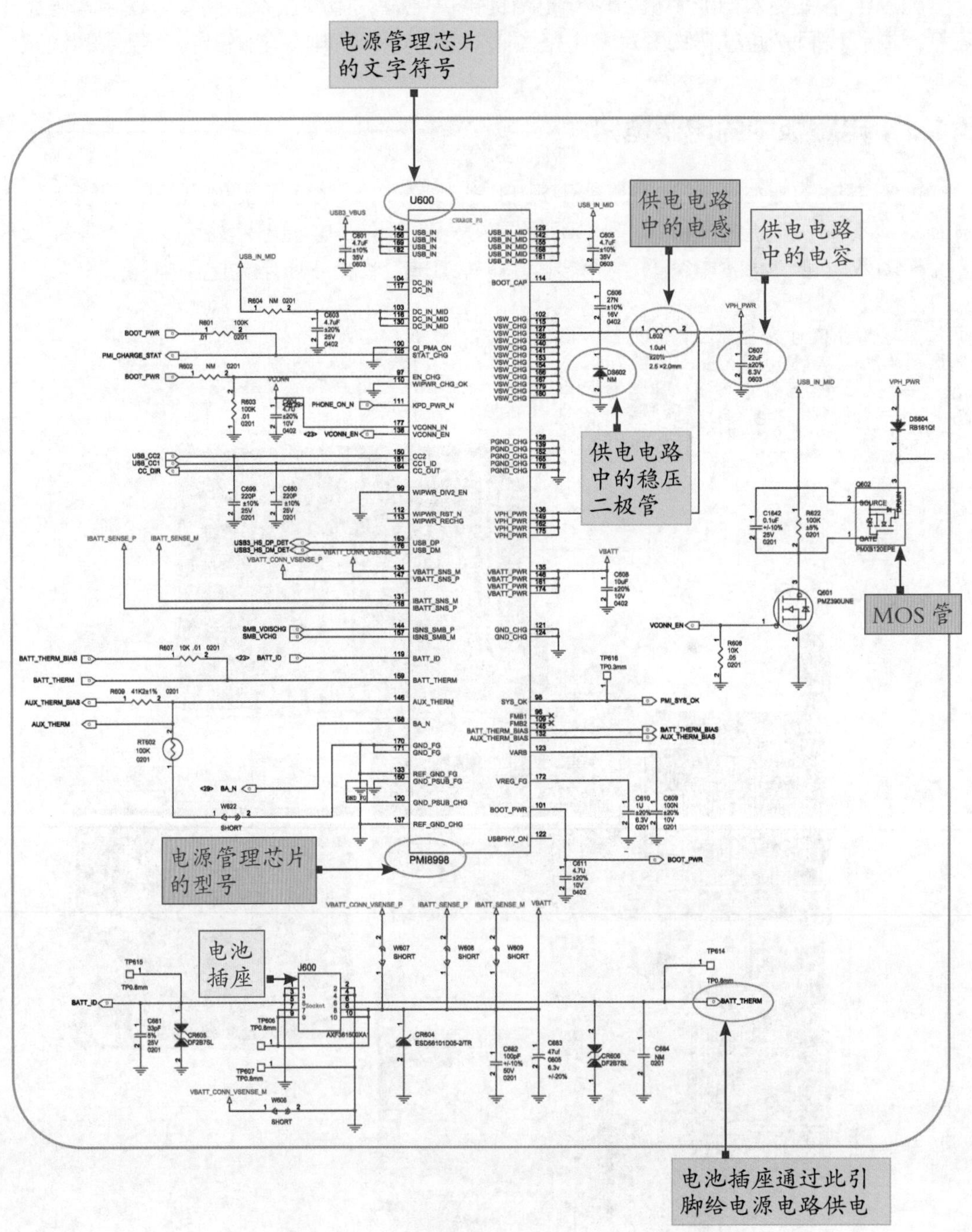

图 3-2　智能手机中的电源电路图

3.2 智能手机电源电路的结构分析

直观了解了智能手机的电源电路后，我们再从“微观”角度分析一下电源电路的组成；同样，我们还是从部件组成和电路结构两个方面来讲解，帮助读者更全面地理解智能手机电源电路。

3.2.1 智能手机电源电路的组成结构

从组成结构上来看，智能手机电源电路主要由电源管理芯片、充电管理芯片、充电接口、电池及插座、复位芯片、晶振、谐振电容、电源开关、场效应管、滤波电容、电感等组成。图 3-3 所示为智能手机电源电路组成框图，从图中可以看出，电源管理芯片是电源电路的核心。

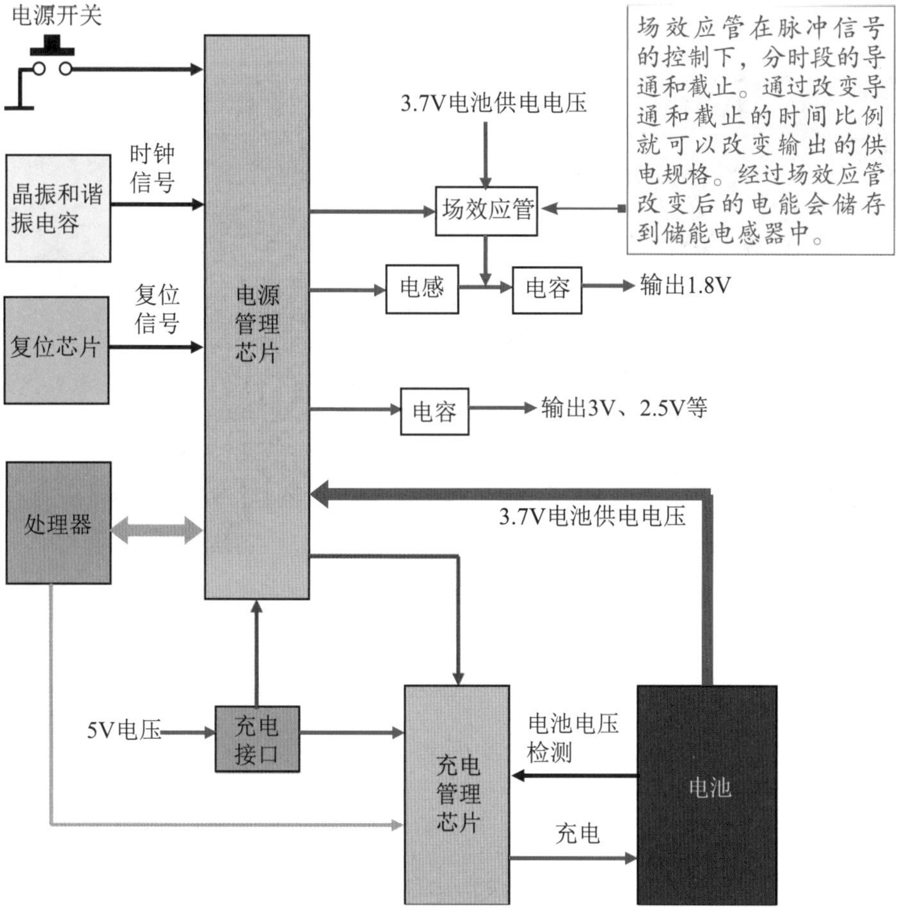

（a）智能手机电源电路和充电电路组成框图

图 3-3　电源电路组成图

主板正面

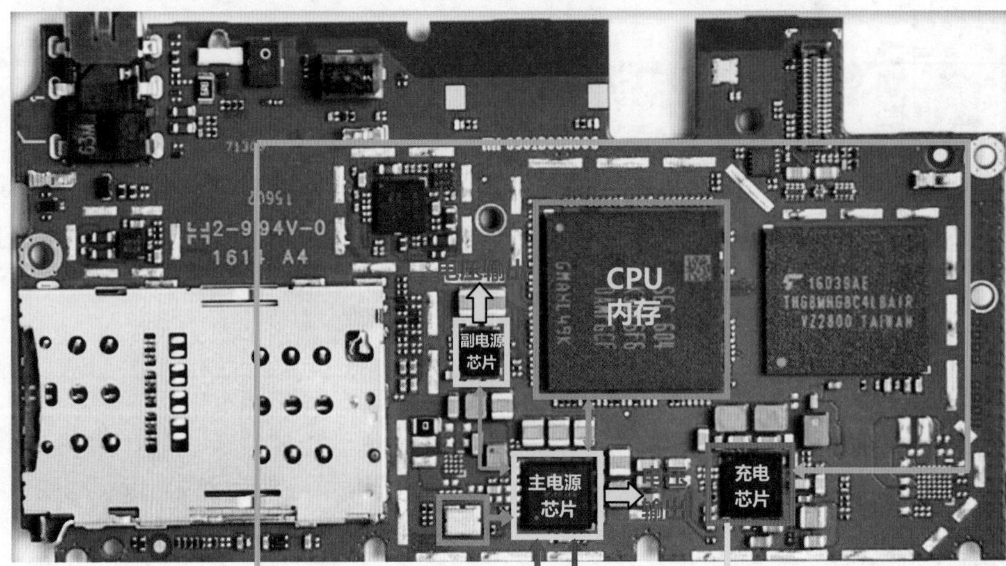

主板背面

（b）智能手机电源电路和充电电路工作示意图

图 3-3　电源电路组成图（续）

下面我们重点讲解电源电路中重点部件的结构原理和功能。

1. 电池插座引脚的结构和功能

目前手机电池插座的引脚有四引脚和三引脚两种，如图 3-4 所示。

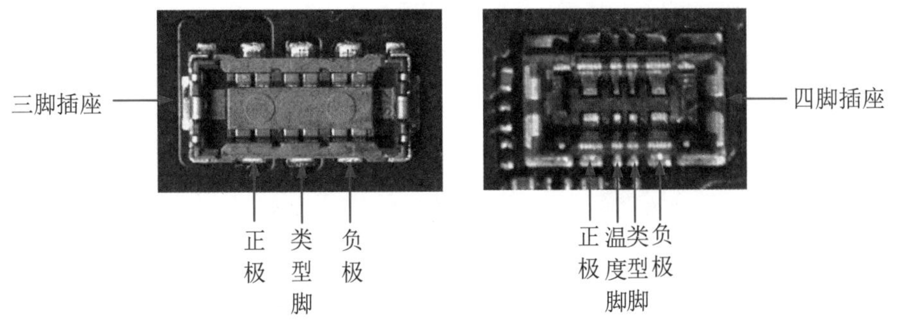

图 3-4　智能手机电池插座

下面我们来分析一下各引脚的功能。

（1）电池正极（VBATT）引脚负责供电。

（2）电池温度检测引脚（BTEMP），该引脚负责检测电池温度；有些手机此引脚还参与开机，比如用手机电池能开机，但用外接电源接连正负极不能开机时，应把该脚与负极相接。

（3）电池类型检测引脚（BSI），该引脚负责检测电池是氢电或锂电，有些手机只认一种电池就是因为该电路，但目前手机电池多为锂电，因此，该脚省去便为三脚。

（4）电池负极（GND）引脚，即手机公共地。

2. 开关机键

开关机键主要用于触发手机电源电路工作。电源电路触发方式有两种：高电平触发和低电平触发。一般来说，开机键两端中有一端与地相通的为低电平触发（大部分手机都使用该触发方式）。开机触发电压为 2.2 ～ 3V，如图 3-5 所示。

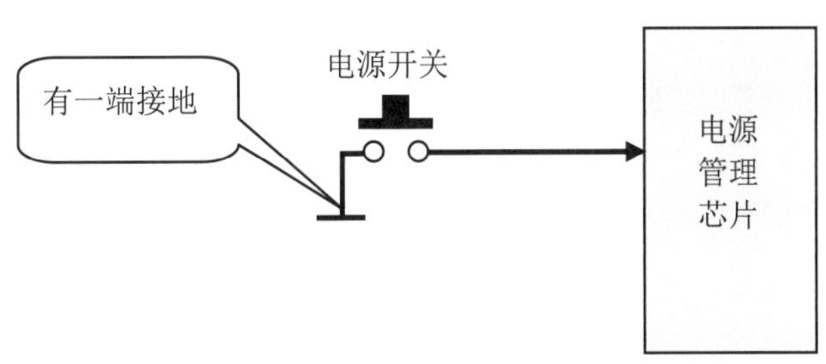

图 3-5　低电平触发方式的电源开关

3.2.2　智能手机电源电路的电路结构

智能手机的电源电路主要由充电电路、时钟电路、复位电路、开机电路、电源输出电路等组成。图 3-6 所示为电源电路的电路结构。

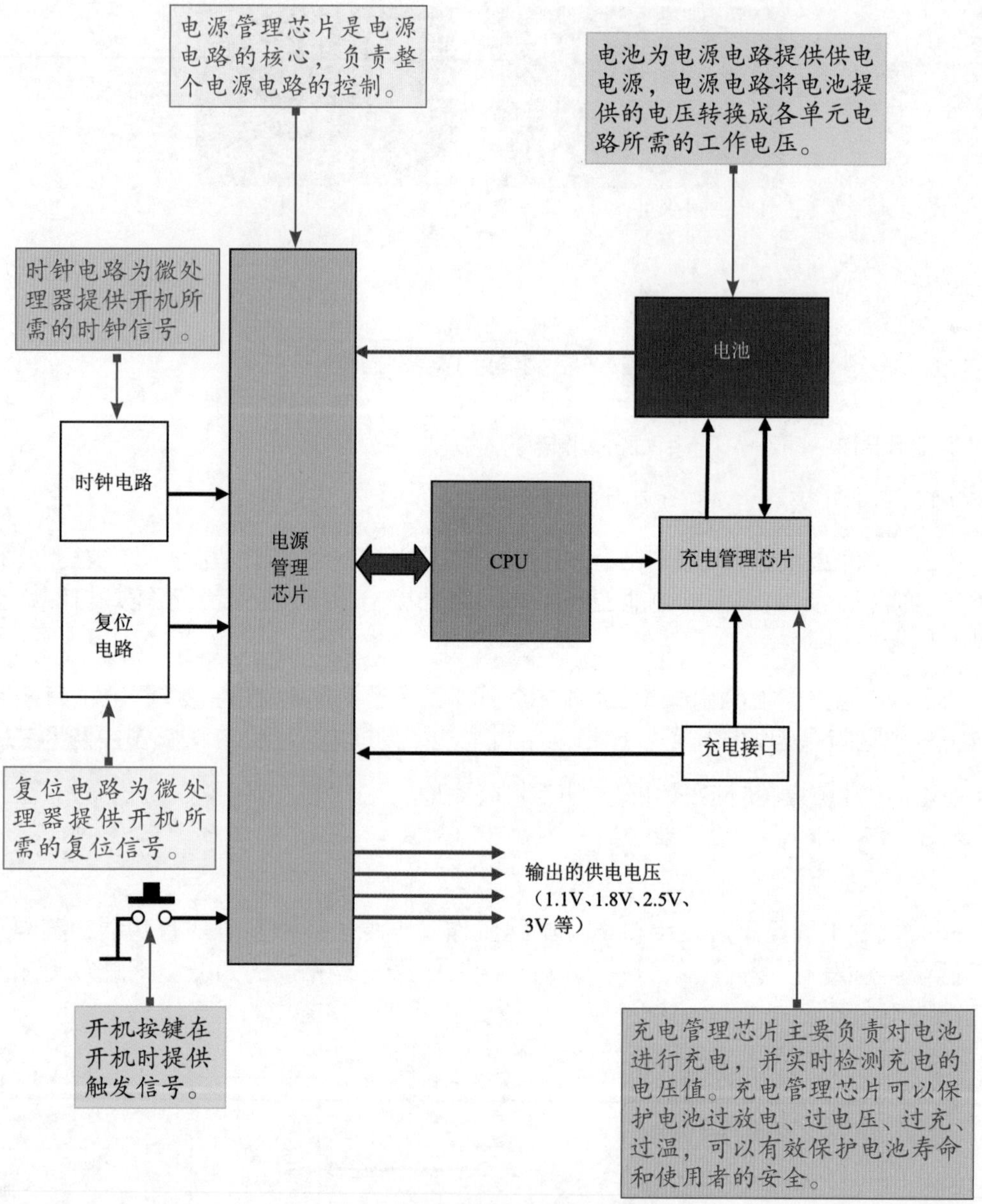

电源管理芯片是电源电路的核心，负责整个电源电路的控制。

电池为电源电路提供供电电源，电源电路将电池提供的电压转换成各单元电路所需的工作电压。

时钟电路为微处理器提供开机所需的时钟信号。

电池

时钟电路

电源管理芯片

CPU

充电管理芯片

复位电路

充电接口

复位电路为微处理器提供开机所需的复位信号。

输出的供电电压（1.1V、1.8V、2.5V、3V 等）

开机按键在开机时提供触发信号。

充电管理芯片主要负责对电池进行充电，并实时检测充电的电压值。充电管理芯片可以保护电池过放电、过电压、过充、过温，可以有效保护电池寿命和使用者的安全。

图 3-6 电源电路的电路结构

3.3 智能手机电源电路工作原理

电源电路是智能手机用来为各个单元电路供电的主要电路，电源电路向来是故障高发区，如果想要诊断智能手机中电源电路的故障，首先需要对电源电路的结构原理进行深入的了解。不同品牌智能手机的电源电路结构基本相同，工作原理基本相同。下面以一个具体的智能手机电源电路为例讲解智能手机电源电路的工作原理。

3.3.1　智能手机电源电路工作过程

智能手机的电源电路工作过程如下：

电源电路是手机其他电路的能源中心，电源电路只有输出符合标准的电压，其他电路才能工作，手机任何一个电路，只要其供电不正常，它就会“罢工”，表现出各种各样的故障现象，可见电源系统在手机电路中的重要性。

手机所需的各种电压一般先由手机电池供给，电池电压在手机内部需要转换为多路不同电压值供给手机的不同电路。

当智能手机安装上电池后，电池电压（一般为 3.7V）通过电池插座送到电源管理芯片，此时开机键有 2.8~3V 的开机电压。在未按下开机按键时，电源管理芯片未工作，此时电源管理芯片无输出电压；当按下开机键时，开机键的其中一个引脚对地构成了回路，开机键的电压由高电平变为低电平，此由高到低的电压变化被送到电源管理芯片内部的触发电路，触发电路收到触发信号后，启动电源管理芯片，其内部的各路稳压器就开始工作，从而输出各路电压到各个电路，如图 3-7 所示。

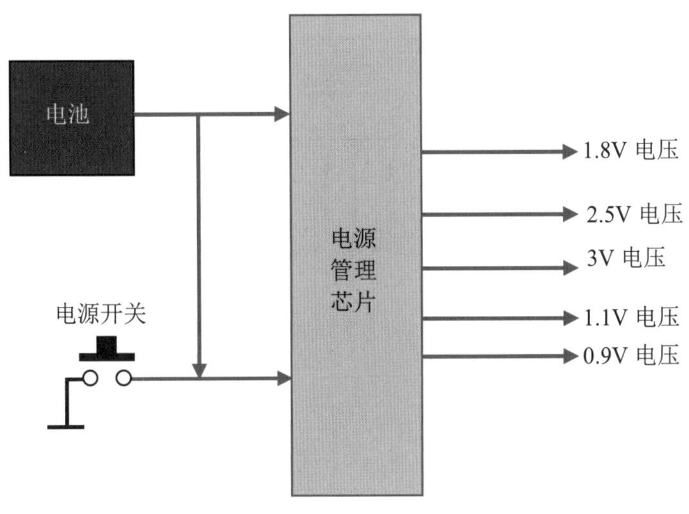

图 3-7　智能手机的电源电路工作过程

3.3.2　智能手机开机信号电路

智能手机的开关机过程如下（见图 3-8）。

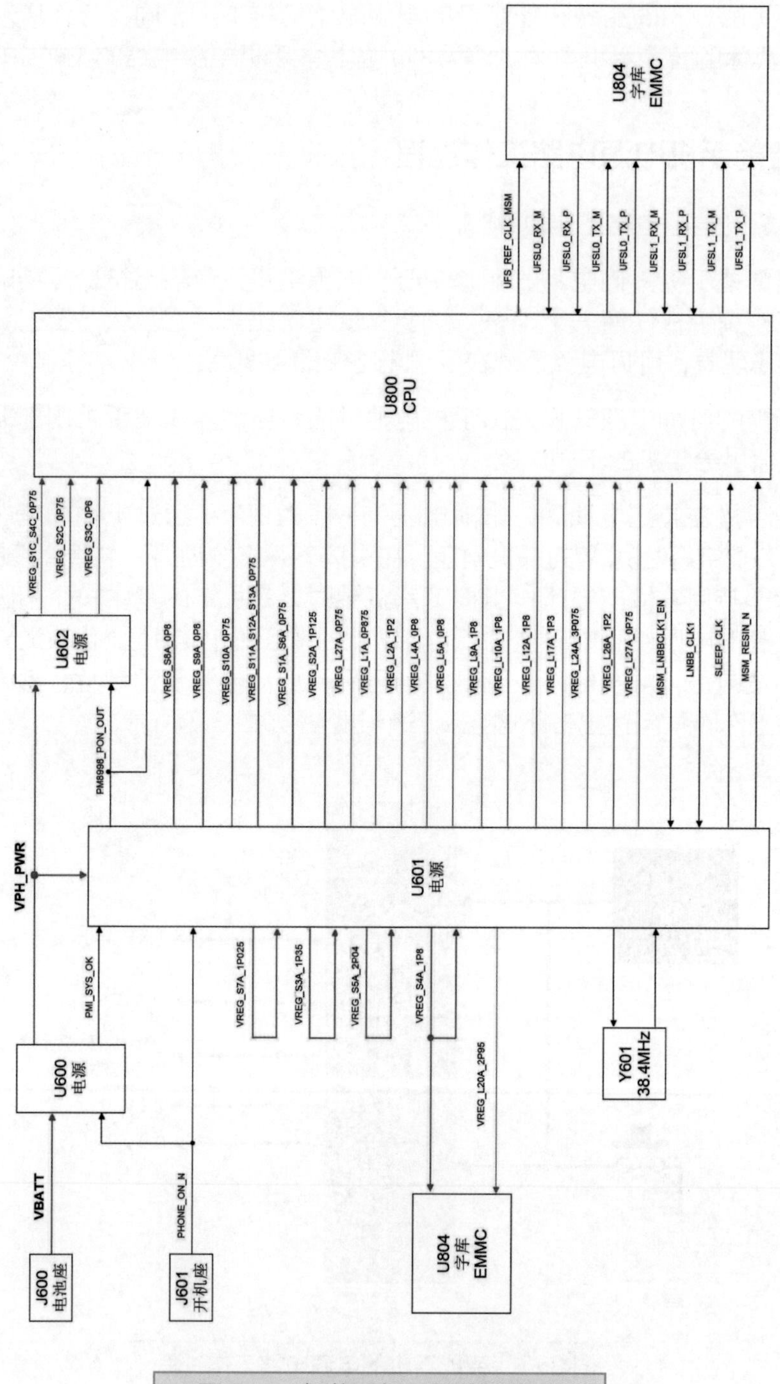

图 3-8　智能手机开机信号电路

（1）开机过程

当插上电池，电池电压 VBAT 加到电源管理芯片 U600 的输入引脚，U600 内部电源转换器产生约 2.8V 开机触发电压并加到开机触发引脚，同时 U600 向电源管理芯片 U601 和 U602 输出 VPH_PWR 供电电压，同时向 U601 发送 PMI_SYS_OK（电源准备好）信号。

当按开机键时，开机信号通过开机插座 J601 将电源管理芯片 U601 和 U600 的电源触发引脚的电压被拉低，触发电源管理芯片 U600 和 U601 开始工作，并按要求向各个电路（包括 CPU）输出工作电压。同时电源管理芯片 U601 向 CPU 发送出一路比逻辑电压滞后约 30ms 的复位信号（MSM_RESIN_N 信号）。另外，CPU 向电源管理芯片 U601 发送时钟控制信号（MSM_LNBBCLK1_EN 信号），使 U601 开始给时钟电路（Y601）提供供电电压，时钟电路开始振荡，产生时钟信号。然后 U601 向 CPU 输出运行时钟信号。此时，CPU 中的微处理器具备了工作电压、复位信号和时钟信号 3 个开机条件，于是 CPU 中微处理器发送 CE 信号命令向字库 U804 调取开机程序。字库 U804 找到程序后，反馈 OE 信号给 CPU，并通过总线将开机程序传送到 CPU 的缓存中运行并自检。自检通过后，CPU 发出开机维持信号给电源管理芯片 U601，让其维持工作，手机维持开机。

（2）关机过程

手机正常开机后 CPU 的关机检测脚有 3V 电压。而在手机开机状态下再按开关机键，此时关机二极管导通，把 CPU 的关机检测脚电压拉低；当 CPU 检测该电压变化超过 2s 时，确认为要关机，于是命令字库 U804 运行关机程序并自检。自检通过后，CPU 撤去开机维持电压，电源管理芯片 U600、U601、U602 等芯片停止工作，手机因失电而停止工作，手机关机。

当 CPU 检测该电压变化少于 2s 时，作为挂机或退出处理。

3.3.3　智能手机电源电路主要供电电路工作原理

智能手机电源电路中包括多个供电电路，如射频电路供电电路、液晶屏供电电路、触摸屏供电电路、Wi-Fi/ 蓝牙电路供电电路、音频电路供电电路、摄像头供电电路、电池插座电路、主从电源电路等，这些电路相互独立又互有联系，了解它们各自的工作原理对于整体上透彻理解电源电路非常重要。

1. 电池插座供电电路

在智能手机电路中，电池电压一般直接供到充电管理芯片等电路。在电池接口电路上会并接有滤波电容、稳压二极管等元件，如图 3-9 所示。

2. 从电源管理芯片组成的电源电路

电源管理芯片主要提供各路电路供电电压，并提供逻辑复位信号；负责电池电量检测及充电控制。图 3-10 所示为智能手机电源电路图。

电池供电电压 VBATT 经过滤波电容 C608 滤波后，通过电源管理芯片 U600 的第 135、148、161、174 脚进入芯片内部电路，为 U600 提供供电。然后经过内部电路转换后，从 U600 的第 102、115、127、128、140、141、153、154、166、167、179、180 脚输出供电电压。此电压经过电感 L602 和滤波电容 C607 组成的 LC 升压电路后，输出 4V 左右的 VPH_PWR 供电电压。此供电电压会给其他电源管理芯片、射频功率放大器、音频处理器芯片提供工作电压。

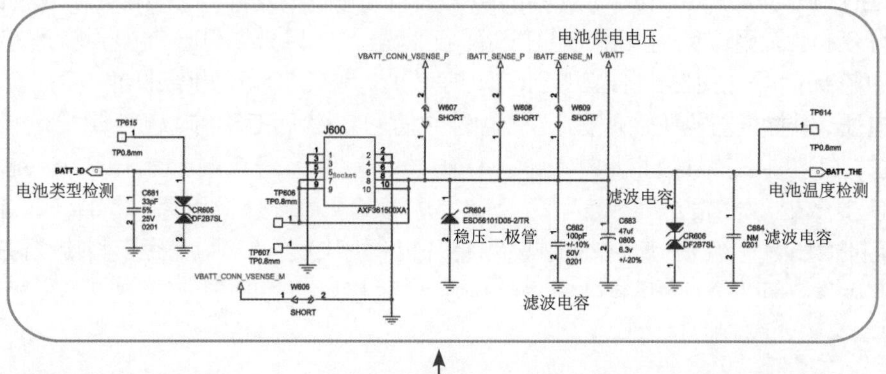

图中，J600 为电池插座，直接连接电池；第 1、2、3、4 引脚为接地脚，第 5 脚为电池类型检测引脚，第 6 脚为电池温度检测引脚；第 7、8、9、10 引脚为电池电压输出引脚。电池的电压经过插座 J600 的第 8 引脚后，再经过滤波电容 C682 和 C683 滤波后输出 VBATT 电池供电电压，CR604 为稳压二极管。

图 3-9　电池插座供电电路

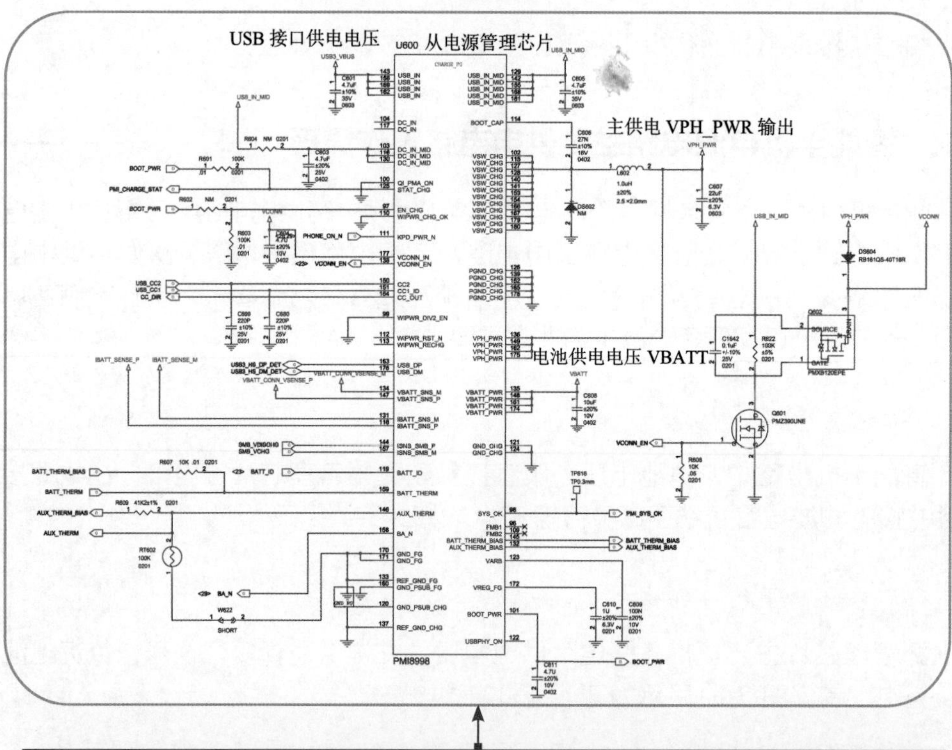

图中电源电路中的 U600 为副电源管理芯片，主要负责接收电池供电，然后输出 VPH_PWR 主供电电压，并向摄像头、液晶屏、触摸屏输出供电电压。同时负责管理电池充电。

图 3-10　手机电源电路图

3. 主电源管理芯片组成的电源电路

图 3-11 所示为手机主电源管理芯片组成的电源电路图。

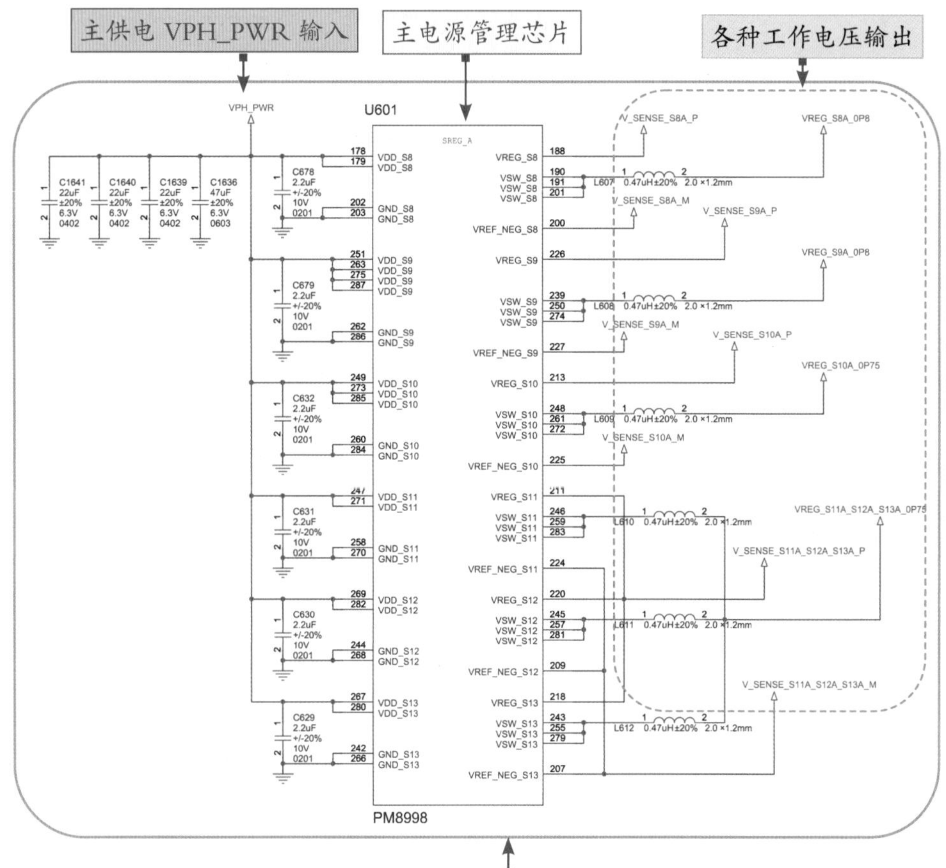

图中电源电路中的 U601 为手机主电源管理芯片，主要负责生成时钟信号、复位信号，同时将 U600 输出的 VPH_PWR 电压转换为 0.75V、0.8V、0.9V、1.0V、1.1V、1.8V、2.7V、3.3V 等供电电压，为 CPU、音频处理芯片、射频芯片、Wi-Fi 芯片等提供工作电压。

图 3-11　手机主电源管理芯片组成的电源电路图

图 3-11 中，VPH_PWR 供电电压经过滤波电容 C1636、C1639、C1640、C1641、C678、C679、C629、C630、C631、C632 滤波后，通过 U601 的第 178、179、202、203、251、263、275、287、262、287、249、260、247、258、269、244、267、242 脚进入电源管理芯片，为 U601 内部电路提供供电电压。

经过内部电源电路处理后，输出各种电路需要的工作电压（如从第 190、191、201 脚输出 0.8V 电压经过电感 L607 滤波后，为 CPU 提供 VREG_S8A_0P8 工作电压）。

4. 射频电路供电电路

图 3-12 所示为手机射频电路供电电路框图。

（2）电源管理芯片 U601 分别为天线开关 S100、射频收发器 U300、射频开关 U302 和 U301、射频功率放大器 U200 和 U205 提供 1.0V、1.2V、1.8V、2.7V 供电电压。

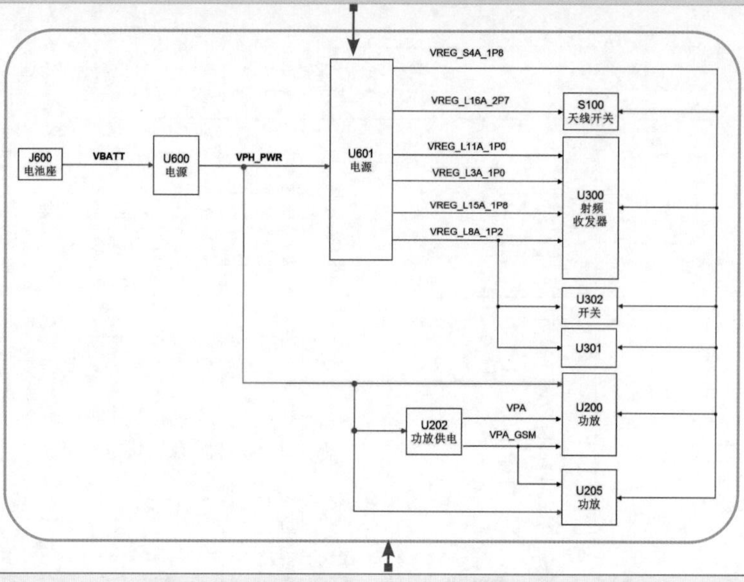

（1）从图中可以看出，电源管理芯片 U600 输出的 VPH_PWR（4V 左右）主供电为射频功率放大器 U200 和 U205 提供供电电压，同时为电源管理芯片 U202 供电，由 U202 输出 VPA 和 VPA_GSM 供电电压（3.3V 左右）。

图 3-12　射频电路供电电路框图

5. 液晶屏供电电路

图 3-13 所示为智能手机液晶屏供电电路框图。

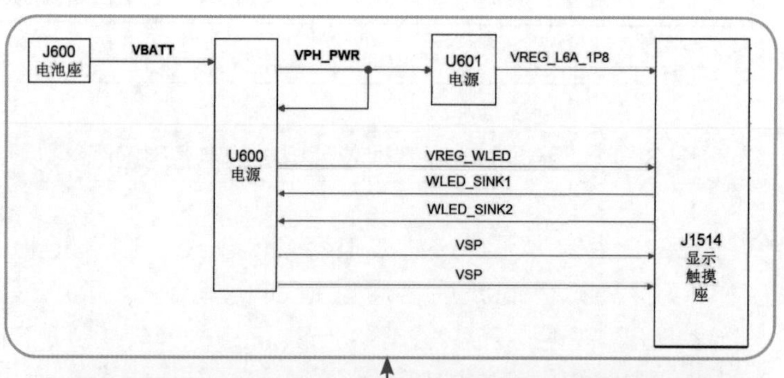

从图中可以看出，电源管理芯片 U600 分别输出 VREG_WLED、WLED_SINK1、WLED_SINK2、VSP 供电电压，为液晶屏提供工作电压。同时，电源管理芯片 U601 输出 VERG_L6A_1P8 供电电压给液晶屏。

图 3-13　液晶屏供电电路框图

6. 触摸屏供电电路

图 3-14 所示为智能手机触摸屏供电电路框图。

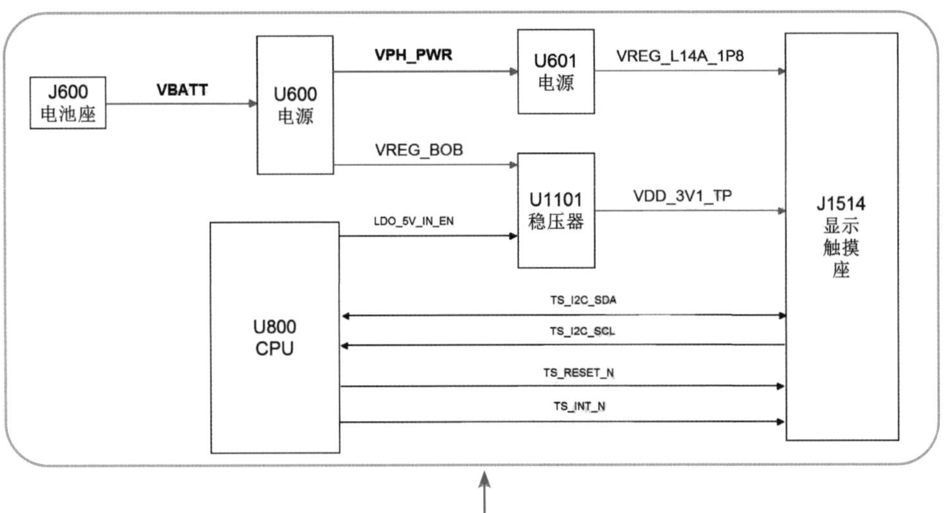

从图中可以看出，电源管理芯片 U600 输出 VREG_BOB 供电电压给稳压器 U1101，然后稳压器输出 VDD_3V1_TP 供电电压，为触摸屏提供工作电压。同时，电源管理芯片 U601 输出 VERG_L14A_1P8 供电电压给触摸屏。

图 3-14　触摸屏供电电路框图

7. Wi-Fi/ 蓝牙电路供电电路

图 3-15 所示为手机 Wi-Fi/ 蓝牙电路供电电路框图。

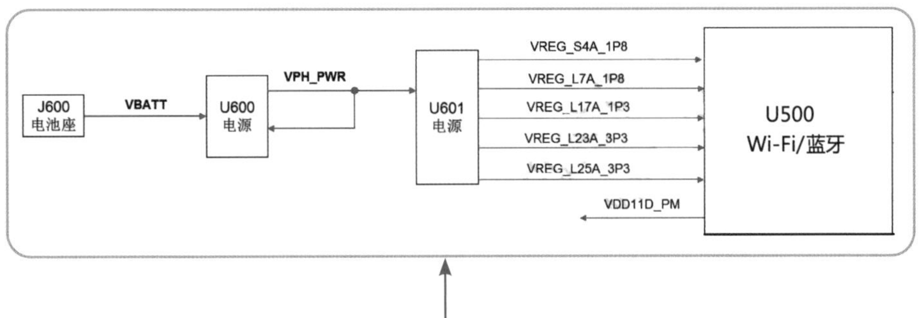

从图中可以看出，电源管理芯片 U601 输出 VERG_S4A_1P8、VERG_L7A_1P8、VERG_L7A_1P3、VERG_L23A_3P3、VERG_L25A_3P3 供电电压给 U500 芯片，为其提供 1.8V、3.3V 等工作电压。

图 3-15　Wi-Fi/ 蓝牙电路供电电路框图

8. 音频电路供电电路

图 3-16 所示为智能手机音频电路供电电路框图。

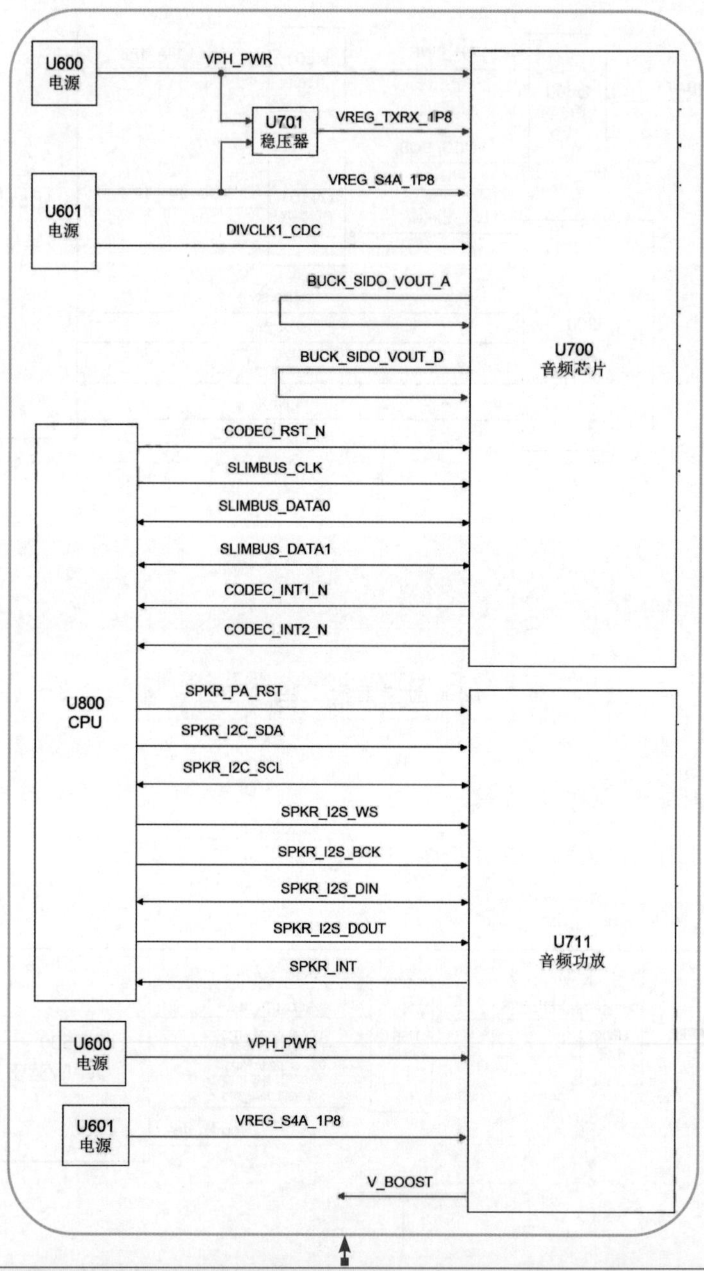

从图中可以看出，电源管理芯片 U600 输出的 VPH_PWR（4V 左右）主供电为音频处理器芯片 U700 和音频功率放大器 U711 提供供电电压，同时为稳压器 U701 提供供电电压，然后由 U701 输出 VREG_TXRX_1P8 供电电压给 U700。同时，电源管理芯片 U601 输出 VREG_S4A_1P8 供电电压给 U711 和 U700。

图 3-16　音频电路供电电路框图

9. 摄像头供电电路

图 3-17 所示为智能手机摄像头供电电路框图。

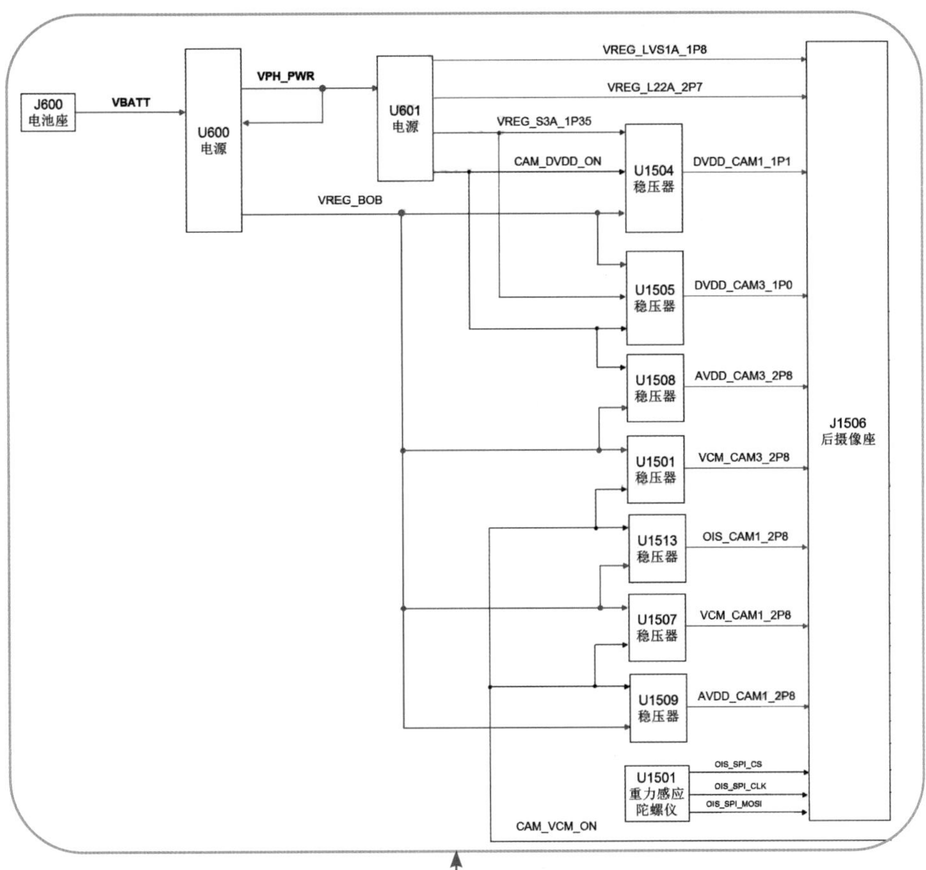

从图中可以看出，电源管理芯片 U600 输出的 VREG_BOB 供电电压给稳压器 U1501、U1504、U1505、U1507、U1508、U1509、U1513，然后这些稳压器分别输出 VCM_CAM3_2P8、DVDD_CAM1_1P1、DVDD_CAM3_1P0、VCM_CAM1_2P8、AVDD_CAM3_2P8、AVDD_CAM1_2P8、OIS_CAM1_2P8 等供电电压，为摄像头电路提供 1.0V、1.1V、2.8V 工作电压。同时，电源管理芯片 U601 输出 VREG_LVS1A_1P8、VREG_L22A_2P7 供电电压给摄像头电路。

图 3-17　摄像头供电电路框图

3.3.4　智能手机充电电路

智能手机充电电路的功能主要是控制管理手机电池的充电工作，充电电路的核心是充电管理芯片。一般充电管理芯片会有很多功能：如充电检测模块、充电控制模块、电量检测模块、过电压 / 过电流保护模块等。

图 3-18 和图 3-19 所示为某手机充电电路框图和正常充电电路图。

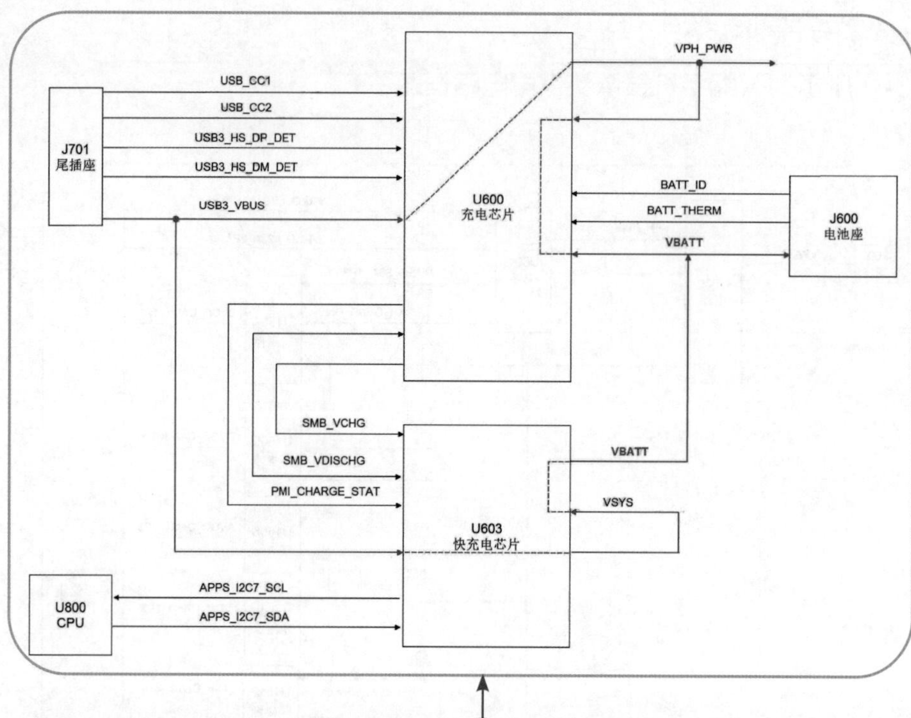

图中尾插座J701为手机的USB接口，U600为正常充电管理芯片，U603为快速充电管理芯片，J600为主板上的电池插座，电池输出的电压为VBATT。

图 3-18　充电电路框图

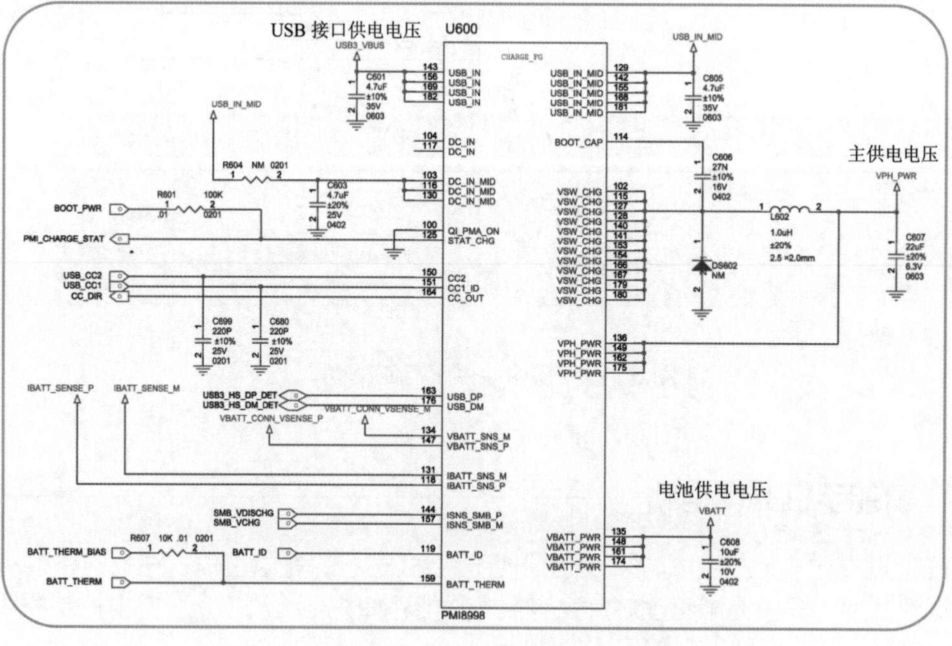

图 3-19　正常充电电路图

正常充电过程如下：

（1）当安装上电池后，电池通过 J600 插座向充电管理芯片 U600 提供 VBATT 供电电压，同时通过 BATT_ID 和 BATT_THERM 向 U600 发送电池的温度、电压等参数信息。

（2）当手机 USB 接口插入充电线后，USB 接口向电池管理芯片 U600 提供 USB3_VBUS 供电电压。

（3）充电管理芯片 U600 会通过 USB 插座 J701 发送的 USB_CC1 和 USB_CC2 信号来辨别 USB 连接的正插还是反插，同时识别 USB 电源提供的电压和电流大小。通过 USB3_HS_DP_DET 和 USB3_HS_DM_DET 信号识别充电器的类型（是不是快充充电器）。

（4）如果手机连接的是普通充电器，U600 充电管理芯片将 USB 接口输入的 USB3_VBUS 电压进行处理后，输出 VPH_PWR 主供电，然后 VPH_PWR 再输入到 U600 芯片经过处理后，输出 VBATT 电压给 J600 电池插座为电池充电。当 U600 检测到电池充满电时，停止输出 VBATT 充电电压，充电结束。

除了正常充电外，我们还有时常听到“快充”的手机充电模式，下面来分析一下快速充电的原理。

快充技术，顾名思义就是能够提升充电速度的技术，它的原理并不复杂，通过芯片组支持，调整手机的电压和电流输入值，从而缩短充电时间，其原理如图 3-20 所示。

现在所有快速充电技术概括起来主要有：恒定电压高电流模式、高电压和高电流模式以及高电压恒定电流模式。

（1）恒定电压高电流模式：这种模式在采用恒定低电压的情况下，增加电流实现快速充电。这种模式是目前智能手机快充更普遍的做法，目前手机标配的适配器通常为 5V/1A 输出，部分厂商将充电电流提升到了 2A，甚至更高。

（2）高电压高电流模式：这种模式采用同时增大电流与电压的方式来实现快充，由功率公式（P=UI）可知，这种方式是增大功率最好的办法，但同时增大电压和电流会产生较多的热量，需要有较高的保护机制。

（3）高电压恒定电流模式：这种模式在采用恒定电流的情况下，通过增加电压来实现快充。

总之，不管是增大电压还是增大电流，都有较大的热量，所以采用快充方式充电的手机，会产生较多的热量，而电池发热会损害电池，同时也可能引起爆炸。因此采用快充技术的手机都需要有相应的保护机制。

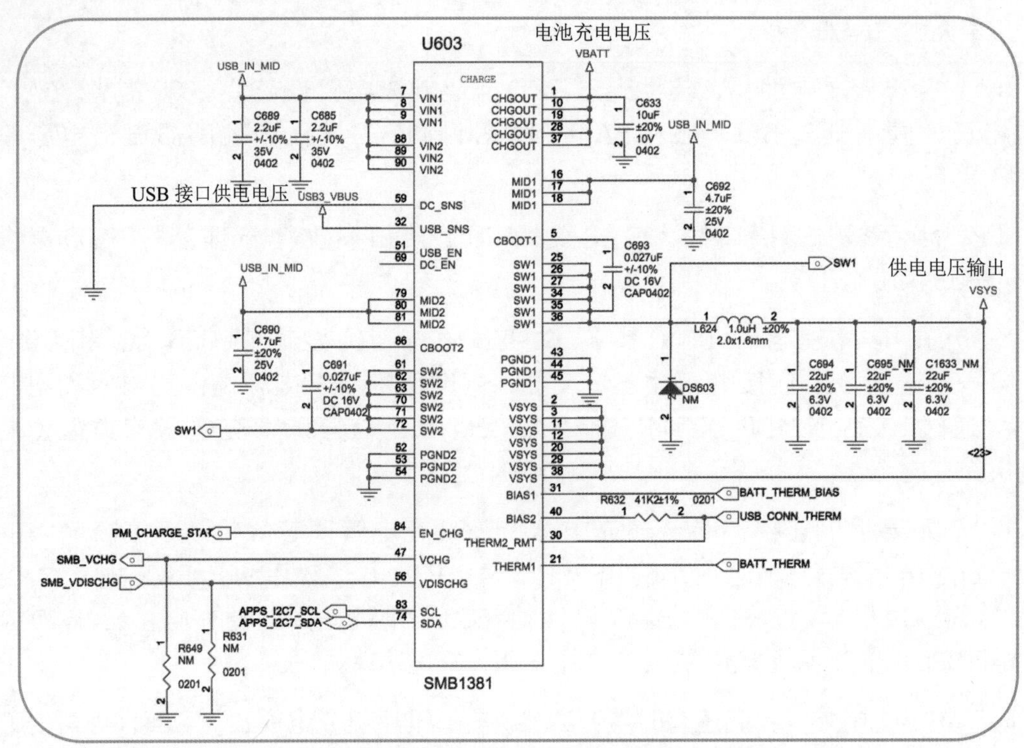

图 3-20　快速充电电路图

我们结合图 3-20 分析一下智能手机快速充电过程。

如果 U600 接收到手机连接的是快速充电器，则充电管理芯片 U600 会向快充电芯片 U603 发出 PMI_CHARGE_STAT 和 SMB_VCHG 充电信号，告知 U603 可以进行快速充电，然后 U603 会输出 VBATT 电压给电池插座 J600，开始给电池充电。当 U600 检测到电池充满电时，会向 U603 发出 SMB_VDISCHG 信号，告知充电结束。之后 U603 停止输出 VBATT 充电电压，快速充电结束。

第4章

智能手机处理器电路结构与工作原理

智能手机的处理器（CPU）主要包括基带处理器和应用处理器，其中基带处理器是移动电话的一个重要部件，相当于一个协议处理器，负责数据处理与存储。应用处理器主要负责智能手机的多媒体功能。本章将重点讲解智能手机处理器的组成结构以及其各电路的工作原理。

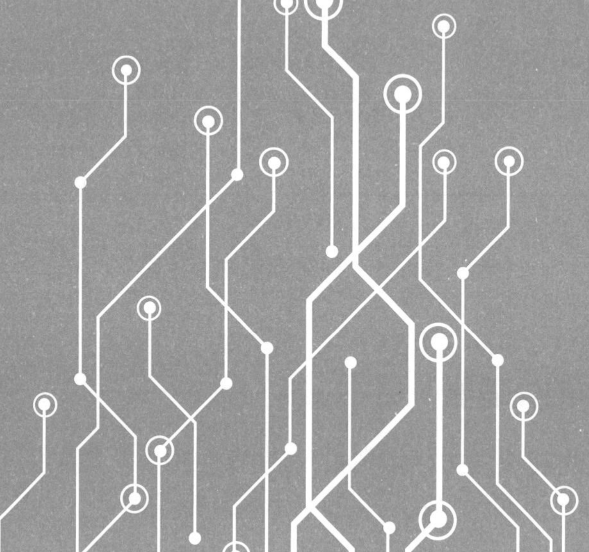

看图识别智能手机处理器

智能手机的处理器电路是其核心电路，主要用来处理智能手机的日常工作。在学习处理器电路前，我们先通过实物图片及电路图来对智能手机的处理器电路做一个整体的认识。

4.1.1 电路板中的处理器

智能手机的处理器位于智能手机的主控电路板中，由于智能手机电路板的超薄设计需要，一般将处理器和内存设计在一起，采用叠加设计，下面为 CPU 芯片，上面为内存芯片。图 4-1 所示为智能手机的处理器。

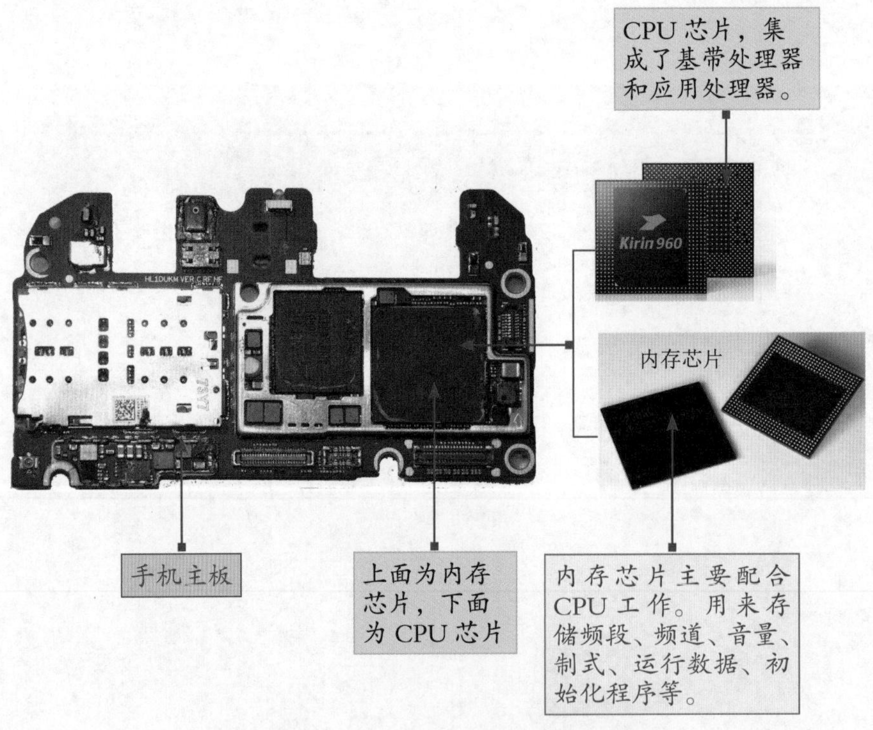
CPU 芯片，集成了基带处理器和应用处理器。
Kirin 960
内存芯片
手机主板
上面为内存芯片，下面为 CPU 芯片
内存芯片主要配合 CPU 工作。用来存储频段、频道、音量、制式、运行数据、初始化程序等。

图 4-1　智能手机的处理器

4.1.2 电路图中的处理器

图 4-2 所示为智能手机主电路板中的处理器电路图。图中，上面一个图为处理器电路的接口部分电路，下面一个电路图为供电部分电路。

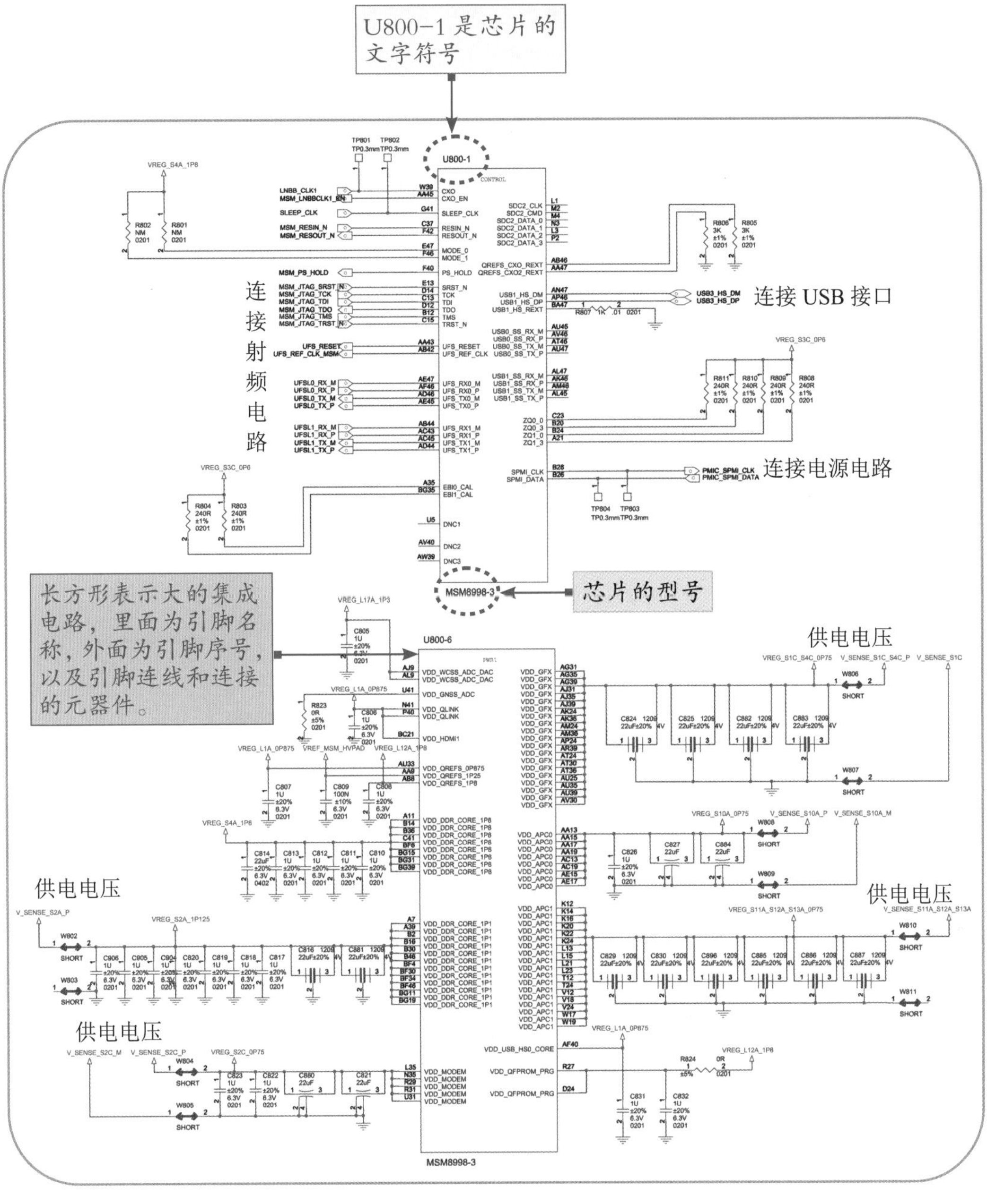

U800-1 是芯片的文字符号

U800-1

连接射频电路

连接 USB 接口

连接电源电路

长方形表示大的集成电路，里面为引脚名称，外面为引脚序号，以及引脚连线和连接的元器件。

芯片的型号

MSM8998-3

U800-6

供电电压

供电电压

供电电压

供电电压

MSM8998-3

图 4-2 主电路板中的处理器电路图

4.2 智能手机处理器电路的组成结构

目前智能手机处理器都是采用基带处理器和应用处理器集成在一起的二合一处理器芯片。处理器不但包含基带处理器的功能，还包含应用处理器的功能。从电路结构上来看，智能手机处理器电路主要由微处理器、核心处理器（可能为多核）、数字处理电路（DSP）、存储器、时钟及复位电路、接口电路、供电电路、内存控制器、视频解码处理器、图像处理器、总线控制器等组成，如图 4-3 所示。

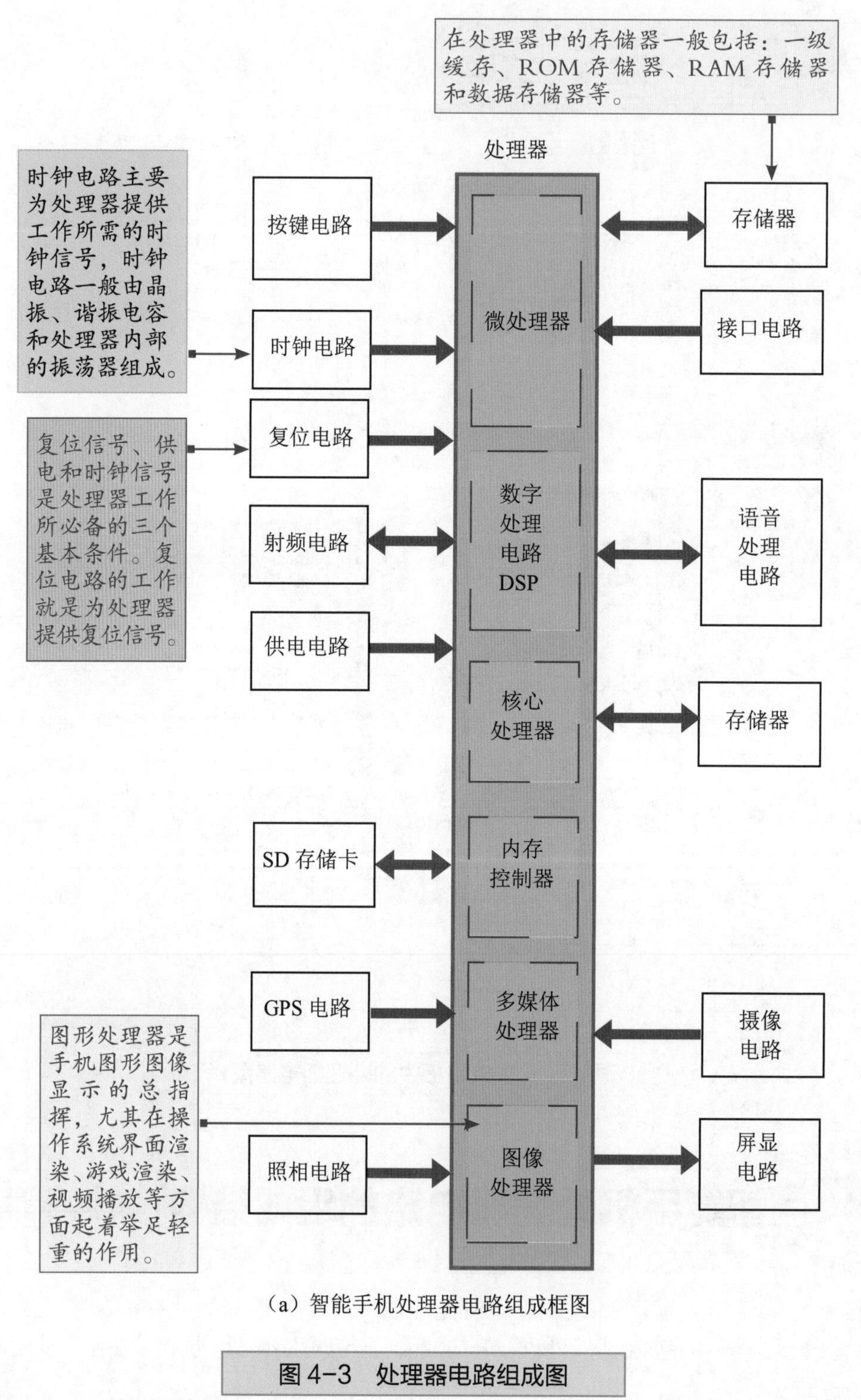

（a）智能手机处理器电路组成框图

图 4-3　处理器电路组成图

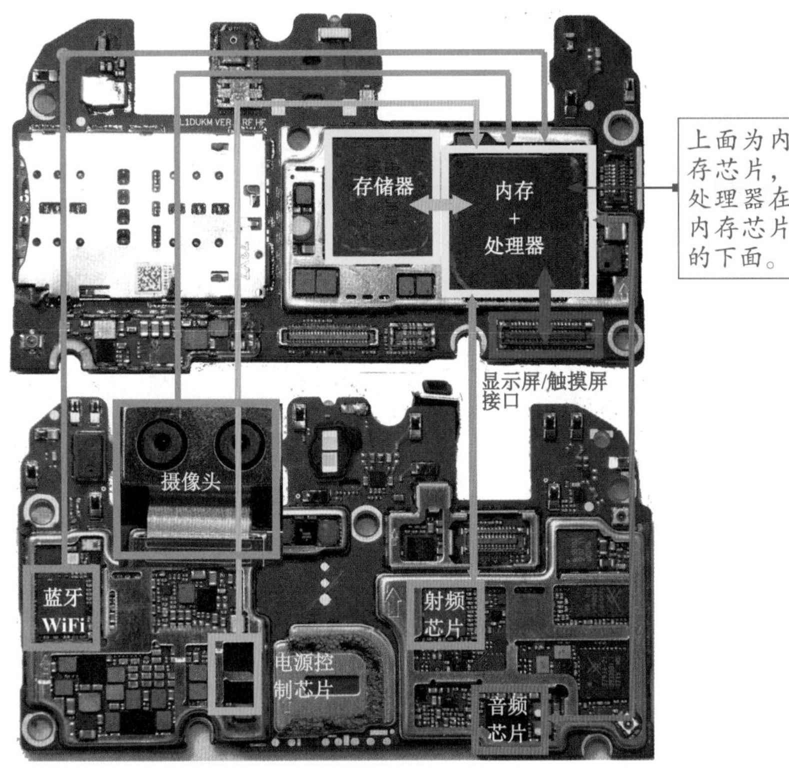

（b）智能手机处理器电路工作示意图

图 4-3　处理器电路组成图（续）

1. 微处理器电路

微处理器的工作原理其实很简单，其内部元件主要包括控制单元、逻辑单元和存储单元（高速缓存、寄存器）三大部分，如图 4-4 所示。指令由控制单元分配到逻辑运算单元，经过加工处理后，再送到存储单元中等待应用程序的使用。

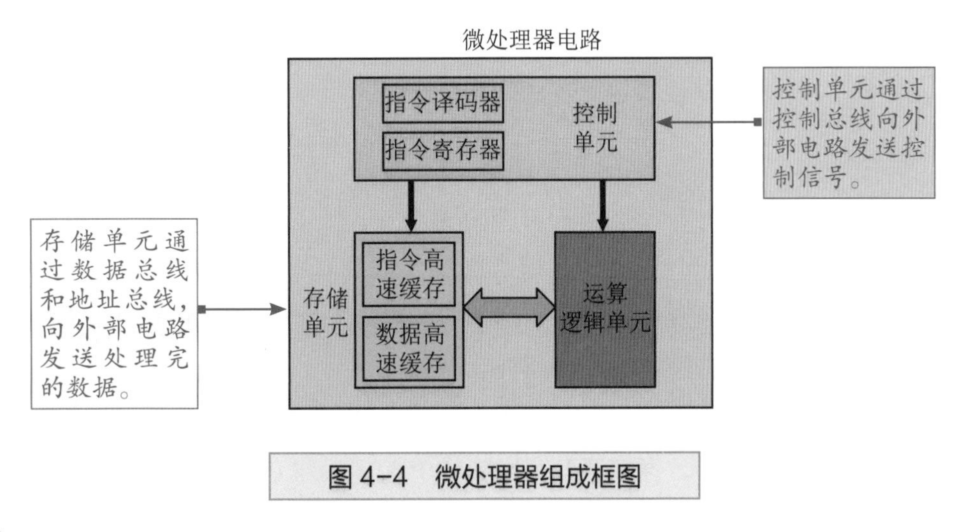

图 4-4　微处理器组成框图

（1）指令高速缓存

指令高速缓存是芯片上的指令仓库，这样微处理器就不必停下来查找外存中的指令。这种快速方式加快了处理速度。

（2）控制单元

控制单元负责整个处理过程，根据来自译码单元的指令，它会生成控制信号，告诉运算逻辑单元和寄存器如何运算，对什么进行运算以及怎样对结果进行处理。

（3）运算逻辑单元

运行逻辑单元是芯片的智能部件，能够执行加、减、乘、除等各种命令。此外，它还知道如何读取逻辑命令，如或、与、非。来自控制单元的信息将告诉运算逻辑单元应该做些什么，然后运算单元在寄存器中提取数据，以完成任务。

（4）寄存器

寄存器是运算逻辑单元为完成控制单元请求的任务所使用的数据的小型存储区域（数据可以来自高速缓存、内存、控制单元）。

（5）数据高速缓存

数据高速缓存存储来自译码单元专门标记的数据，以备运算逻辑单元使用，同时还准备了分配到计算机不同部分的最终结果。

微处理器的工作原理如下：

微处理器是作为处理数据和执行程序的核心，其工作原理就像一个工厂对产品的加工过程：进入工厂的原料（程序指令），经过物资分配部门（控制单元）的调度分配，被送往生产线（逻辑运算单元），生产出成品（处理后的数据）后，再存储在仓库（存储单元）中，最后等着拿到市场上去卖（交由应用程序使用）。在这个过程中，我们注意到从控制单元开始，微处理器就开始正式工作，中间的过程是通过逻辑运算单元来进行运算处理，交到存储单元代表工作的结束。

基带处理器中的微处理器主要执行系统控制、通信控制、身份验证、射频监测、工作模式控制、附件监测、电池监测、接口控制等功能。

2. 数字图像信号处理电路

数字信号处理电路的全称是 Digital Signal Processing，缩写为 DSP。智能手机的 DSP 由 DSP 内核加上内建的 RAM 和加载了软件代码的 ROM 组成。

DSP 通常提供如下一些功能：射频控制、信道编码、均衡、分间插入与去分间插入、AGC、AFC、SYCN、密码算法、邻近蜂窝监测等。

DSP 核心还要处理一些其他功能，包括双音多频音的产生和一些短时回声的抵消，在 GSM 移动电话的 DSP 中，通常还有突发脉冲（Burst）建立。

3. 音频数字信号处理电路

音频数字信号处理电路主要处理语音信号的 A/D、D/A 转换、PCM 编译码、音频路径转换，发射语音的前置放大、接受语音的驱动放大器，双音多频 DTMF 信号发生等。

4. 存储器

智能手机中的存储器主要包括数据存储器、程序存储器等。

（1）数据存储器

数据存储器（RAM）的作用主要是存储一些智能手机运行过程中须暂时保留的信息，比如，暂时存储各种功能程序运行的中间结果，作为运行程序时的数据缓存区。手机中常用的存储器是静态存储器（SRAM），又称随机存储器，其对数据（如输入的电话号码、短信息、各种密码等）或指令（如驱动振铃器振铃、开始录音、启动游戏等指令）的存取速度快，存储精度高，但其中所存信息一旦断电，就会丢失。数据存储器正常工作时须与微处理器配合默契，即在由控制线传输指令的控制下，通过数据传输线与微处理器交换信息。数据存储器提供了整个手机工作的空间，其作用相当于计算机中 RAM 内部存储器。

（2）程序存储器

部分智能手机的程序存储器由两部分组成，一个是快擦写存储器（FlashROM），俗称字库或版本；另一个是电擦除可编程只读存储器（EEPROM），俗称码片。手机的程序存储器存储着手机工作所必需的各种软件及重要数据，是整机的灵魂所在。

在手机程序存储器中，FlashROM 作为只读存储器（ROM）来使用，主要是存储工作主程序，即以代码的形式装载了话机的基本程序和各种功能程序，话机的基本程序管理整机工作，如各项菜单功能之间的有序连接与过渡的管理程序，各子菜单返回其上一级菜单的管理程序、根据开机信号线的触发信号启动开机程序的管理等，各功能程序如电话号码的存储与读出、铃声的设置与更改、短信息的编辑与发送、时钟的设置、录音与播放、游戏等菜单功能的程序。快擦写存储器是一种非易失性存储器，当关掉电路的电源以后，所存储的信息不会丢失。其存储器单元是电可擦除的，即快擦写存储器既可电擦除，又可用新的数据再编程。快擦写存储器在手机中一般用于相对稳定的、正常使用手机时不用更改程序的存储，这与它们有限的擦除、重写能力有关。FlashROM 若发生故障，整个手机将陷入瘫痪。

码片（EEPROM）其主要特点是能进行在线修改存储器内的数据或程序，并能在断电的情况下保持修改结果。根据数据传输方式分类，码片可分为两大类：一类为并行数据传送的码片，另一类为串行数据传送的码片。

现在各种类型的手机所采用的码片很多，但其作用几乎是一样的，在手机中主要存放系统参数和一些可修改的数据，如手机拨出的电话号码、菜单的设置、手机解锁码、PIN 码、手机的机身码（IMEI）等以及一些检测程序，如电池检测程序、显示电压检测程序等。码片出现问题时，手机的某些功能将失效或出错，如菜单错乱、背景灯失控等。此时有如下现象：显示“联系服务商（CONTACT SERVICE）”；显示“电话失效，联系服务商(PHONE FAILED SEE SERVICE)”；显示“手机被锁(PHONE LOCKED)”；显示“软件出错(WRONG SOFTWARE)”；出现低电压告警、显示黑屏、不开机、不入网、显示字符不完整、不认卡等。由于 EEPROM 可以用电擦除，所以当出现数据丢失时，可以用 GSM 手机可编程软件故障检修仪重新写入。目前手机的码片一般集成在 FLASH 内部。

4.3 智能手机处理器电路工作原理

智能手机的处理器电路是整个手机的控制中心和处理中心，是整个电路的核心部分，其能否正常运行直接决定手机是否能正常使用。在对智能手机进行维修前，对其工作原理的学习是非常必要的，本节将重点讲解智能手机处理器电路的工作原理。

4.3.1 智能手机处理器电路整体工作原理分析

不同的智能手机的处理器电路有所不同，但其工作原理基本相同，下面以一款智能手机的处理器电路为例进行讲解。图 4-5 所示为智能手机的处理器电路。

图中， U800 为手机的处理器（CPU），U300 为射频收发器。CPU 与射频收发器之间主要传输四种数据：发射的射频信号 TX、接收的射频信号 PRX、接收的射频信号 DRX 以及 GPS 信号。

U700 为音频处理芯片，它与 CPU 之间通过 SLIMBUS 串行多媒体总线传输音频数据信号。

U402 为 NFC 芯片，它与 CPU 之间传输 ESE_SPI NFC 通信总线传输信号。

U804 为存储器芯片，它与 CPU 之间传输 TX 和 RX 信号。

CPU 与显示屏之间主要通过 Lanes DSI 显示器串行总线传输显示信号。CPU 与触摸屏之间主要通过 TS I^2C 触摸屏控制总线传输控制信号。

CPU 与摄像头之间主要通过 Lanes CSI 摄像头串行总线传输图像信号。

CPU 与各种传感器（指纹、光感等）之间通过 I^2C 串行总线传输数据。

U600 和 U601 为两个电源管理芯片，它们与 CPU 之间通过 SPMI 电源管理总线传输信号。

U602 为开关机电源管理芯片，它与 CPU 之间通过 SPMS 开关电源总线传输开关机信号。

U500 为蓝牙和 Wi-Fi 处理芯片，它与 CPU 之间通过 UART 通信总线传输数据信号。

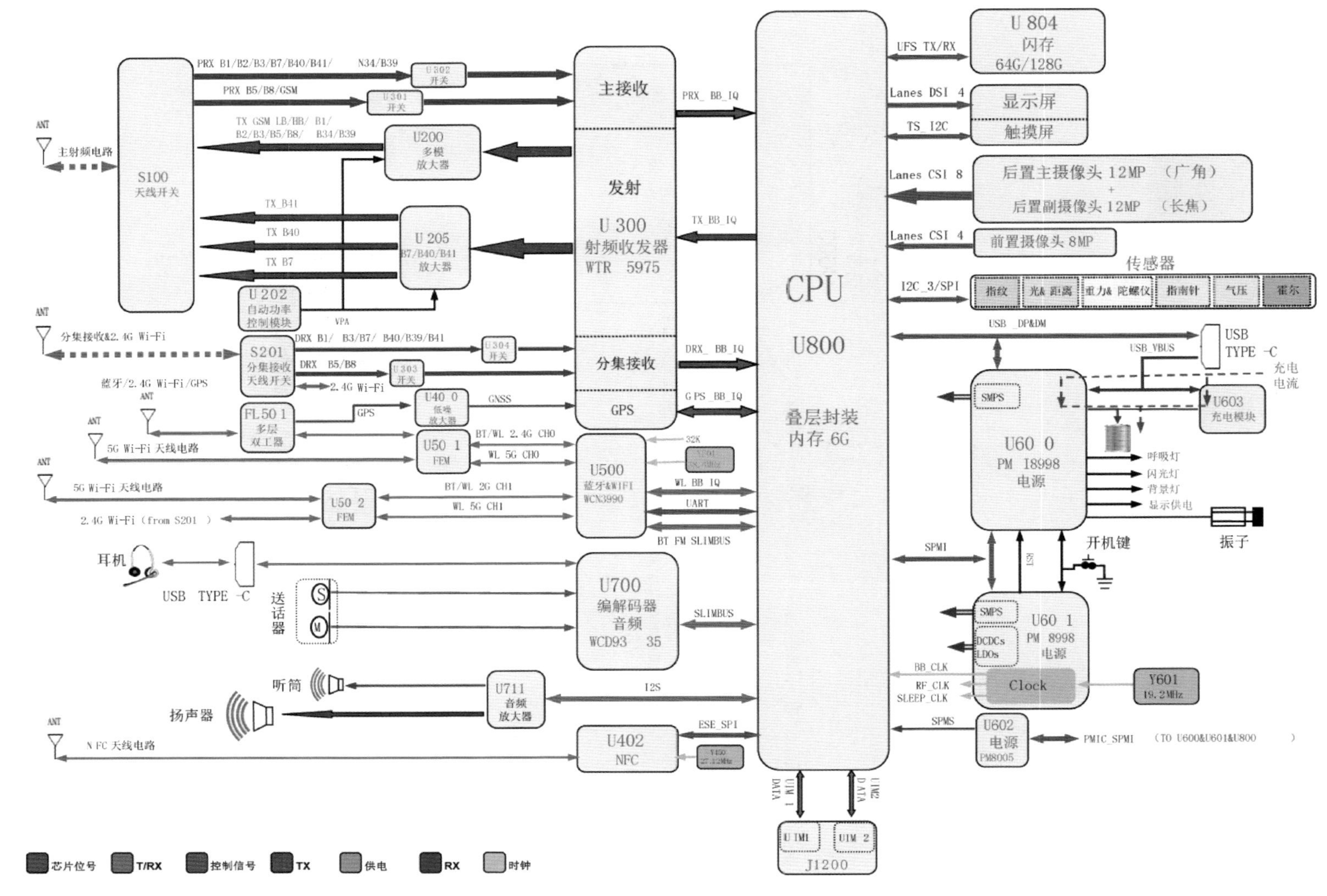
CPU
U800
叠层封装
内存 6G
U 804
闪存
64G/128G
UFS TX/RX
Lanes DSI 4
显示屏
TS I2C
触摸屏
Lanes CSI 8
后置主摄像头 12MP （广角）
后置副摄像头 12MP （长焦）
Lanes CSI 4
前置摄像头 8MP
传感器
I2C 3/SPI
指纹
光& 距离
重力& 陀螺仪
指南针
气压
霍尔
USB DP&DM
USB TYPE -C
USB YBUS
充电电流
U603
充电模块
U60 0
PM I8998
电源
SMPS
呼吸灯
闪光灯
背景灯
显示供电
振子
开机键
SPMI
RST
U60 1
PM 8998
电源
DCDCs
LDOs
Clock
Y601
19.2MHz
BB CLK
RF CLK
SLEEP CLK
SPMS
U602
电源
PM8005
PMIC SPMI
UIM 1 DATA
UIM2 DATA
U IM1
UIM 2
J1200
主接收
发射
U 300
射频收发器
WTR 5975
分集接收
GPS
PRX BB IQ
TX BB IQ
DRX BB IQ
GPS BB IQ
S100
天线开关
主射频电路
ANT
PRX B1/B2/B3/B7/B40/B41/ N34/B39
PRX B5/B8/GSM
U302 开关
U301 开关
TX GSM LB/HB/ B1/ B2/B3/B5/B8/ B34/B39
U200
多模
放大器
TX B41
TX B40
TX B7
U 205
B7/B40/B41
放大器
U 202
自动功率
控制模块
VPA
分集接收&2.4G Wi-Fi
S201
分集接收
天线开关
DRX B1/ B3/B7/ B40/B39/B41
DRX B5/B8
2.4G Wi-Fi
U304 开关
U303 开关
蓝牙/2.4G Wi-Fi/GPS
FL50 1
多层
双工器
GPS
U40 0
低噪
放大器
GNSS
5G Wi-Fi 天线电路
U50 1
FEM
BT/WL 2.4G CH0
WL 5G CH0
32K
U500
蓝牙&WIFI
WCN3990
WL BB IQ
UART
BT FM SLIMBUS
U50 2
FEM
BT/WL 2G CH1
WL 5G CH1
2.4G Wi-Fi (from S201)
耳机
USB TYPE -C
送话器
U700
编解码器
音频
WCD93 35
SLIMBUS
听筒
扬声器
U711
音频
放大器
I2S
U402
NFC
ESE SPI
N FC 天线电路
芯片位号
T/RX
控制信号
TX
供电
RX
时钟

图 4-5　处理器电路图

4.3.2 时钟电路工作原理

系统时钟是 CPU 正常工作的条件之一，智能手机的系统时钟一般采用 13MHz、19.2MHz、26MHz 等频率，智能手机一般采用晶振与电源管理芯片中的振荡器一起组成时钟电路。如果手机钟信号不正常，逻辑电路将不工作，智能手机不可能开机。

智能手机的时钟电路产生的振荡频率要经过中频电路分频为需要的频率（如 13MHz）后才供给处理器。

1. 时钟电路的组成结构

时钟电路主要由晶振、谐振电容、振荡器（集成在电源管理芯片）等组成。图 4-6 所示为时钟电路实物图和原理图。

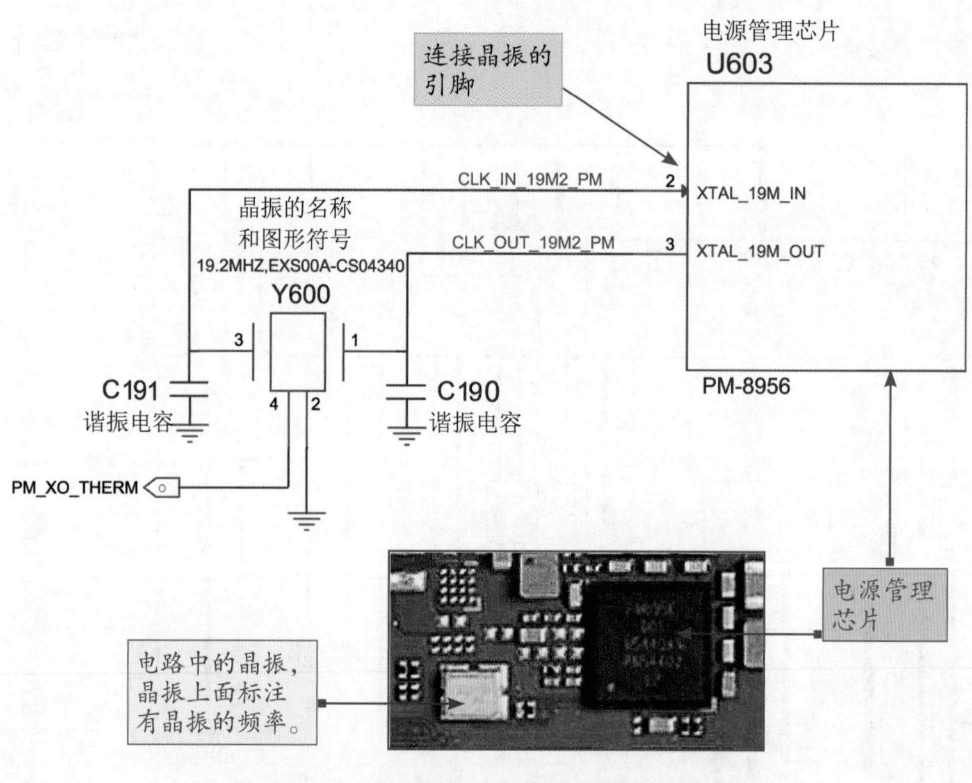

图 4-6 时钟电路实物图和原理图

图 4-6 中电源管理芯片连接的时钟电路，产生 19.2MHz 的时钟频率，其中，XTAL_19M_IN 为晶振输入脚，XTAL_19M_OUT 为晶振输出脚，输入、输出两个引脚连接晶振，两个引脚间有 0.4V 左右的电压差。

时钟电路中的振荡器集成在处理器芯片中，在它的外部会连接一个晶振和两个谐振电容。时钟电路中的晶振是石英晶体振荡器的简称，英文名为 Crystal，它是时钟电路中最重要的部件，它的作用是将输入其内部的电压信号转换成频率信号。

2. 时钟电路工作原理

时钟信号是处理器电路开始工作的基本条件之一，在电路中有着非常重要的作用。下面分析时钟电路的工作原理。

当智能手机接入电池后，智能手机的电源电路就产生 3.7V 待机电压，此电压直接为电源管理芯片内部的振荡器供电，时钟电路在获得供电后开始工作，然后输出时钟信号给 CPU 内部微处理器电路中的开机模块提供所需的时钟频率。

4.3.3 复位电路工作原理

复位电路主要为处理器中的微处理器电路提供复位信号。复位在开机瞬间存在，开机后测量时已为高电平。如果需要测量正确的复位时间波形，应使用双踪示波器，一路测微处理器的电源，一路测复位。

1. 复位信号的作用

复位信号是微处理器工作条件之一，其符号是 RESET，简写 RST。复位信号一般直接由电源管理芯片输出给 CPU（有的电路使用专用复位芯片来输出复位信号）。

在上电或复位过程中，复位信号控制 CPU 的复位状态：这段时间内让 CPU 保持复位状态，而不是一上电或刚复位完毕就工作，防止 CPU 发出错误的指令、执行错误操作。

手机在启动时都需要复位，以使 CPU 及系统各部件处于确定的初始状态，并从初态开始工作。

2. 手机复位方式

复位方式包括手动按钮复位（需要人为按下复位按钮进行复位）和上电复位，现在的智能手机通常采用上电复位方式。上电复位电路，只要在复位端的引脚上接电压即可。图 4-7 所示为手机复位电路。

注意：有的手机 CPU 复位电路中，会在复位引脚连接一个下拉电阻来过滤掉复位信号中的杂波。

复位电路的工作原理如下：

当手机开机启动时，电源管理芯片内部的复位电路开始工作输出 1.8V 复位信号给 CPU，当 CPU 内部的微处理器复位后，开始执行复位程序，实现复位。然后 CPU 再输出复位信号给 Wi-Fi 芯片、存储器芯片等，让其他电路实现复位。

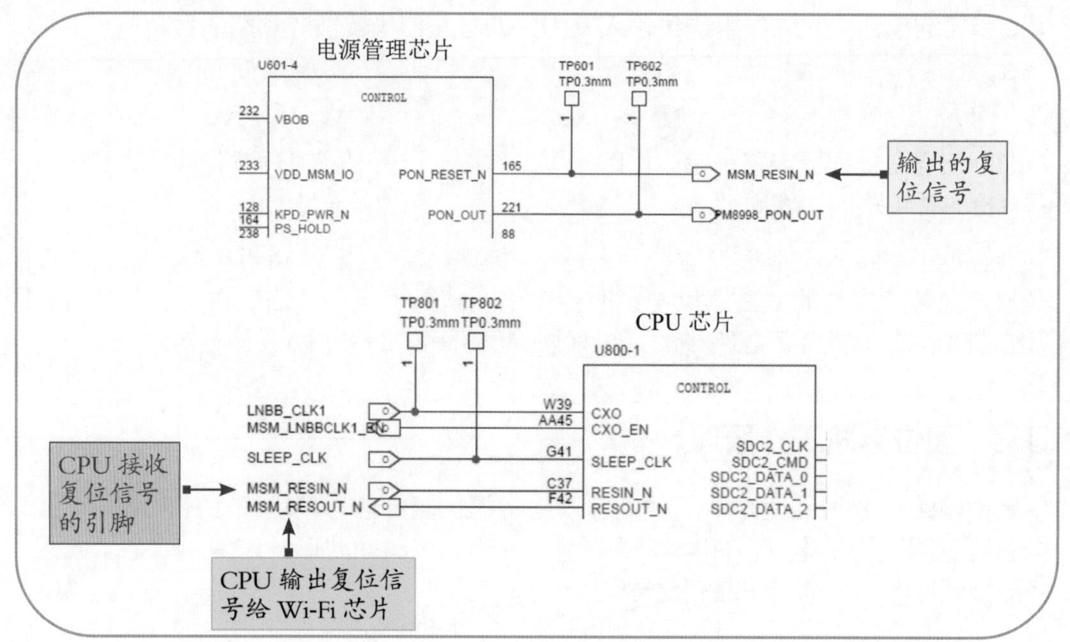

图 4-7 手机复位电路

4.3.4 存储器电路工作原理

存储器的作用是用来存储数据。当用户利用功能按键进行功能调节后，微处理器电路便使用 I^2C 总线将调整后的数据存储在数据存储器中。当再次开机时，便从存储器中调出数据。

存储器电路主要由存储器芯片、上拉电阻、电容和 CPU 芯片等组成。图 4-8 所示为存储器电路图。

图中，U804 为存储器芯片，存储器电路的供电电压为 1.8V 和 2.5V。存储器通过 H1、H2、F1、F2、K1、K2、D1、D2、M1、M2 分别连接到 CPU 芯片 U800 第 AA43、AB42、AE47、AF46、AD46、AE45、AB44、AC43、AC45、AD44 脚，负责传输控制信号、时钟信号和数据信号。在智能手机中常用的存储器主要有程序存储器、数据存储器等，其中程序存储器通常集成在 CPU 中。

存储器与 CPU 之间的通信采用 I^2C 总线。I^2C 总线是一种串行数据总线，只有两根信号线，一根是数据线 SDA 信号，另一根是时钟线 SCL 信号。在 I^2C 总线上传送的一个数据字节由 8 位组成。总线对每次传送数据的字节数没有限制，但是每个字节后面必须跟一位应答位。数据传送首先传送最高位（MSB）。

I^2C 总线的数据传送格式如下：

在 I^2C 总线开始信号后，送出的第一个字节数据是用来选择从器件地址的，其中前 7 位为地址码，第 8 位为方向位（R/W）读写控制。方向位为“0”表示发送，即主器件把信息写到所选择的从器件；方向位为“1”表示主器件将从从器件读信息。开始信号后，系统中的各个器件将自己的地址和主器件送到总线上的地址进行比较，如果与主器件发送到总线上的地址一致，则该器件即为被主器件寻址的器件，其接收信息还是发送信息则由第 8 位（R/W）确定。

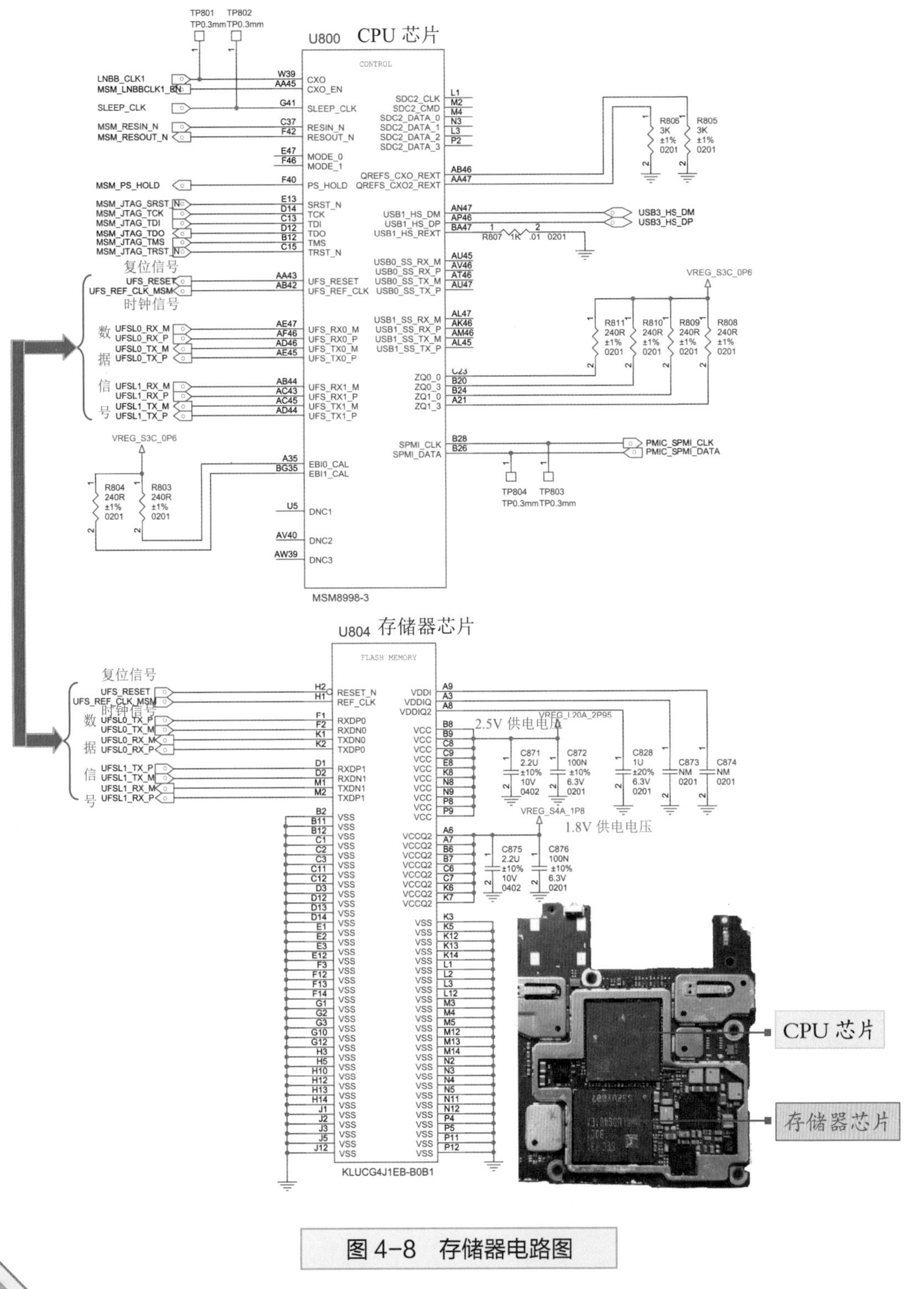

图 4-8　存储器电路图

在 I^2C 总线上每次传送的数据字节数不限，但每一个字节必须为 8 位，而且每个传送的字节后面必须跟一个应答位（ACK），ACK 信号在第 9 个时钟周期时出现。数据在传送时。每次都是先传最高位，通常从器件在接收到每个字节后都会做出响应，即释放 SCL 线返回高电平，准备接收下一个数据字节，主器件可继续传送。如果从器件正在处理一个实时事件而不能接收数据时（如正在处理一个内部中断，在这个中断处理完之前就不能接收 I^2C 总线上的数据字节），可以使时钟 SCL 线保持低电平，从器件必须使 SDA 保持高电平，此时主器件产生一个结束信号，使传送异常结束，迫使主器件处于等待状态。当从器件处理完毕时将释放 SCL 线，主器件继续传送。当主器件发送完一个字节的数据后，接着发出对应于 SCL 线上的一个时钟（ACK）认可位，在此时钟内主器件释放 SDA 线，一个字节传送结束，而从器件的响应信号将 SDA 线拉成低电平，使 SDA 在该时钟的高电平期间为稳定的低电平。从器件的响应信号结束后，SDA 线返回高电平，进入下一个传送周期。

与微处理器连接的存储器都具有 I^2C 总线接口功能，由于 I^2C 总线可挂接多个串行接口器件，在 I^2C 总线中每个器件应有唯一的器件地址，按 I^2C 总线规则，器件地址为 7 位数据，即一个 I^2C 总线系统中理论上可挂接 128 个不同地址的器件。

存储器与微处理器电路间数据的传送原理如下：

当时钟线为高电平时，数据线由高电平跳变为低电平定义为“开始”信号，起始状态应处于任何其他命令之前；当时钟线处于高电平时，数据线发生低电平到高电平的跳变为“结束”信号。开始信号和结束信号都是由微处理器产生。在开始信号以后，总线即被认为处于忙状态；在结束信号以后的一段时间内，总线被认为是空闲的。

智能手机音频处理电路结构与工作原理

智能手机的音频处理电路主要处理手机的声音信号，它主要负责接收和发射音频信号，是实现手机听见对方声音和播放音视频的关键电路。

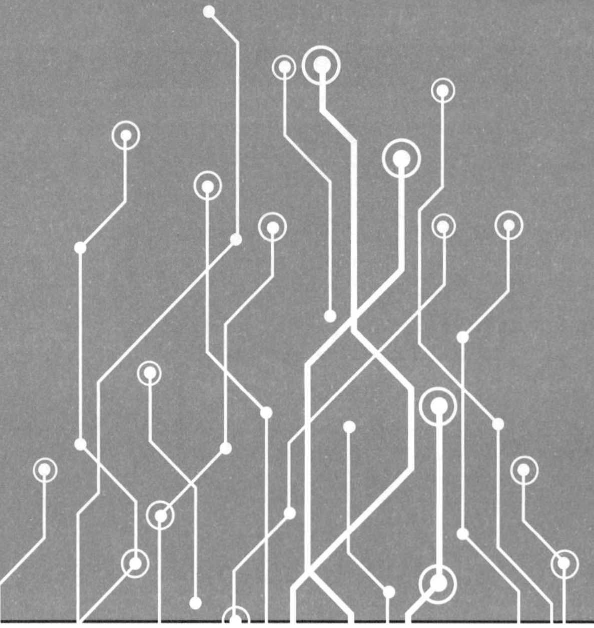

5.1 看图识别智能手机音频处理电路

智能手机不论接打电话还是播放视频都离不开声音，而音频处理电路就是处理声音的电路，也是实践维修中故障发生率较高的电路。在学习音频处理电路前，我们先通过实物图片及电路图来对智能手机的音频处理电路做一个整体的认识。

5.1.1 电路板中的音频处理电路

智能手机的音频处理电路在智能手机的主控电路板中，由于智能手机电路板设计不同，音频处理电路的位置也不相同。一般来说，音频处理电路由一个音频信号处理芯片、音频功率放大器等组成。图 5-1 所示为音频处理电路。

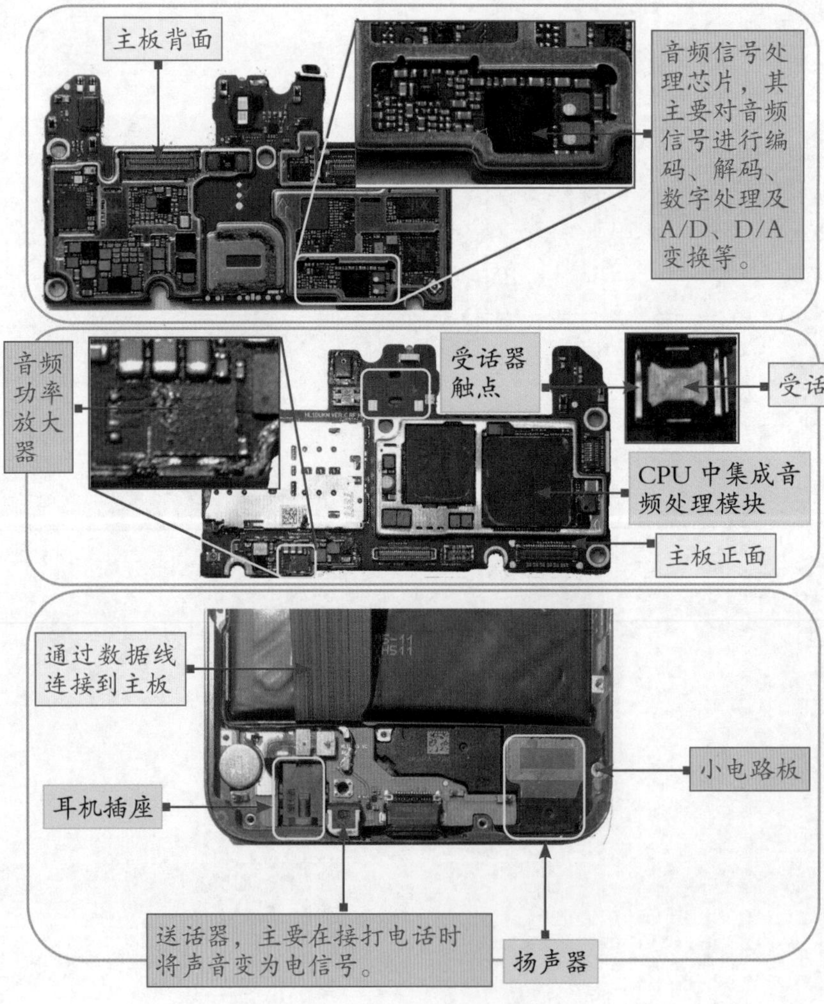

图 5-1　音频处理电路

5.1.2　电路图中的音频处理电路

图 5-2 所示为智能手机主电路板中的音频处理电路图。图中，大的长方形为电路中比较大的集成电路，图形符号为 U700，功能为音频信号处理芯片。在长方形的内部是各个引脚的名称，在长方形外部是各个引脚的标号，送话器、耳机插座等电子元器件直接与音频信号处理芯片相连。另外，图中 U702 为音频放大器芯片，它的第 B4、D4 脚连接扬声器。

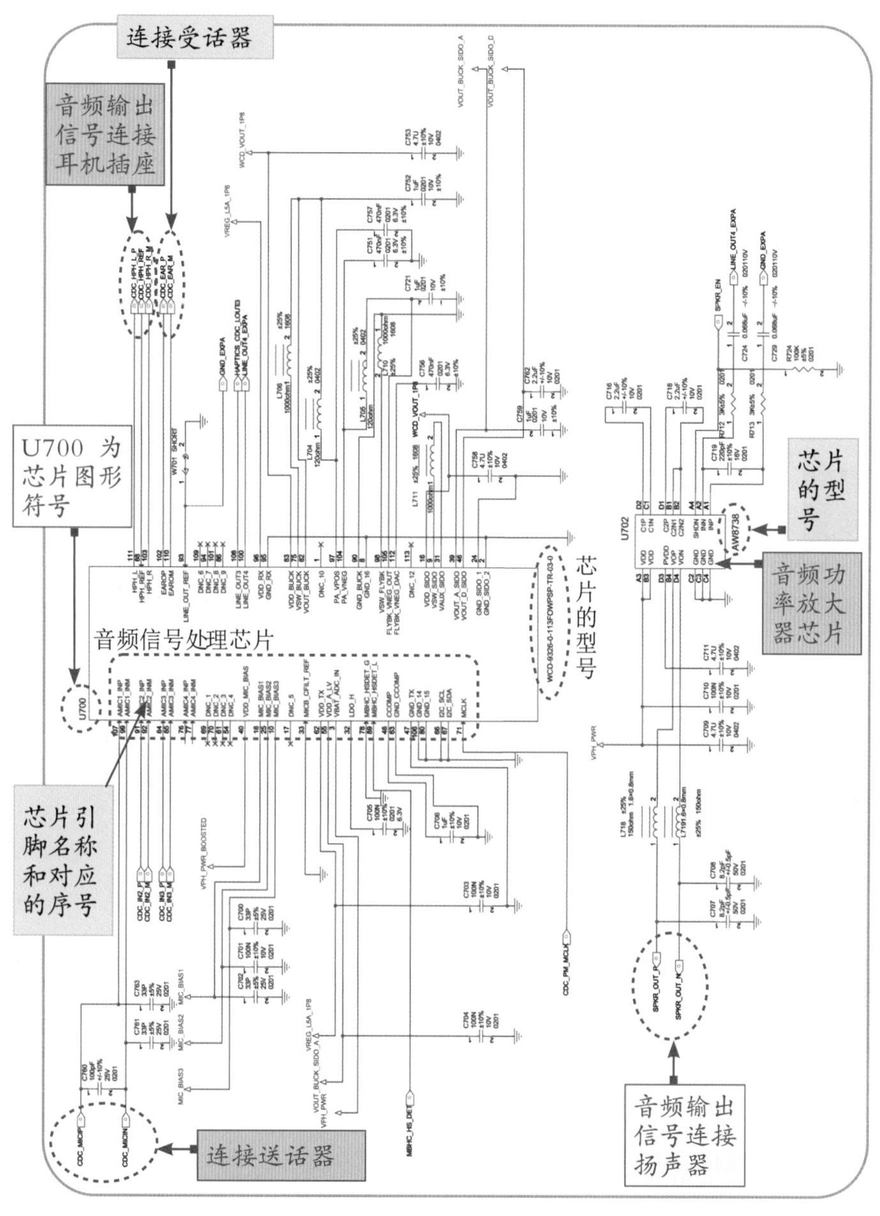

图 5-2　智能手机主电路板中的音频处理电路图

5.2 智能手机音频处理电路的结构分析

直观了解了智能手机的音频处理电路后，我们再从“微观”角度分析一下音频处理电路的组成；同样，我们还是从部件组成和电路结构两个方面来讲解，帮助读者更全面地理解智能手机音频处理电路。

5.2.1 音频处理电路的组成结构

从电路结构上来看，智能手机音频处理电路主要由音频信号处理芯片、音频功率放大器、受话器、扬声器、送话器、耳机接口等组成。图 5-3 所示为智能手机音频处理电路组成框图。从图中可以看出，音频信号处理电路是核心。

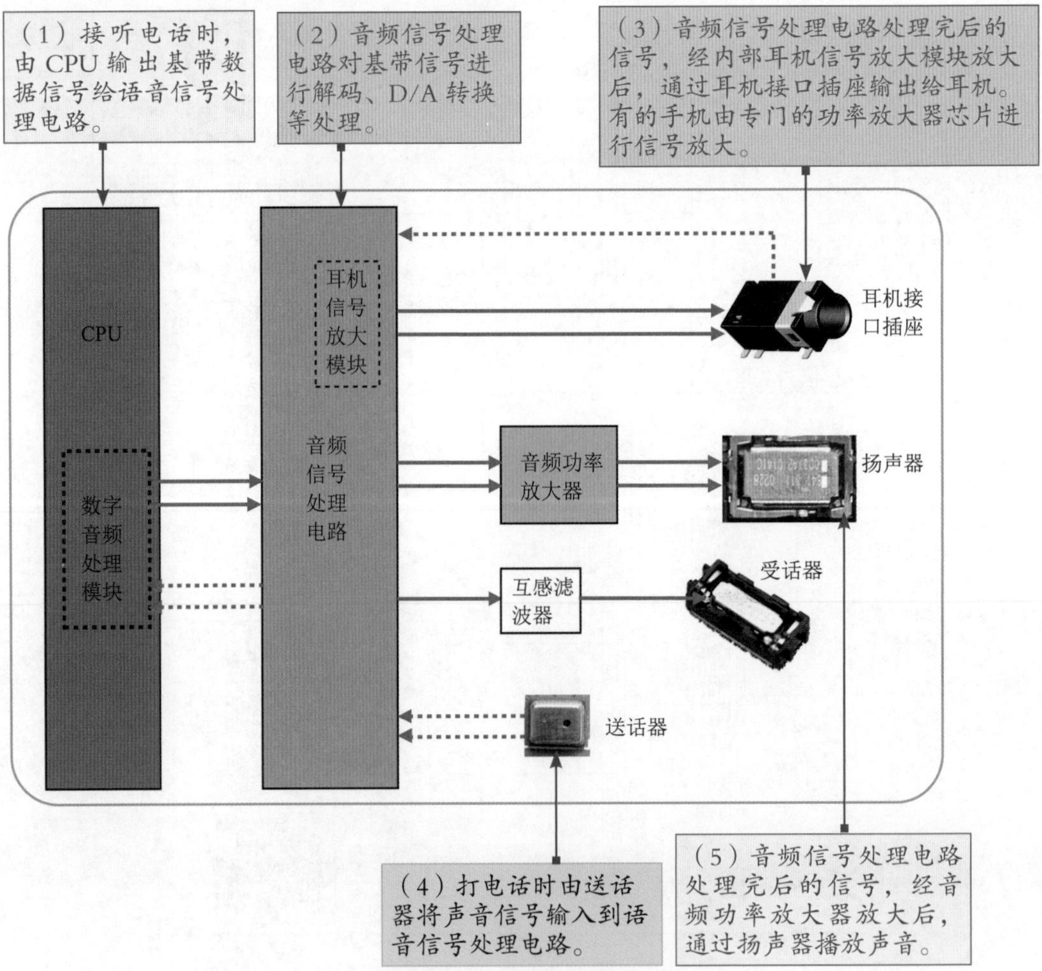

（1）接听电话时，由 CPU 输出基带数据信号给语音信号处理电路。

（2）音频信号处理电路对基带信号进行解码、D/A 转换等处理。

（3）音频信号处理电路处理完后的信号，经内部耳机信号放大模块放大后，通过耳机接口插座输出给耳机。有的手机由专门的功率放大器芯片进行信号放大。

CPU

数字音频处理模块

耳机信号放大模块

音频信号处理电路

耳机接口插座

音频功率放大器

扬声器

互感滤波器

受话器

送话器

（4）打电话时由送话器将声音信号输入到语音信号处理电路。

（5）音频信号处理电路处理完后的信号，经音频功率放大器放大后，通过扬声器播放声音。

（a）智能手机音频处理电路组成框图

图 5-3　音频处理电路组成图

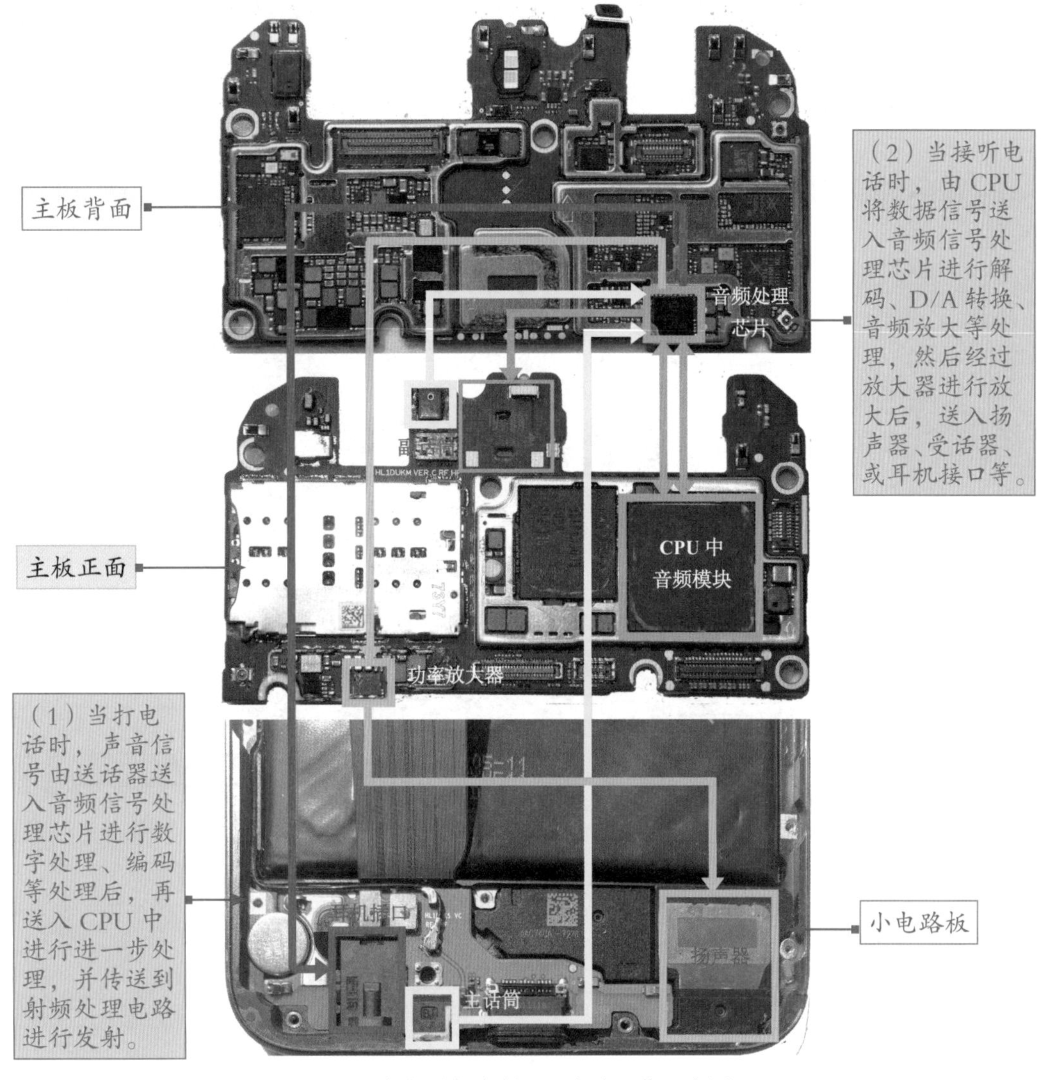

主板背面
（2）当接听电话时，由 CPU 将数据信号送入音频信号处理芯片进行解码、D/A 转换、音频放大等处理，然后经过放大器进行放大后，送入扬声器、受话器、或耳机接口等。
音频处理芯片
主板正面
CPU 中音频模块
功率放大器
（1）当打电话时，声音信号由送话器送入音频信号处理芯片进行数字处理、编码等处理后，再送入 CPU 中进行进一步处理，并传送到射频处理电路进行发射。
耳机接口
主话筒
扬声器
小电路板

（b）智能手机音频处理电路工作示意图

图 5-3　音频处理电路组成图（续）

5.2.2　音频处理电路的电路结构

音频处理电路主要由接收音频电路、送话电路、耳机通话电路等组成，包括模拟音频的模 / 数（A/D）转换、数 / 模（D/A）转换、数字语音信号处理、模拟音频放大电路等。

目前智能手机语音电路主要有以下两种：

（1）音频处理电路与电源管理电路集成在一起；

（2）音频处理电路与微处理器集成在一起。

另外，有的音频处理电路芯片中集成功率放大器电路，有的则没有集成，需要单配功率放大器。无论采用何种结构模式，其音频信号处理过程都一样。图 5-4 所示为音频处理电路的电路结构。

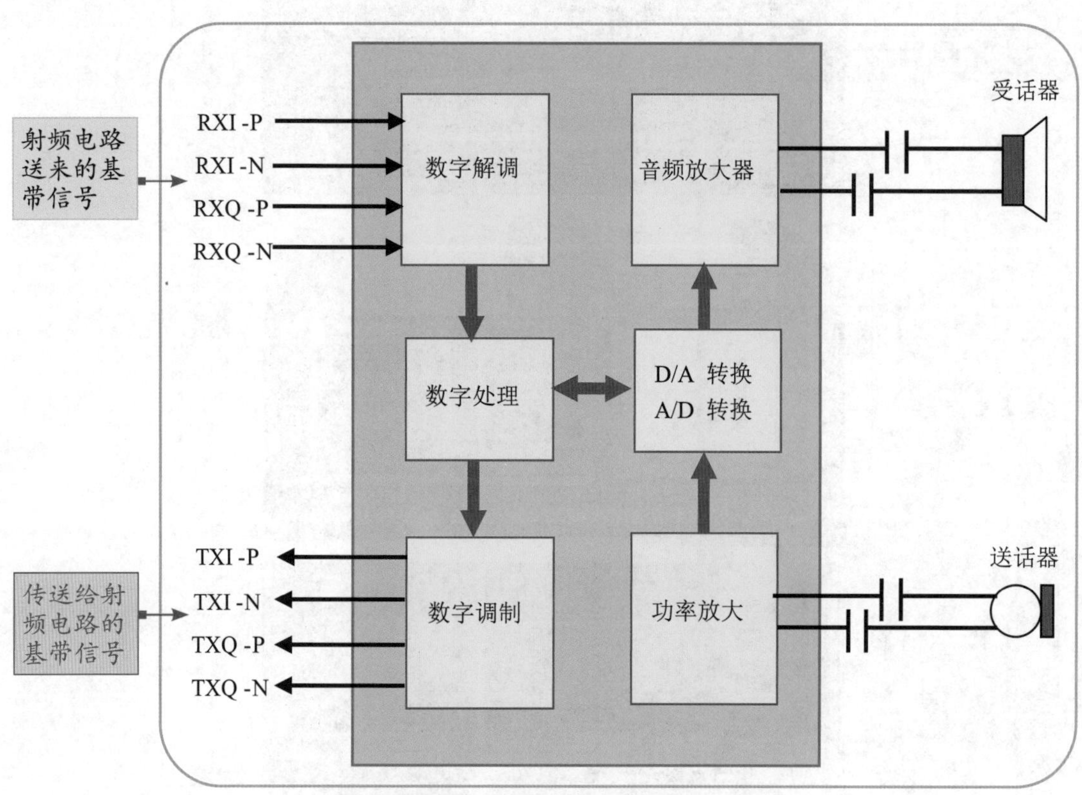

图 5-4　音频处理电路的电路结构

5.3 智能手机音频处理电路工作原理

音频处理电路是智能手机用来处理语音信号的主要电路单元，如果想要诊断智能手机中语音电路的故障，首先需要对音频处理电路的结构原理进行深入的了解。不同品牌智能手机的语音电路结构基本相同，工作原理基本相同。下面以一个具体的智能手机语音电路为例讲解智能手机音频处理电路的工作原理。

5.3.1 音频处理电路工作过程

智能手机的音频处理电路工作过程如下：

当接听电话时（见图 5-5），从射频电路解调出 67.707kHz 的接收基带信息（RXI-P、

RXI-N、RXQ-P、RXQ-N），被送到 CPU 中的基带处理电路内部进行数字窄带解调（GMSK），分离出控制信号和语音信号；再把语音信号进行解密、去交织、重组等一系列处理后，然后进行信道解码、语音解码；得到纯正数字语音信号，最后送入音频信号处理器中的多模转换器进行数 / 模（D/A）转换，还原成模拟音频信号后，经过音频功率放大后推动受话器（EAR）发声。

若选择免提受话，CPU 中的基带处理电路则关闭受话器放大器，启动免提受话放大管（振铃放大管）工作，把音频信号功率放大后推动扬声器（SPK）发声。

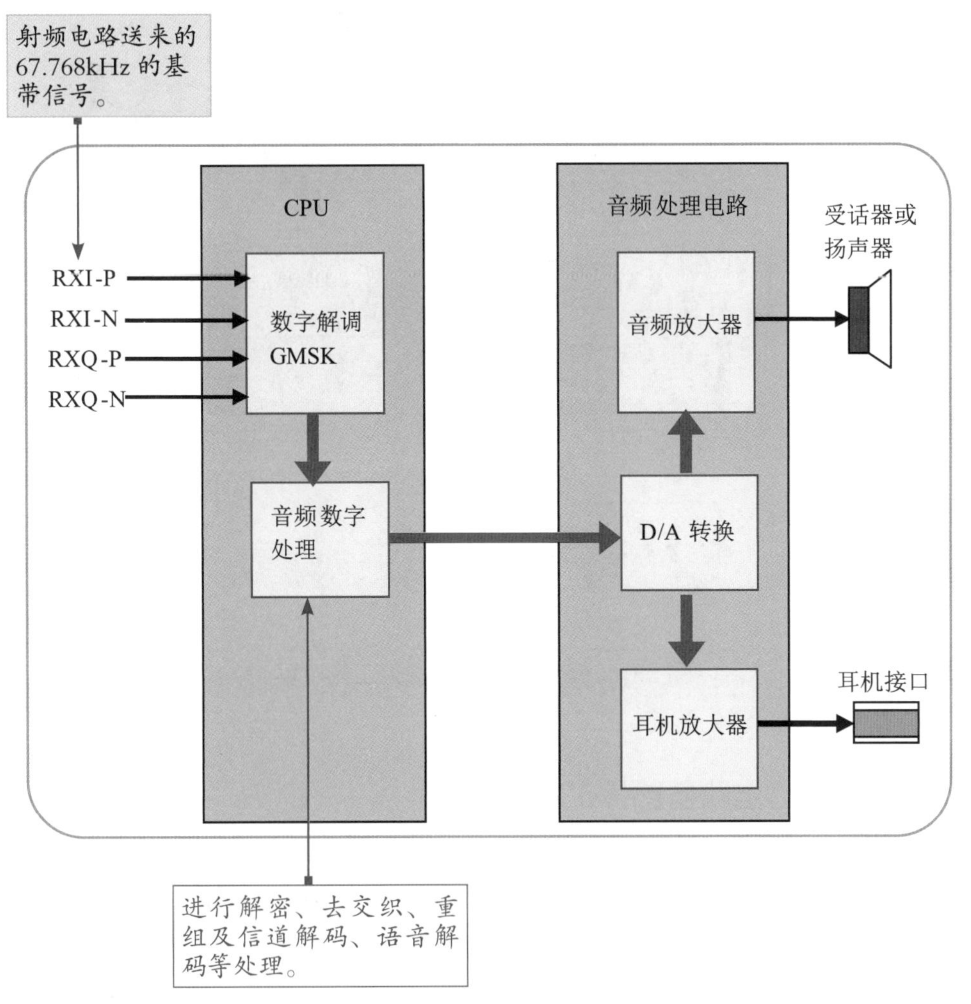

图 5-5　音频处理电路受话工作过程

当打电话时（见图 5-6），送话器把声音转换为模拟音频电流信号，通过电容耦合送入音频信号处理器内部进行放大，经内部的多模转换器进行模 / 数（A/D）转换，得到数字语音信号后，再把此语音数据流信号送到 CPU 中的基带处理电路，进行语音编码、信道编码等处理，然后进行加密、交织等一系列处理后，再送到 CPU 中的数字窄带制调模块（GMSK）进行调制，产生67.768kHz的四路发射基带信号（TXI-P、TXI-N、TXQ-P、TXQ-N）送入射频电路调制成发射中频。

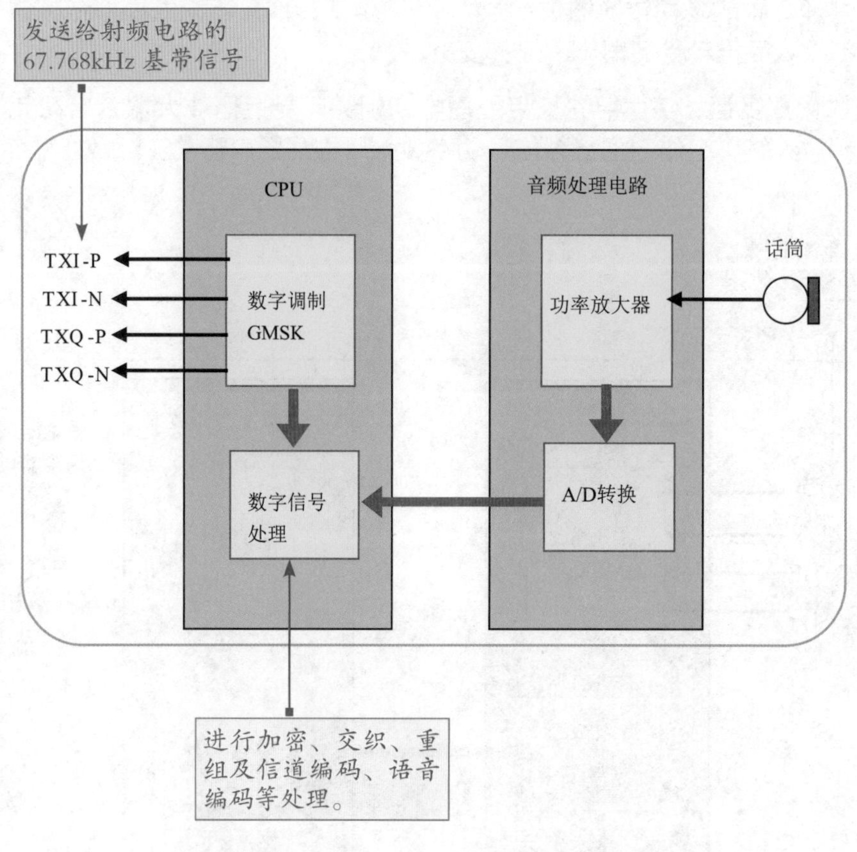

图 5-6　音频处理电路送话工作过程

5.3.2　音频处理电路各部件工作原理

智能手机的音频处理电路主要由两部分组成，即数字音频处理电路（DSP）和PCM编码电路。其中，数字音频处理电路主要进行GMSK调制 / 解调、信道编码 / 解码、交织 / 去交织、加密 / 解密等处理，并从射频电路接收数据或向射频电路发送数据。

而PCM编解码电路的任务主要是模拟信号和数字信号的相互转换，即将数字语音信号进行A/D转换，或将数字语音信号还原成模拟的音频信号（D/A转换）。

智能手机的音频处理电路主要包括：

1. 受话器电路工作原理

智能手机的射频电路输出的基带信号RXI-Q被送到CPU中的基带处理电路进行

GMSK 解调等处理后，再进行解密、去交织、重组等处理后，得到数字音频信号。数字音频信号被送到音频信号处理器（N2200），经 N2200 电路的 PCM 编码电路处理后，得到模拟的语音信号。N2200 内的音频放大器对接收音频信号进行功率放大，然后从 N2200 的 G1、K4 引脚脚输出。音频信号经 L2111 和 V2111 滤波后到受话器 B2111，推动受话器发声，如图 5-7 所示。其中，C2111 和 C2112 主要用来滤除射频级干扰，L2111 用来滤除超高频干扰。

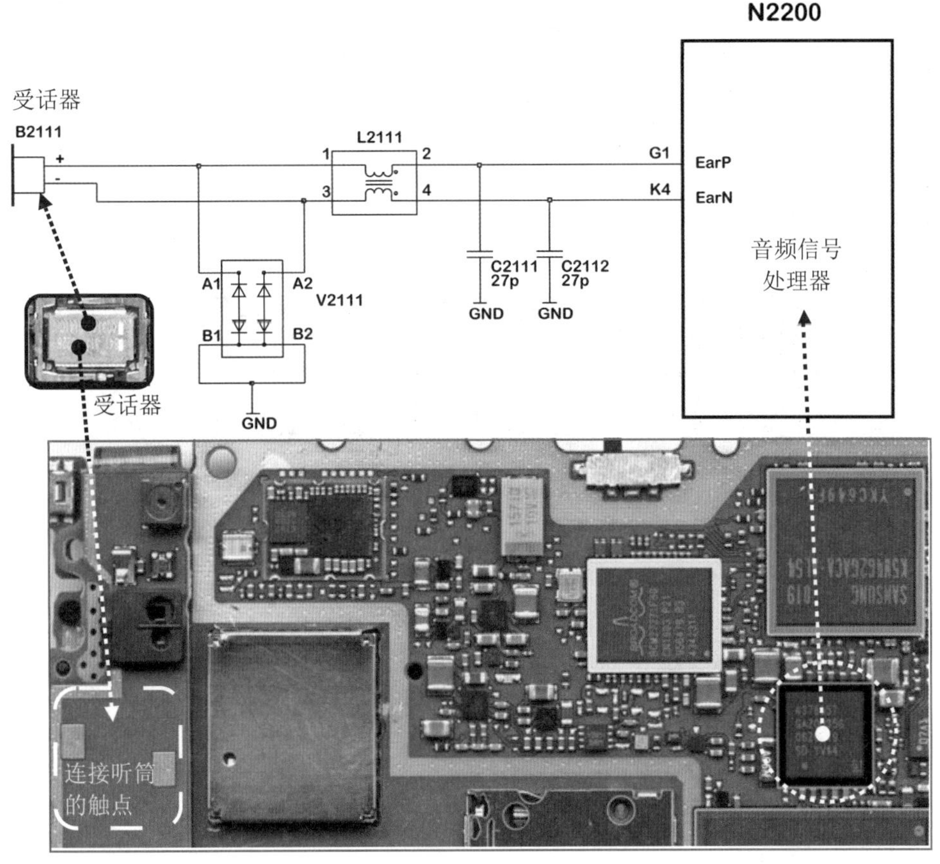

图 5-7　受话器电路

2. 扬声器电路工作原理

扬声器电路的工作原理如下：

音频信号处理器 N2200 的 K2、K3 脚输出免提音频信号，到音频功率放大器 N2150 进行放大，然后从 N2150 的 B1、C1 脚输出放大后的免提音频信号。此信号经过 L2158、L2159 滤波器滤除高频干扰后，再经过 ESD 电路 V2150 后，输出到扬声器 B2150，推动扬声器发声，如图 5-8 所示。其中，C2153 和 C2154 用来滤除电源中的高频和低频干扰，V2150 为 ESD 电路，即静电保护电路。

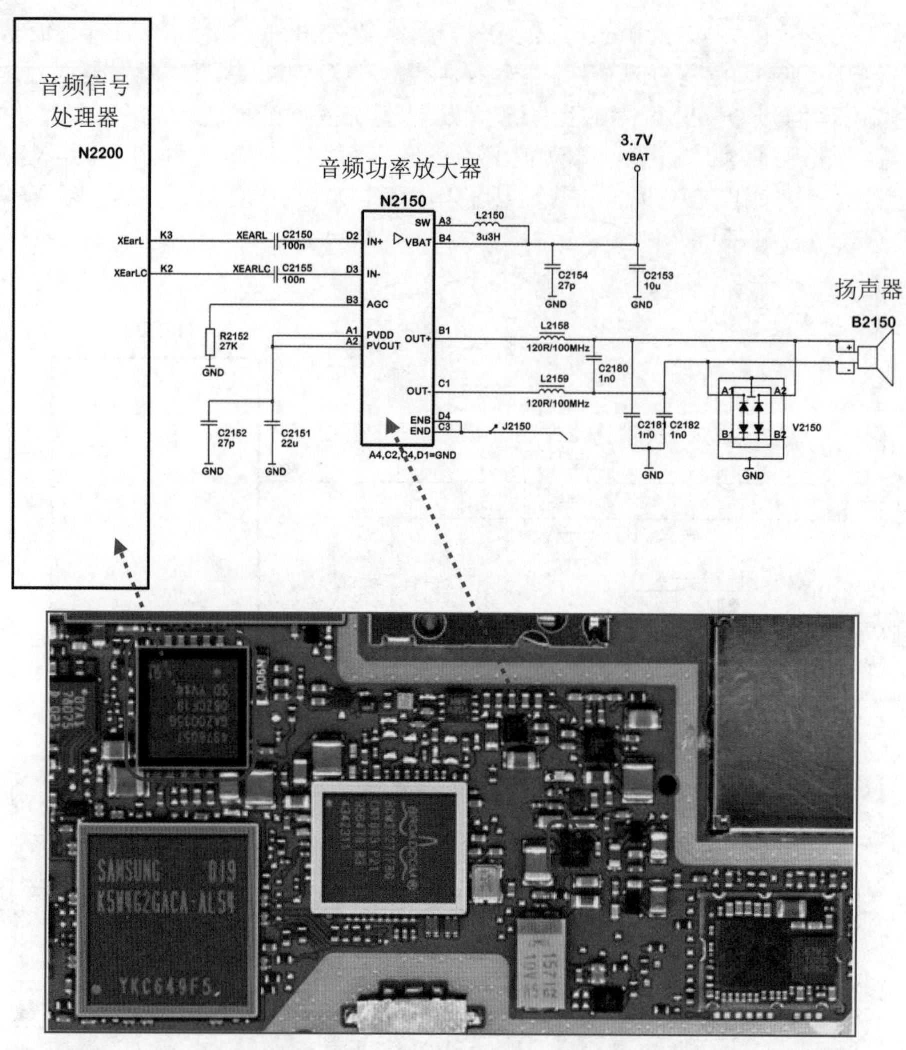

图 5-8　扬声器电路的工作原理

3. 耳机电路工作原理

当耳机插入耳机插座后，会产生一个耳机接入监测信号（HeadDet），此信号被送入音频信号处理器 N2200 的第 G6 脚，此时音频信号处理器自动切换音频信号通道到耳机通道，如图 5-9 所示。

当手机耳机上的开关被按下时，产生的信号经电感 L2001、N2037 到音频信号处理器（N2200）的第 D10 脚，系统根据手机的工作状态来执行相应的动作。音频信号处理器 N2200 的第 J3 脚输出耳机送话器的偏压，经 R2044、N2037、L2001 给耳机送话器供电。耳机送话器转换得到的模拟语音信号经 L2001、N2037、C2033、C2034 到音频信号处理器（N2200）的第 G2、F3 脚。

在接收信号时，音频信号处理器（N2200）的第 K3、L3、L4 脚输出音频信号，经电容 C2003 ～ C2008 到耳机音频放大器电路（N2000），然后 N2000 耳机音频放大器电路对耳机音频信号进行放大，输出的信号经 Z2000、L2002 和接口 X2001 到耳机受话器。其中，耳机音频放大器 N2000 的第 D1、D2 脚连接到 CPU，CPU 中的基带处理电路通过串行接口来控制音频放大器 N2000 电路的工作。

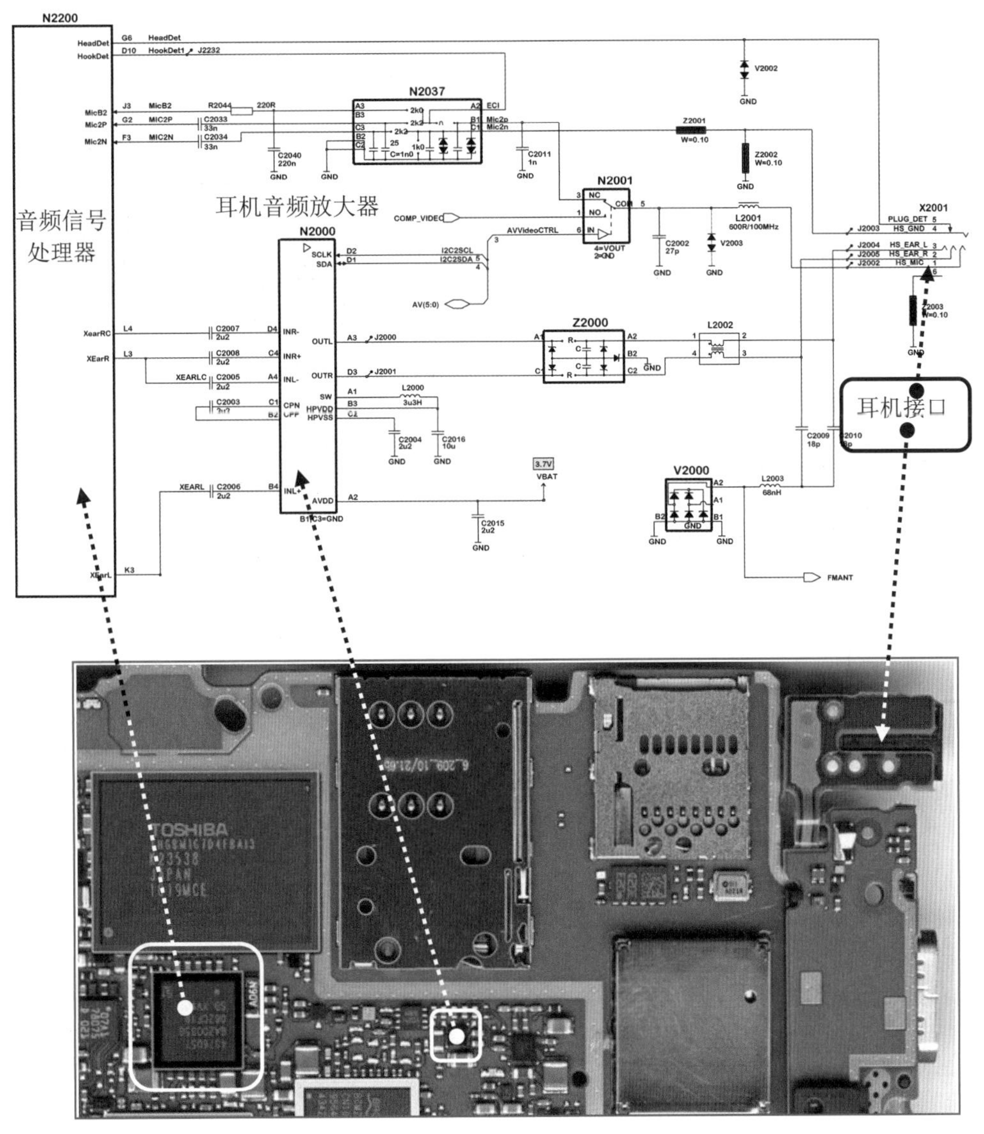

图 5-9　耳机电路的工作原理

4. 送话器电路工作原理

送话器电路的工作原理如下：当用户拨打电话时，声音信号首先由主送话器 B2100 将声音信号转换为电信号，然后送入音频信号处理器内部进行放大，经内部的

多模转换器进行模 / 数（A/D）转换，得到数字语音信号后，再把此语音数据流信号通过 DIG_AUDIO(20：1) 线路送入 CPU 中，进行语音编码、信道编码等处理，然后进行加密、交织等一系列处理后，最后在数字窄带制调模块（GMSK）进行调制，产生 67.768kHz 的四路发射基带信号（TXI-P、TXI-N、TXQ-P、TXQ-N）送入射频电路调制成发射中频，如图 5-10 所示。

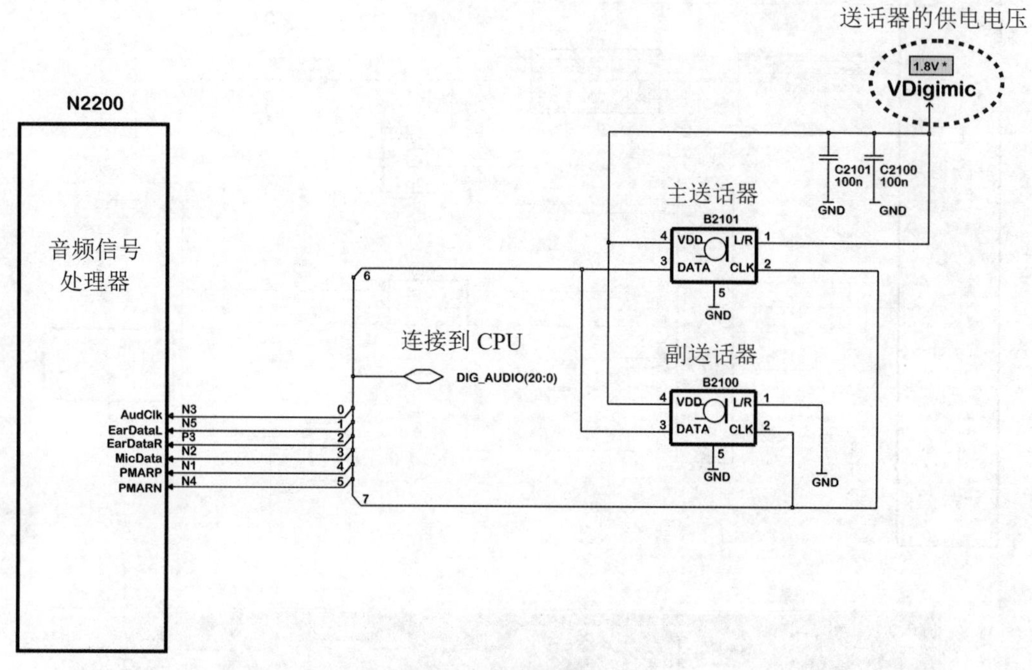

图 5-10　送话器电路工作原理

智能手机功能电路结构与工作原理

智能手机的功能电路有多种，包括触摸显示屏电路、Wi-Fi/ 蓝牙电路、照相机电路、接口电路等，本章将详细讲解这些电路的维修方法。

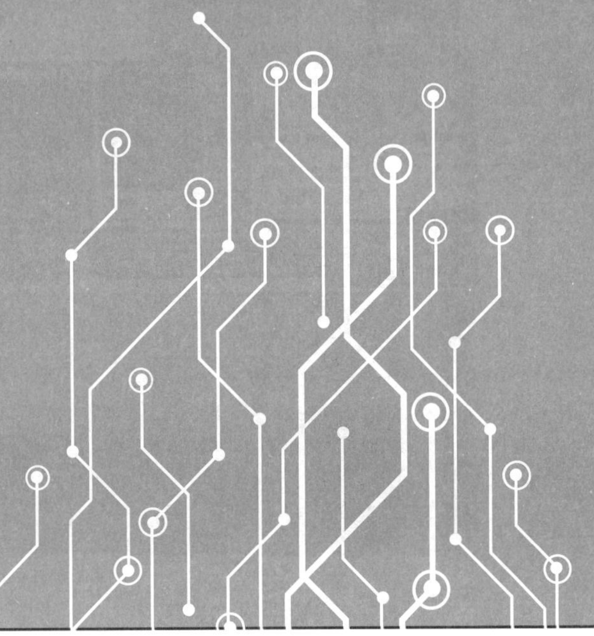

看图识别智能手机功能电路

智能手机的功能电路主要用来实现照相、触摸显示、存储等单一功能。在学习功能电路前，本节我们先通过实物图片及电路图来对智能手机的功能电路做一个整体的认识。

6.1.1 电路板中的功能电路

智能手机的触摸显示屏电路、照相机电路、Wi-Fi/ 蓝牙电路、接口电路位于智能手机的主电路板中或与主电路相连，由于各品牌型号的智能手机电路板设计不同，这些功能电路的位置也不相同。图 6-1 所示为智能手机的功能电路实物图。

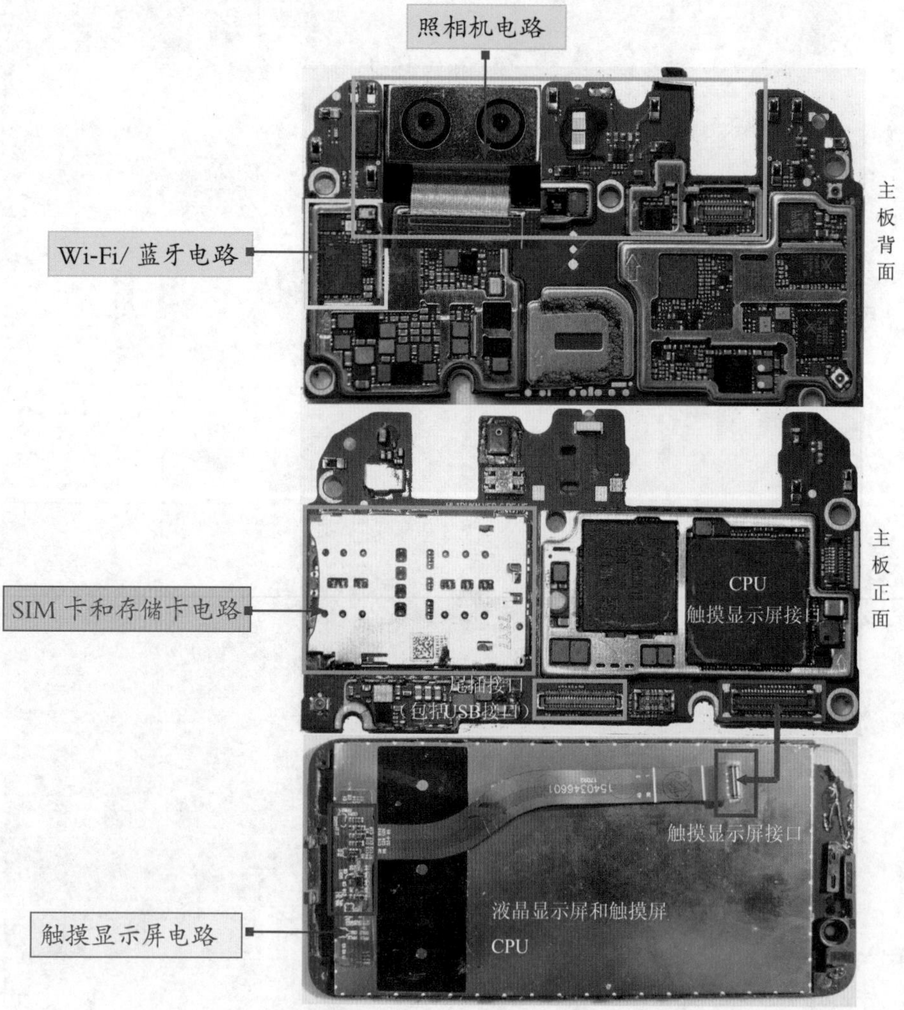

照相机电路
Wi-Fi/ 蓝牙电路
主板背面
SIM 卡和存储卡电路
CPU
触摸显示屏接口
主板正面
尾插接口
(包括USB接口)
触摸显示屏接口
触摸显示屏电路
液晶显示屏和触摸屏
CPU

图 6-1　智能手机功能电路

6.1.2 电路图中的功能电路

图 6-2 所示为智能手机主电路板中的功能电路图。图中，U7 为电源控制芯片。为主处理器、存储器及其他单元电路提供工作电压，同时控制开关机。

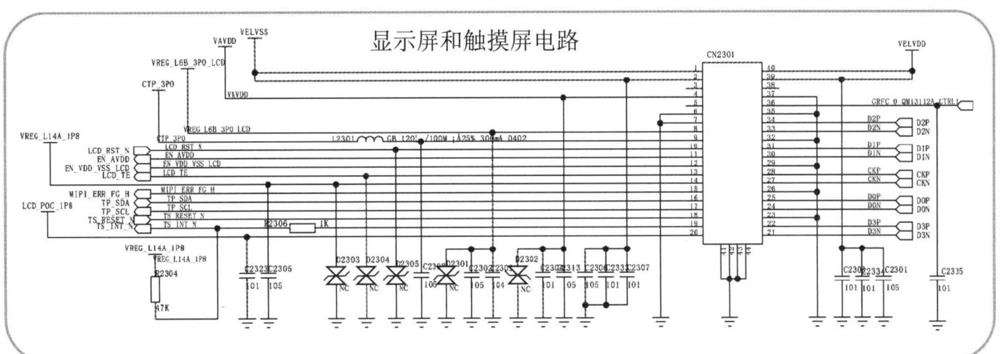

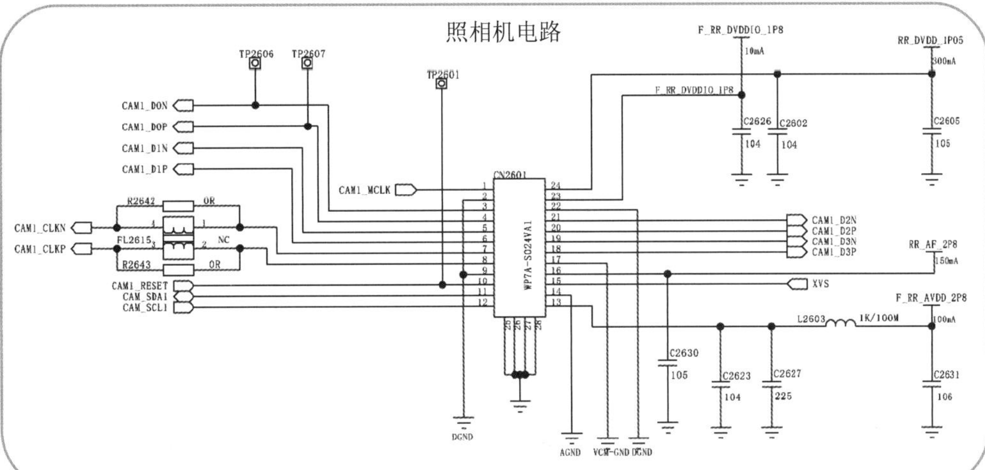

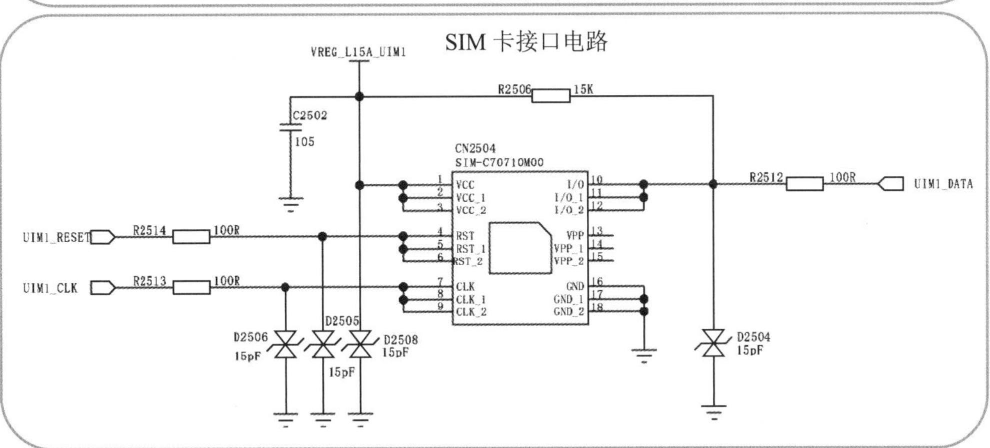

图 6-2 智能手机主电路板中的功能电路图

6.2 智能手机 USB 接口电路结构及工作原理

USB（Universal Serial Bus）的中文含义是“通用串行总线”。它是连接计算机系统与外部设备的一种串口总线标准，也是一种输入 / 输出接口的技术规范，被广泛地应用于个人计算机和移动设备等信息通信产品。USB 接口的特点是：速度快、兼容性好、不占中断、可以串接、支持热插拔等。

6.2.1 USB 接口电路的组成结构

智能手机 USB 接口电路的功能主要是负责手机与计算机等设备间的数据传输及通过 USB 接口给手机充电。

从组成结构上来看，智能手机 USB 接口电路主要由 CPU、USB 控制芯片、USB 接口、干扰脉冲吸收电路组成。图 6-3 所示为智能手机 USB 接口电路组成框图。

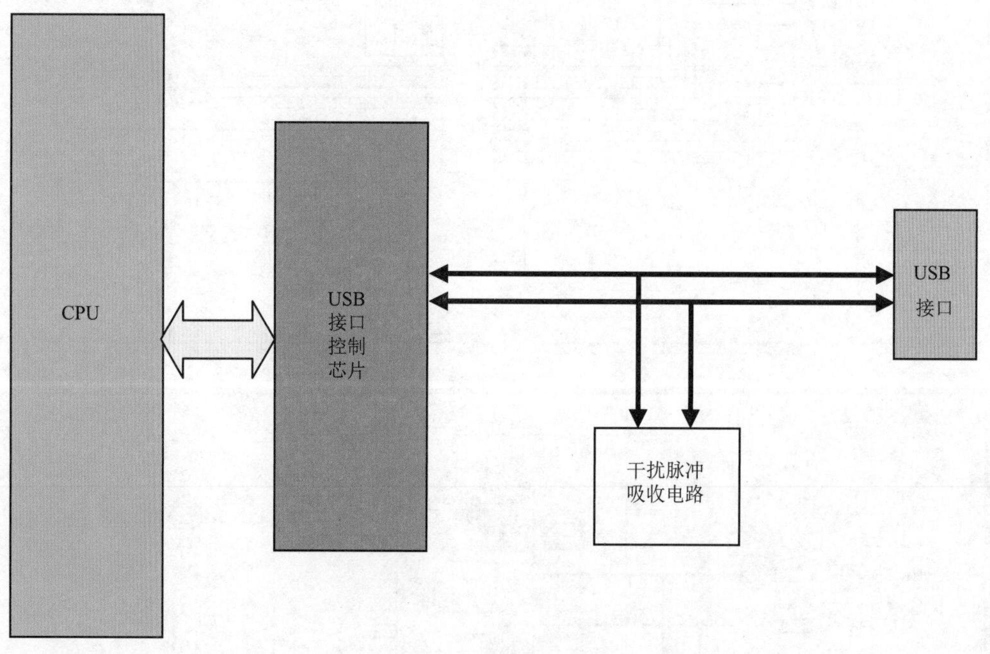

（a）智能手机 USB 接口电路组成框图

图 6-3　USB 接口电路组成图

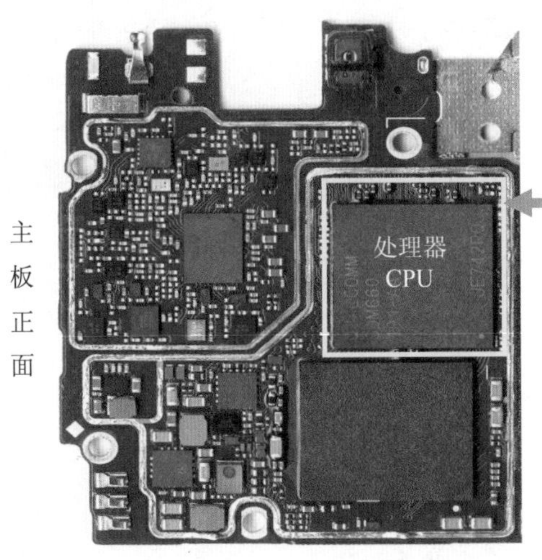

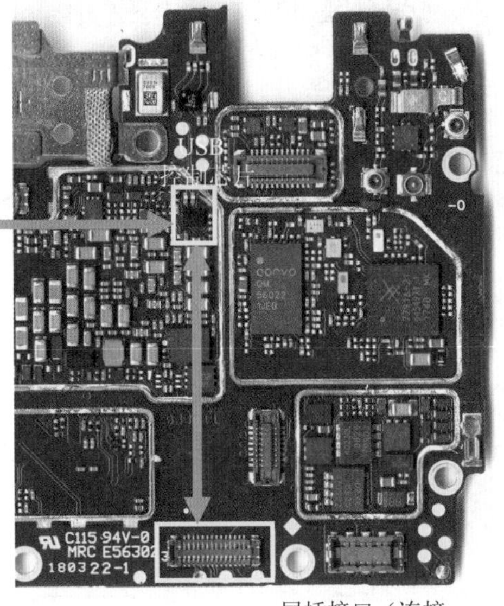

（b）智能手机 USB 接口电路工作示意图

图 6-3　USB 接口电路组成图（续）

6.2.2　USB 接口电路工作原理

目前智能手机广泛使用的 USB 接口是 USB type C 接口和 Micro USB 接口，这两种接口比标准 USB 接口更小，节省空间，而且使用一个 USB type C 接口或 Micro USB 接口即可进行充电、音频及数据连接。图 6-4 所示为智能手机 USB 接口电路。

图中，USB_VCHR 为 USB 接口供电电压，USB_D- 为负数据信号，USB_D+ 为正数据信号，USB_ID 和 USB_TEM_ADC 为 USB 接口检测信号。

图中，芯片 U3001 为 USB 接口控制芯片，它在此电路中是一个过电压和浪涌保护双 SPDT 数据线开关，主要用来保护数据线免受高压短路或浪涌影响。此芯片的 COMA 和 COMB 引脚连接尾插接口的第 20、21 引脚（USB_D- 和 USB_D+ 信号）。电路中 L3001 和 L3002 在数据传输时起到缓冲的作用（抗干扰）。而数据线路中连接的滤波器 FL3001 起滤波的作用，可改善数据传输质量。

智能手机 USB 接口电路的工作原理如下：

当智能手机通过 USB 线与计算机连接时，外部 5V 供电电压通过 USB 接口传输到尾插接口的第 1、2、3、4 引脚，输出 USB_VCHR 供电电压，并将 USB_VCHR 供电电压加至手机的电源电路为手机供电。同时将计算机的信息通过尾插第 17、18 引脚（USB_ID 和 USB_TEM_ADC）传输给电源充电电路。在电源充电电路接收到相关检测信号后，向 CPU 发送连接请求，然后由 CPU 向 USB 控制芯片 U3001 发送 USB_

ON 信号。此时 USB_ON 信号电压将由低电平跳变到高电平，使三极管 Q3003 导通，使 U3001 的第 A1、B2 脚变为高电平，其连接的内部电路开始工作，手机信息被计算机识别，这时智能手机与计算机等设备就建立了连接。

当计算机和手机之间传输数据时，数据在计算机、USB 接口、尾插、U3001、CPU 之间进行传输，传输端为 USB_D-、USB_D+、USB_DP_P0、USB_DM_P0。

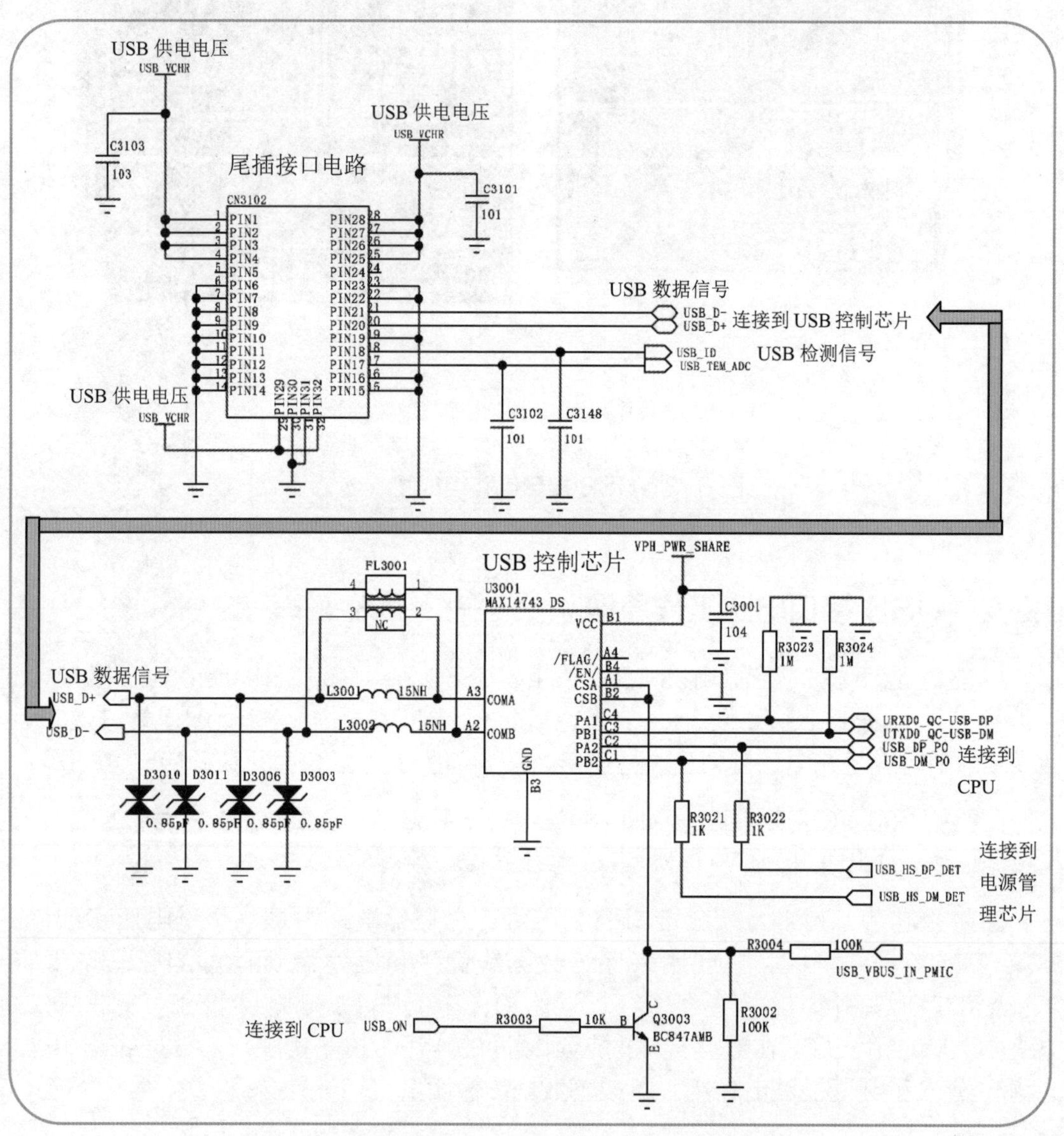

图 6-4　智能手机 USB 接口电路

6.3 智能手机 SIM 卡接口电路结构及工作原理

手机 SIM 卡也称“用户识别卡”，它实际上是一张内含大规模集成电路的智能卡片，用来登记用户的重要数据和信息。SIM 卡最重要的一项功能是进行鉴权和加密。当用户移动到新的区域拨打或接听电话时，交换机都要对用户进行鉴权，以确定是否为合法用户。这时，SIM 卡和交换机同时利用鉴权算法，对鉴权密钥和 8 位随机数字进行计算，计算结果相同的，SIM 卡被承认，否则 SIM 卡被拒绝，用户无法进行呼叫。SIM 卡还可利用加密算法，对语音进行加密，防止窃听。

6.3.1　SIM 卡接口电路的组成结构

智能手机的 SIM 卡接口电路主要用来连接 SIM 卡，使 SIM 卡在手机开启时能正常读写信息等。

从组成结构上来看，智能手机 SIM 卡接口电路主要由 CPU、SIM 卡数据处理电路、SIM 卡接口等组成。图 6-5 所示为智能手机 SIM 卡接口电路组成框图。

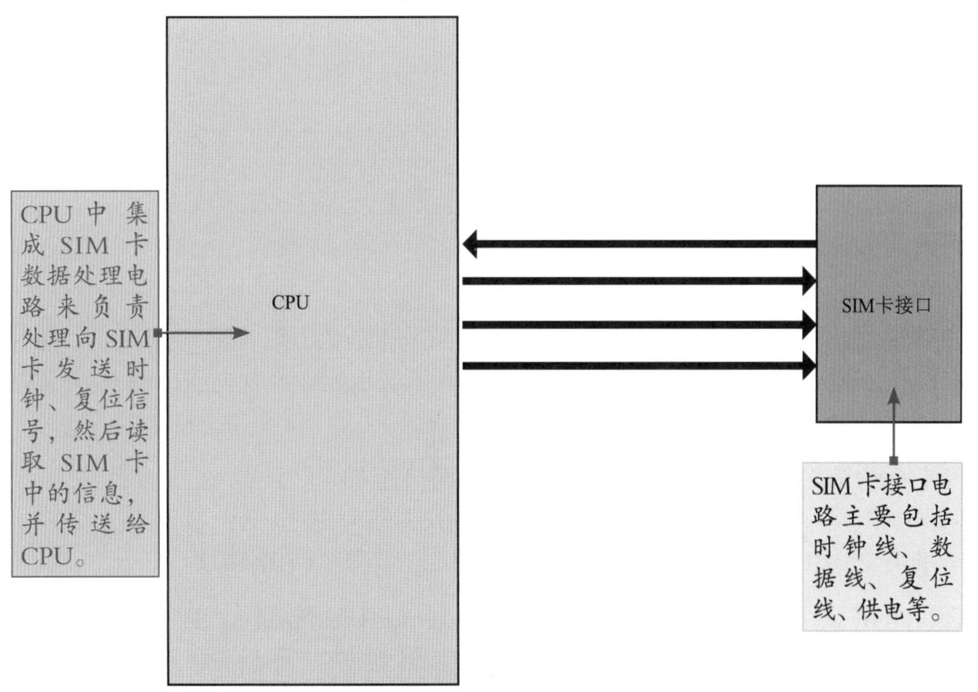

（a）智能手机 SIM 卡接口电路组成框图

图 6-5　SIM 卡接口电路组成图

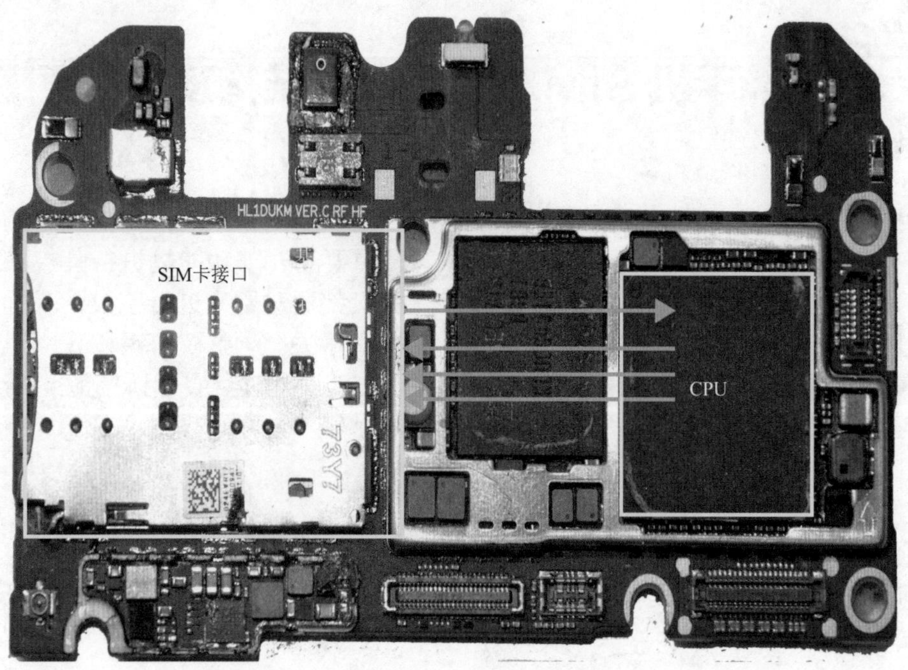

（b）智能手机 SIM 卡接口电路工作示意图

图 6-5　SIM 卡接口电路组成图（续）

6.3.2　SIM 卡接口电路工作原理

图 6-6 所示为智能手机 SIM 卡电路图。图中，J1200 为 SIM 卡插座，SIM 卡电路主要由 SIM 卡插座和 CPU 组成。

在手机开机过程中，NFC_SIMVCC1 和 NFC_SIMVCC2 供电通过 SIM 卡接口由 CPU 检测 SIM 卡，如没有检测到卡，软件很快将 NFC_SIMVCC1 和 NFC_SIMVCC2 关闭 。也就是说，在不插卡的状态下，仅能在开机的瞬间可测试到供电电压；而在插卡开机的状态下，此供电电压将一直存在。

SIM 卡的第 G12 引脚为开关检测引脚，直接连接到 CPU。在未插入 SIM 卡时，该引脚为高电平；当插入 SIM 卡后，第 G12 引脚信号被拉低，加到 CPU，CPU 检测到 SIM 卡被安装在智能手机上，启动 CPU 内的 SIM 卡接口电路模块。

CPU 内的 SIM 卡接口电路被启动后，由 CPU 输出复位信号 UIM1_RESET 到 SIM 卡接口的第 S2_1 引脚，使 SIM 卡内部电路复位。开机后，通过 SIM 卡接口 J1200 的第 S7_1 引脚总线数据端，读取 SIM 卡中的信息，然后将该信息送往 CPU 电路。

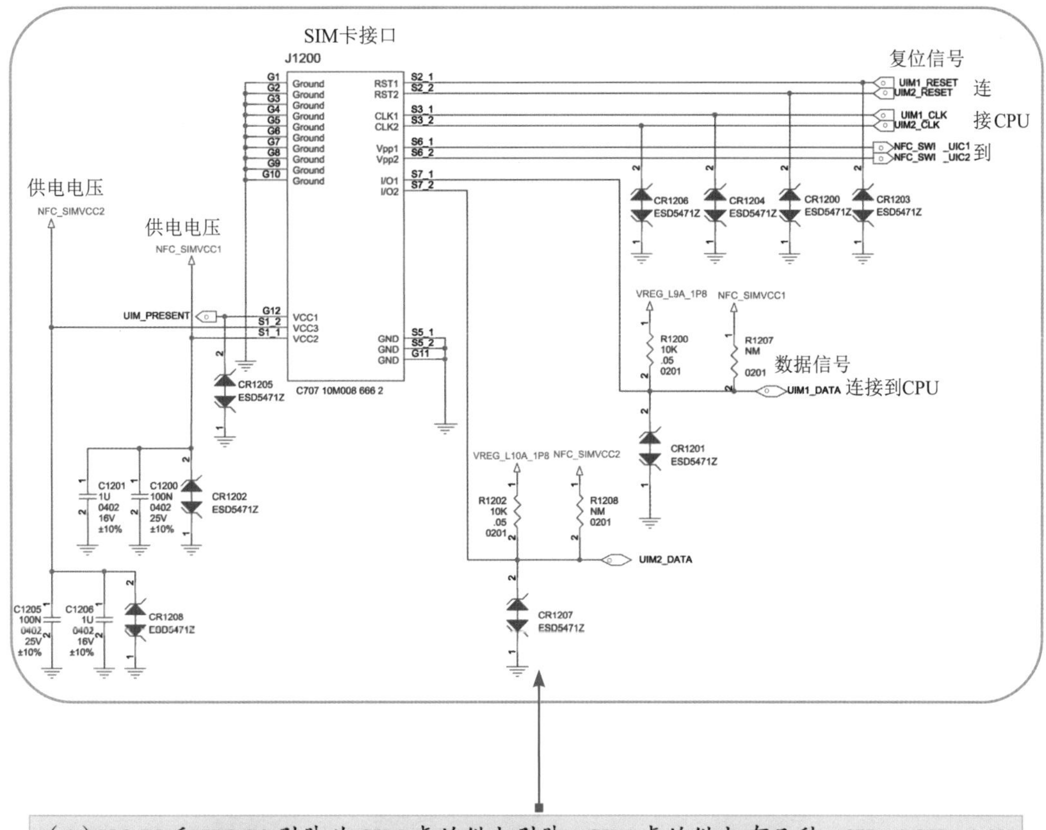

（1）VCC2 和 VCC3 引脚为 SIM 卡的供电引脚，SIM 卡的供电有几种：3V、1.8V、1.2V 等。供电直接由电源控制芯片提供。
（2）CLK1 和 CLK2 引脚为 SIM 卡的时钟引脚，SIM 卡的时钟一般采用两种时钟，一种是采用 3.25MHz 作为基准时钟，另一种是采用 1.083MHz。
（3）I/O1 和 I/O2 引脚为 SIM 卡的数据引脚，它是与手机进行 SIM 卡内部的信息传输的通信线，此线路在手机中其故障率是最高的。
（4）RST1 和 RST2 引脚为 SIM 卡的工作复位信号引脚，是用以对 SIM 卡内部处理器进行复位的。
VCC1（UIM_PRESENT）引脚为 SIM 卡信号检测引脚。

图 6-6　智能手机 SIM 卡电路图

6.4 智能手机照相电路的结构及工作原理

照相电路是智能手机的重要功能电路，主要用来实现手机拍照与摄像。本节将在直观展示照相电路组成结构的基础上，详细描述各重要部件电路的工作原理。

6.4.1 照相电路的组成结构

智能手机的照相电路主要由主摄像头、前置摄像头、闪光灯、图像处理器等组成。图 6-7 所示为照相电路的组成结构。

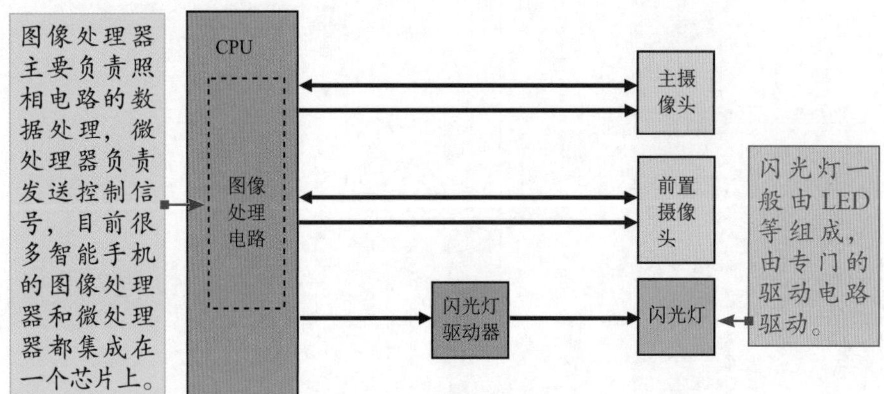

（a）智能手机照相电路组成框图

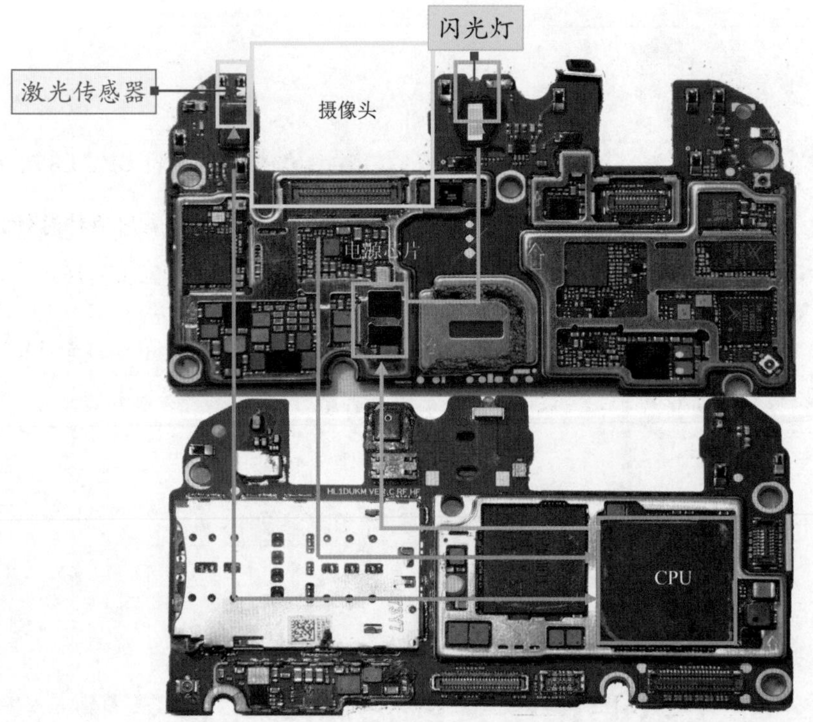

（b）智能手机照相电路工作示意图

图 6-7 智能手机照相电路图

6.4.2 照相电路的工作原理

智能手机的照相电路主要包括前置照相电路和主照相电路（后置照相电路），下面分别讲解。

1. 前置照相电路工作原理

智能手机前置照相电路的电路图如图 6-8 所示。图中，J1303 为前置摄像头接口，FL1307 和 FL1308 为两个滤波器，用来滤除图形信号中的杂波；VREG_L6A_1P8 为 1.8V 供电电压、VREG_L22A_2P8 为 2.8V 供电电压、VREG_L23A_1P2 为 1.2V 供电电压；CCI_I2C_SCL0、CCI_I2C_SDA0、MIPI_CSI0_CLK_P_N、MIPI_CSI0_CLK_M_N、MIPI_CSI0_LANE1_P_N、MIPI_CSI0_LANE1_M_N、MIPI_CSI0_LANE0_P_N、MIPI_CSI0_LANE0_M_N 为 8 个数据信号，CAM_CLK0、CAM0_RST_N 为控制信号，CAM0_STANDBY 为快门信号。

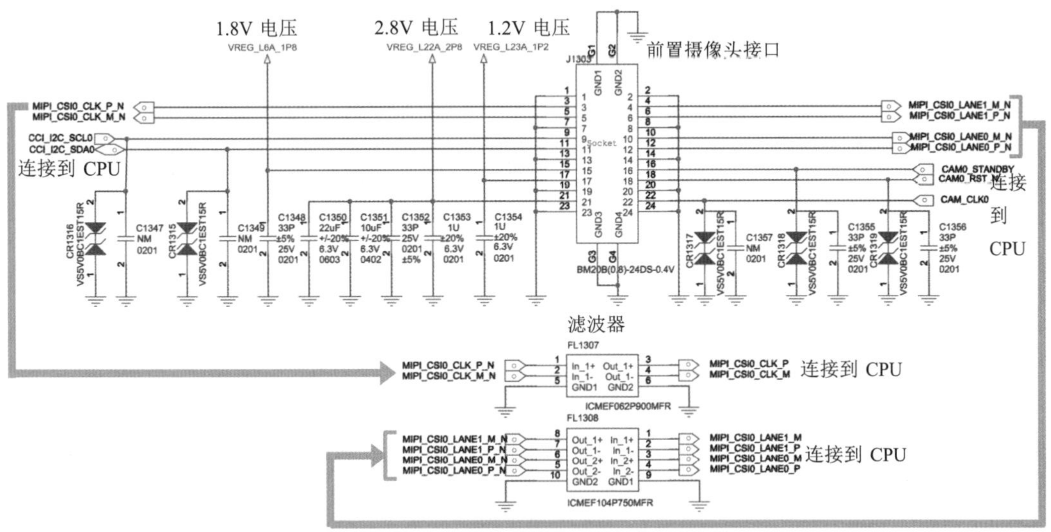

图 6-8 前置照相电路的电路图

照相电路工作必须要满足照相供电、照相数据、照相时钟、照相复位、照相行校正、照相列校正都要正常，否则就不能正常实现照相功能。前置照相电路的 1.2V、1.8V、2.8V 供电电压由电源电路中的电源管理芯片直接输出。

再来看照相数据信号。照相时，摄像头将外界景物的光信号转变成模拟电信号，再经感光器件将模拟电信号转变成脉冲数据信号，分别从前置照相电路接口 J1303 的第 3、4、5、6、9、10、11、12 脚经滤波器 FL1307 和 FL1308 滤波后，再送到应用 CPU 中的图像处理电路进行数据和视频处理，然后经数据变换处理后形成图片或者视频格式信号，送到存储器存储起来，同时送到显示屏显示出来，完成整个照相或者摄像操作。

2. 主照相电路工作原理

智能手机主照相电路（后置摄像头照相）的电路图如图 6-9 所示。图中，J1302 为后置摄像头接口，FL1304、FL1305 和 FL1306 为两个滤波器，用来滤除图形信号中的杂波；VREG_L6A_1P8 为 1.8V 供电电压、VREG_L22A_2P8 为 2.8V 供电电压、VREG_L23A_1P2 为 1.2V 供电电压、VREG_L17A_2P85 为 2.85V 供电电压；CCI_I2C_SCL0、CCI_I2C_SDA0、MIPI_CSI1_CLK_P_N、MIPI_CSI1_CLK_M_N、MIPI_CSI1_LANE0_P_N、MIPI_CSI1_LANE0_M_N、MIPI_CSI1_LANE1_P_N、MIPI_CSI1_LANE1_M_N、MIPI_CSI1_LANE2_P_N、MIPI_CSI1_LANE2_M_N、MIPI_CSI1_LANE3_P_N、MIPI_CSI1_LANE3_M_N 为 12 个数据信号， CAM2_MCLK 为控制信号，CAM2_PWDN 为快门信号。

主照相电路中的 1.2V、1.8V、2.8V、2.85V 供电电压由电源电路中的电源管理芯片直接输出。

当智能手机设置为背面照相时，摄像头接口 J1302 的第 2、4、3、7 脚分别得到电源电路送来的供电电压，将外界的光信号转变成电信号，由照相头内部的 CCD 或 CMOS 处理电路转变成数据信号，经接口 J1302 的第 8、10、11、13、17、19、20、22、23、25、26、28 脚经滤波器 FL1304、FL1305 和 FL1306 滤波后，再送到应用 CPU 中的图像处理电路进行数据和视频处理，转变成图片或者视频格式信号后，送到显示屏显示出来，完成主照相功能。

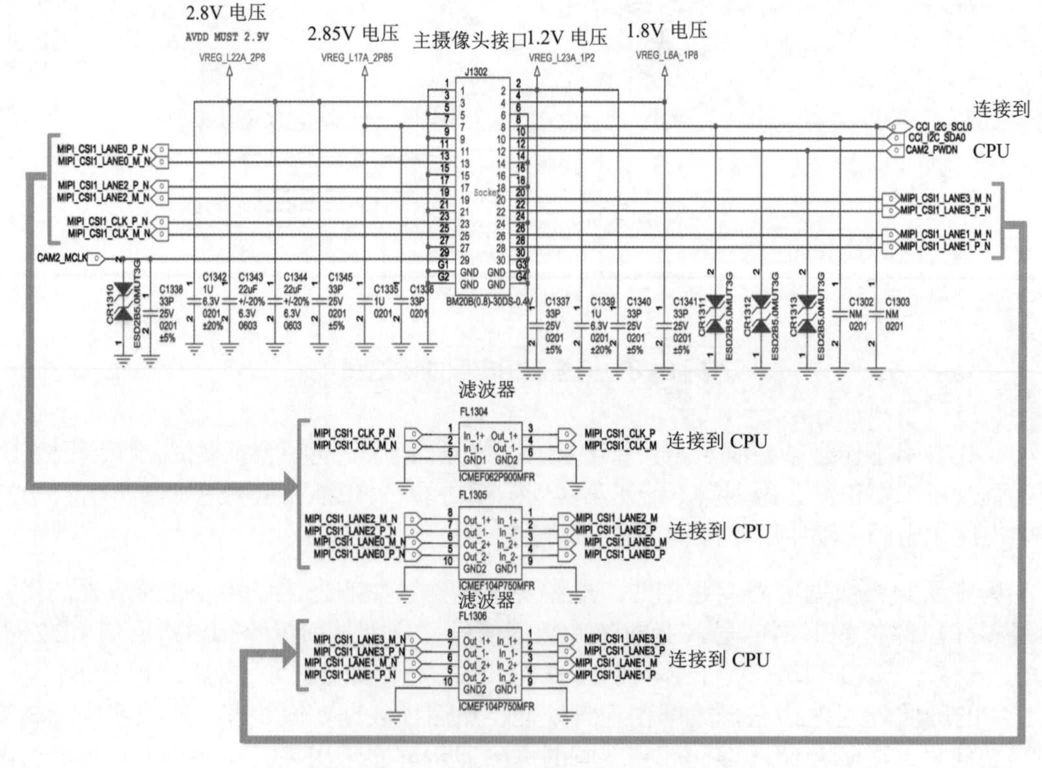

图 6-9　主照相电路的电路图

6.5 智能手机触摸显示屏电路的结构及工作原理

智能手机的显示屏电路主要用来显示当前手机工作状态，或输入人工指令的重要部件。目前智能手机的显示屏主要采用 TP 显示屏。TP 显示屏可以实现触摸功能，俗称触摸显示屏。TP 显示屏与普通 LCD 显示屏不同的是，TP 显示屏在普通 LCD 显示屏的基础上，增加了触摸屏，从而可以实现输入人工指令的功能。

6.5.1 触摸显示屏电路的组成结构

智能手机的触摸显示屏电路主要由 CPU、液晶显示屏、触摸屏、LED 背光驱动器、LED 背光灯等组成，如图 6-10 所示。

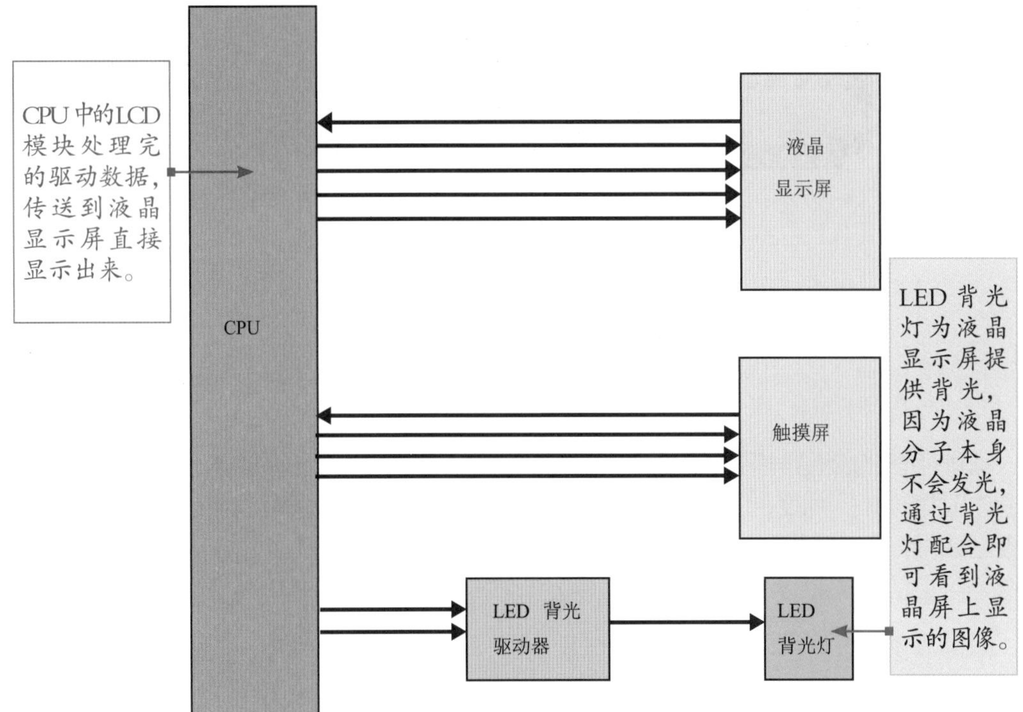

（a）智能手机触摸显示屏电路组成框图

图 6-10 触摸显示屏电路组成图

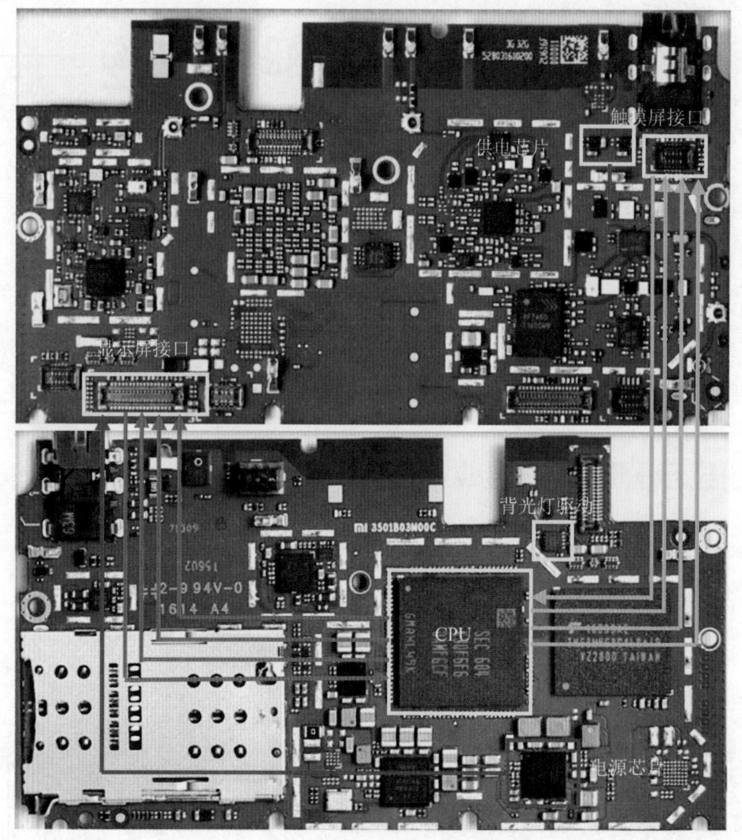

（b）智能手机触摸显示屏电路工作示意图

图 6-10　触摸显示屏电路组成图（续）

1. 液晶显示屏

智能手机的液晶屏采用液晶分子为原料制造的液晶屏，液晶是液态光电显示材料，当通电时导通，排列变的有秩序，使光线容易通过；不通电时排列混乱，阻止光线通过，让液晶如闸门般地阻隔或让光线穿透。人们利用液晶的电光效应把电信号转换成字符、图像等可见信号来显示图像。

目前智能手机的液晶屏主要包括 TFT 屏、IPS 屏、NOVA 屏、AMOLED 屏等。

（1）TFT（Thin Film Transistor，薄膜场效应晶体管）液晶采用“背透”与“反射”相结合的方式，在液晶的背部设置特殊光管，液晶为每个像素都设有一个半导体开关，其加工工艺类似于大规模集成电路。由于每个像素都可以通过点脉冲直接控制，因而，每个节点都相对独立，并可以进行连续控制，这样的设计不仅提高了显示屏的反应速度，同时可以精确控制显示灰度。所以 TFT 液晶的色彩更逼真，显示效果最好，对比度最强，视觉效果最艳丽，耗电最大。

高对比度，高响应，宽视角，大容量显示，TFT 几乎可以说是目前最完美的 LCD 产品，因此一般高档的手机都采用 TFT 屏。

（2）IPS 屏。IPS 屏幕属于 LCD 的一个延伸，相对而言，IPS 更纯粹地算是一种面板。IPS 面板最大的特点就是它的两极都在同一个面上，而不像其他液晶模式的电极是在上下两面，立体排列。该技术把液晶分子的排列方式进行了优化，采取水平排列方式，当遇到外界压力时，分子结构向下稍微下陷，但是整体分子还呈水平状。在遇到外力时，硬屏液晶分子结构坚固性和稳定性远远优于软屏，所以不会产生画面失真和影响画面色彩，可以最大限度地保护画面效果不被损害。

IPS 的技术原理决定了它能提供更快的响应速度，并且在屏幕受压时漏光现象小于 VA 液晶，因此更适用于制造触摸屏。IPS 屏具有低耗电、高透光率、高亮度、反应快速、无色偏、高色彩还原性等特性。

（3）NOVA 屏。NOVA 实际上也是一种屏幕显示技术，NOVA 屏幕又称为高亮显示屏，它是在 IPS 的基础上采用的一项提高屏幕亮度的技术。

NOVA 显示屏幕具备更高的亮度水平和纯白色调，可精确显示黑白原色，优化阅读体验。应用到产品中以后，将令手机屏幕无论在室内光线还是室外强光下，都可以呈现清晰的显示效果。此外，在相同的室内环境下，和普通 LCD 屏幕比起来，NOVA 显示屏还能减少 50% 的能耗。

（4）AMOLED 屏。AMOLED（Active Matrix/Organic Light Emitting Diode）是有源矩阵有机发光二极体面板。相比传统的液晶面板，AMOLED 具有响应速度快，自发光，显示效果优异以及更低电能消耗的优点。

AMOLED 使用主动式发光的技术，通俗地说就是屏幕上的每一个像素实际上除了都能完成显示色彩的功能外，还具有自己发光的特性，这样在任何的一种背景下并不是屏幕上的所有像素都在发光，纯黑地方的像素不仅仅没能显示出来同时也没有发光，这在很大程度上节省了电量。同时对于手机的屏幕而言也是一种很好的保护。其次就是 AMOLED 在色彩方面拥有更为鲜艳的表现，当然这种鲜艳确实需要一定的适应过程，因为在我们看惯了偏白的 TFT 屏幕后，面对艳丽的 AMOLED 屏幕是会觉得屏幕有些偏红，但在适应后你会发现 AMOLED 在色彩方面的优势是十分明显的。

2. 触摸屏

目前智能手机的触摸屏主要有两种：电阻式触摸屏和电容式触摸屏。

（1）电阻式触摸屏

电阻式触摸屏包含上下叠合的两个透明层，四线和八线触摸屏由两层具有相同表面电阻的透明阻性材料组成，五线和七线触摸屏由一个阻性层和一个导电层组成，通常还要用一种弹性材料来将两层隔开。当触摸屏表面受到的压力（如通过笔尖或手指进行按压）足够大时，顶层与底层之间会产生接触。所有的电阻式触摸屏都采用分压器原理来产生代表 X 坐标和 Y 坐标的电压。而软件会识别到这些坐标的当前变化，开始执行与该点对应的功能。

电阻式触摸屏虽然持久耐用，但由于层数多的原因导致透光率不佳，不适宜用户阅读上的体验。而他们仅单点触控，比如想用双指缩放图片就无法达到。

（2）电容式触摸屏

电容式触摸屏是目前智能手机的主流配置，其实电容式触摸屏与电阻式触摸屏相同，同样有上下两层，电容式触摸屏是在玻璃屏幕上镀一层透明的薄膜体层，再在导体层外加上一块保护玻璃，双玻璃设计能彻底保护导体层及感应器，同时透光率更高。这两种屏的区别是：电容式触摸屏不是通过两层之间的碰撞而产生反应的。电容式触摸屏在触摸屏四边均镀上狭长的电极，在导电体内形成一个低电压交流电场。在触摸屏幕时，由于人体电场，手指与导体层间会形成一个耦合电容，四边电极发出的电流会流向触点，而电流强弱与手指到电极的距离成正比，位于触摸屏幕后的控制器便会计算电流的比例及强弱，准确算出触摸点的位置。

电容式触摸屏的优点是感应灵敏，支持多点触摸，更适合娱乐玩游戏，但定位精确度方面不如电阻式触摸屏。

6.5.2 显示屏电路的工作原理

智能手机液晶显示屏电路一般会直接连接到 CPU 中的图像处理电路模块，液晶显示屏接口电路有两种，一种是采用并行数据传输，另一种是采用串行数据传输，如今智能手机液晶显示屏电路基本都是采用并行接口。

智能手机显示屏电路直接控制液晶屏的显示状态，此电路一旦出现问题，将会导致液晶显示屏无显示或显示异常。图 6-11 所示为智能手机液晶显示屏电路图。

图中，J1301 为液晶显示屏的电路接口，FL1301、FL1302、FL1303 为滤波器，MIPI_EMI_CLK_P、MIPI_EMI_CLK_N /MIPI_EMI_LANE0_P、MIPI_EMI_LANE0_N、MIPI_EMI_LANE1_P、MIPI_EMI_LANE1_N、MIPI_EMI_LANE2_P、MIPI_EMI_LANE2_N、MIPI_EMI_LANE3_P、MIPI_EMI_LANE3_N 为数据信号；ESD_DET、LCD_ID_DET0、LCD_ID_DET1 为检测信号，MIPI_DIS_RESET、DISP CABC、WLED_SINK1、WLED_LINK2 为控制信号，控制 LCD 驱动电路中的寄存器。

当 CPU 发出控制信号后，由液晶显示屏向 CPU 反馈一个信号，之后 CPU 才开始向显示屏发送显示数据；VREG_L6A_1P8 为 1.8V 供电，向液晶显示屏输入 1.8V 供电电压；VREG_DISP_5P5 和 VREG_DISP_5N5 为 5.5V 供电，VREG_WLED 为 4V 供电。

在液晶显示屏上有液晶屏驱动器和相应的电路，负责接收来自液晶屏控制器的信号和数据，并驱动液晶分子显示内容。在手机开机工作后，CPU 首先通过 J1301 的第 28 脚向液晶显示屏中的液晶屏驱动器发送控制信号，同时液晶屏驱动器会向 CPU 发送反馈信号。收到此反馈信号后，CPU 中的液晶屏控制器开始通过第 5、7、11、13、17、19、23、25、29、31 脚向液晶显示屏的驱动器发送数据信号。同时，液晶显示屏的驱动器会将接收到的数据信号转换成液晶分子驱动信号，驱动液晶分子显示数据信息，完成显示。

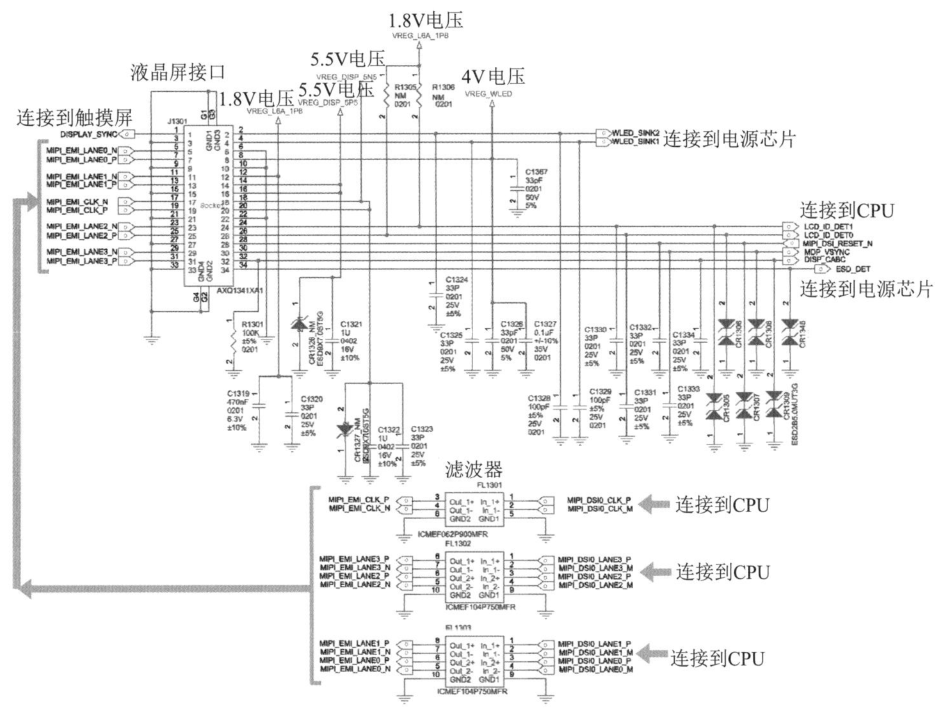

图 6-11　智能手机液晶显示屏电路图

6.5.3　触摸屏电路的工作原理

智能手机与以前手机最大的不同就是屏幕增加了触摸板， 用户不用通过按键，而是通过触摸板操控手机。触摸板安装在液晶显示屏的上方。图 6-12 所示为智能手机触摸板及液晶屏的结构。

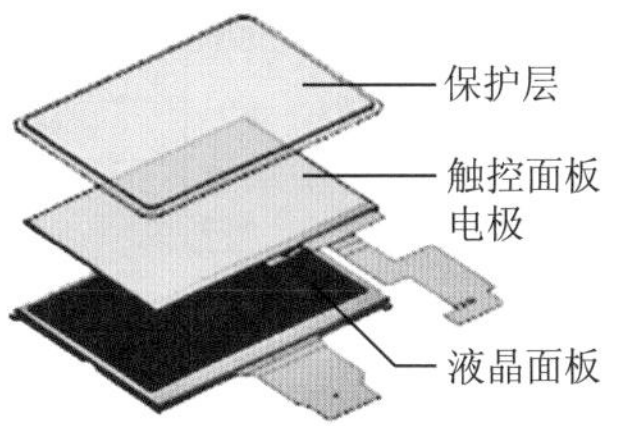

图 6-12　智能手机触摸板及液晶屏的结构

图 6-13 所示为智能手机触摸屏电路图。图中，J1300 为触摸屏接口，VDD_1V8_TP 为 1.8V 供电电压，VDD_2V8_TP 为 2.8V 供电电压，BLSP4_I2C_SCL、BLSP4_I2C_SDA 为数据信号，TS_RESOUT_N、TS_INT_N 为控制信号。

当用户触摸触摸板时，手指表层与触摸屏接触，使得触摸屏上触点处电容发生变化，该变化经触控芯片处理后，输出触摸信号，经触摸板接口 J1300 后，通过 I^2C 总线和中断信号线送入 CPU 内部的触摸屏电路模块中，然后 CPU 根据人工指令使手机进入相应的工作状态。

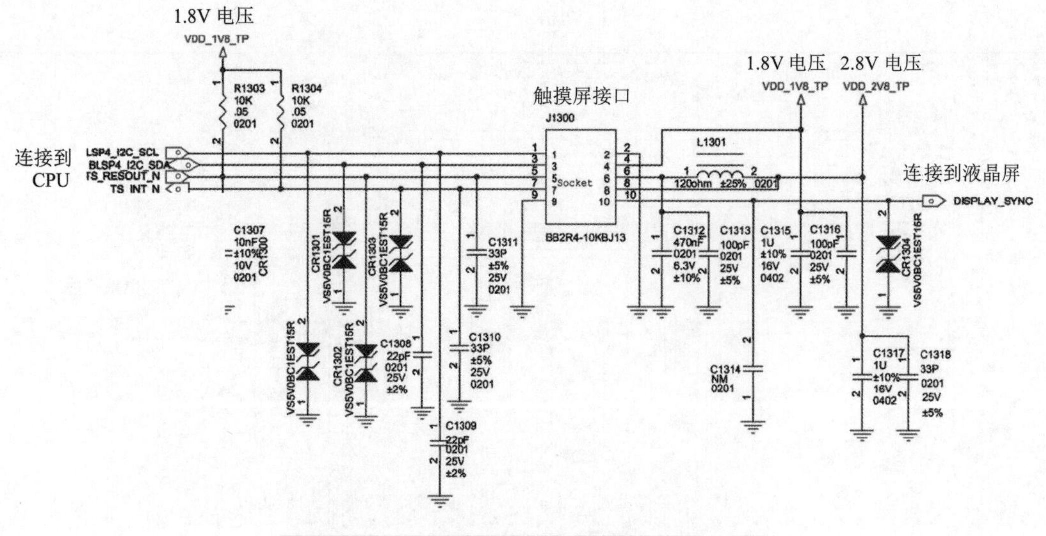

图 6-13　智能手机触摸屏电路图

6.5.4　背光灯驱动电路的工作原理

由于液晶显示屏中的液晶分子本身不会发光，需要通过背光才能看到液晶显示屏上的图像，因此智能手机通常都会设计背光灯。

通常智能手机的背光灯采用 LED 灯，而它的发光需要专门的驱动电路来驱动为其供电和驱动控制。图 6-14 所示为智能手机背光灯驱动电路。

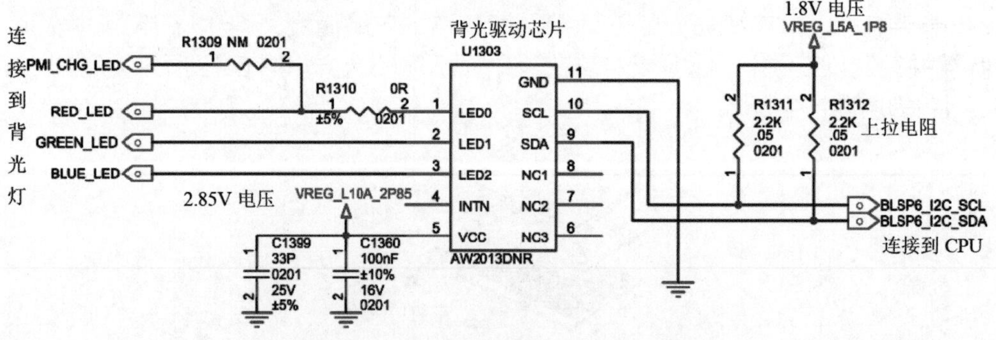

图 6-14　智能手机背光灯驱动电路

图中，U1303 为背光驱动芯片，VREG_L5A_1P8 为 1.8V 供电电压，VREG_L10A_2P85 为 2.85V 供电电压，RED_LED、GREEN_LED、BLUE_LED 为背光灯驱动信号，PMI_CHG_LED 为充电灯驱动信号，BLSP6_I2C_SCL 和 BLSP6_I2C_SDA 为数据信号。

当操作手机时，CPU 通过 I^2C 总线输出功能按键指示灯控制信息（BLSP6_I2C_SCL 和 BLSP6_I2C_SDA 信号），指示灯控制信号经 LED 驱动芯片 U1303 驱动后，由 LED0、LED1、LED2 脚输出驱动电压，驱动 LED 灯发光。

第二篇

智能手机维修基本功

智能手机维修技能是一项综合技能，其不仅要求具有牢固的理论知识作为指导，还要求具有熟练的操作技术完成故障排除过程。

本篇内容对智能手机检修技能的相关基础知识进行了详细的讲解，对智能检修过程中的常用检修工具和常用电子元器件好坏判断做了详细的讲解，同时对手机芯片焊接技术和如何用好电路图的方法进行了详细讲解。

通过本篇内容的阅读，应掌握智能手机维修工具的使用方法、手机芯片焊接技术和电路板元器件好坏的判断方法。

第7章 常用维修检测工具使用技巧

工欲善其事，必先利其器；在智能手机维修实践中，检测维修工具必不可少，比如万用表，它可以帮助我们检测查找故障点；再比如电烙铁，它可以帮助我们将损坏的元器件焊接到电路板。所以要掌握智能手机的维修技术，首先要学会各种维修工具的使用方法，接下来本章会详细讲解万用表、电烙铁、热风焊台等一些常用工具的使用方法和技巧。

7.1 万用表的操作方法

万用表是一种多功能、多量程的测量仪表，万用表可测量直流电流、直流电压、交流电流、交流电压、电阻和音频电平等，是电工和电子维修中必备的测试工具。万用表有很多种，目前常用的有指针万用表和数字万用表两种，如图 7-1 所示。

指针万用表的主要特征是带有刻度盘和指针。

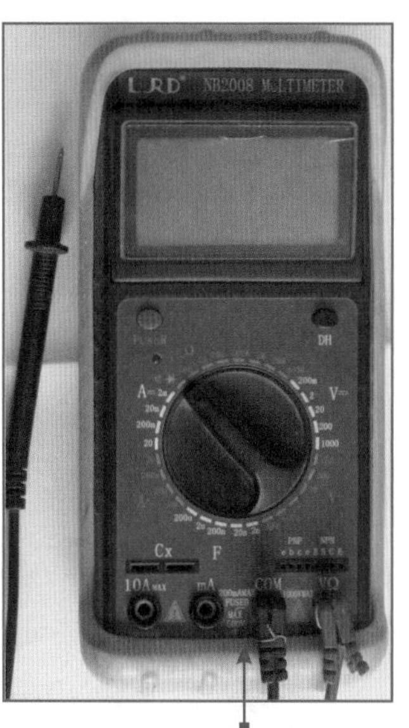

数字万用表的主要特征是有一块液晶显示屏。

图 7-1　万用表

注：在智能手机维修实践中，数字万用表使用比例较大，因此在本书中我们主要以数字万用表为主。

7.1.1　数字万用表的结构

数字万用表具有显示清晰，读取方便，灵敏度高、准确度高，过载能力强，便于携带，使用方便等优点。数字万用表主要由液晶显示屏、功能旋钮、表笔插孔及三极管插孔等组成，如图 7-2 所示。

其中，功能旋钮可以将万用表的挡位在电阻挡（Ω）、交流电压（V～）、直流电压挡（V—）、交流电流挡（A～）、直流电流挡（A—）、温度挡（℃）和二极管挡之间进行转换；COM 插孔用来插黑表笔，A、mA、VΩHz℃插孔用来插红表笔，测量电压、电阻、频率和温度时，红表笔插 VΩHz℃插孔，测量电流时，根据电流大小红表笔插 A 或 mA 插孔；温度传感器插孔用来插温度传感器表笔；三极管插孔用来插三极管，检测三极管的极性和放大系数。

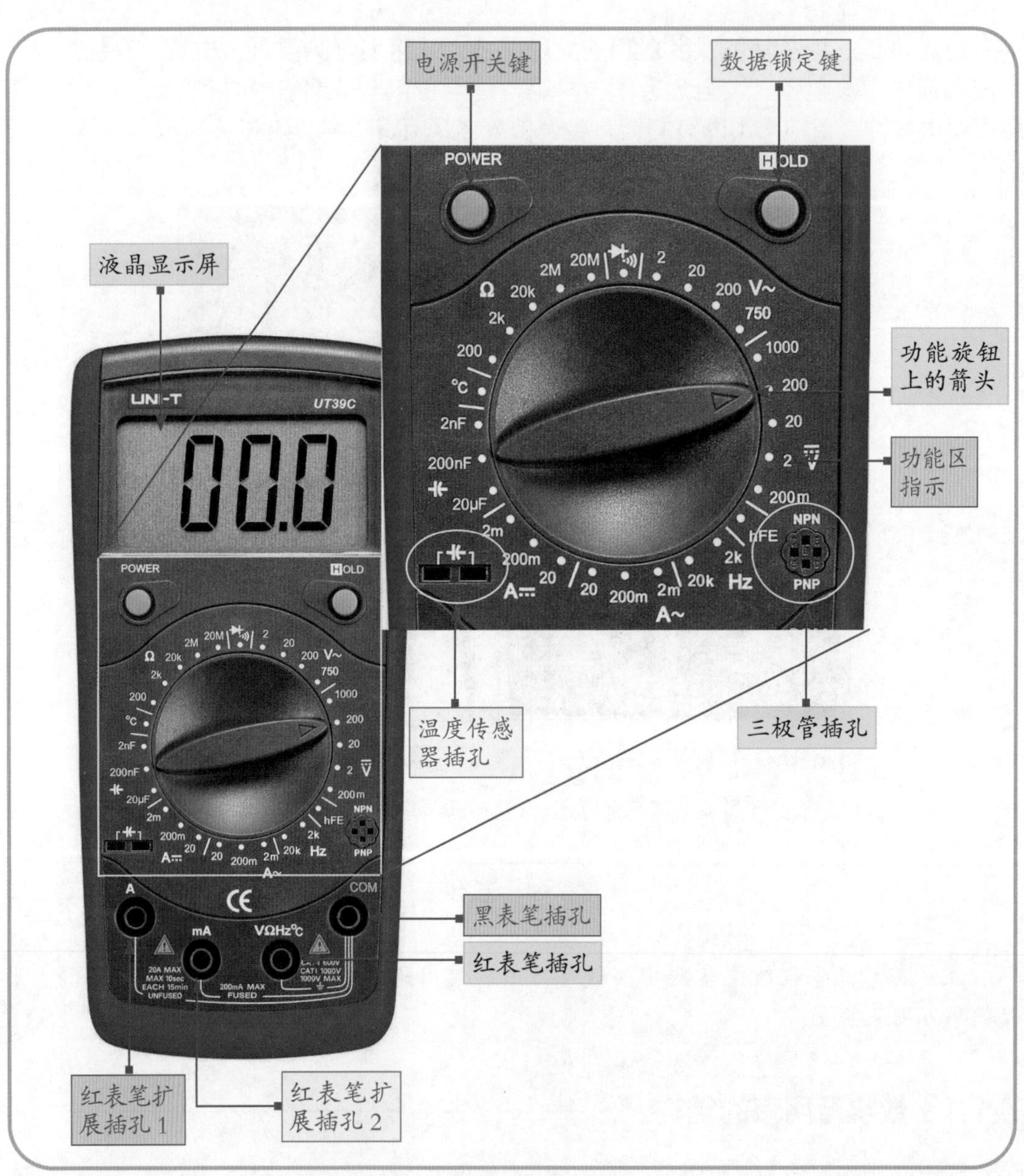

图 7-2　数字万用表的结构

7.1.2　数字万用表测量实战

前面我们详细了解了数字万用表的结构，那数字万用表具体应该如何使用呢，接下来我们通过三个实战案例讲解数字万用表的测量方法。

1. 用数字万用表测量直流电压实战

用数字万用表测量直流电压的方法如图 7-3 所示。

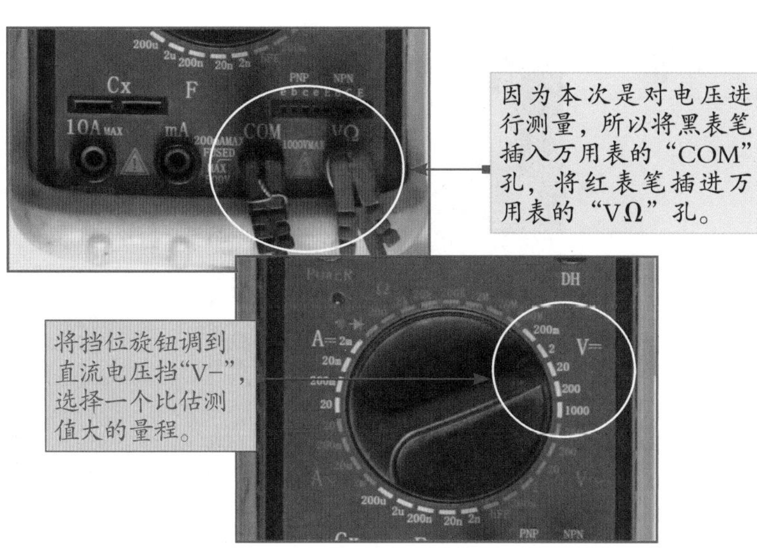

因为本次是对电压进行测量，所以将黑表笔插入万用表的“COM”孔，将红表笔插进万用表的“VΩ”孔。
将挡位旋钮调到直流电压挡“V–”，选择一个比估测值大的量程。

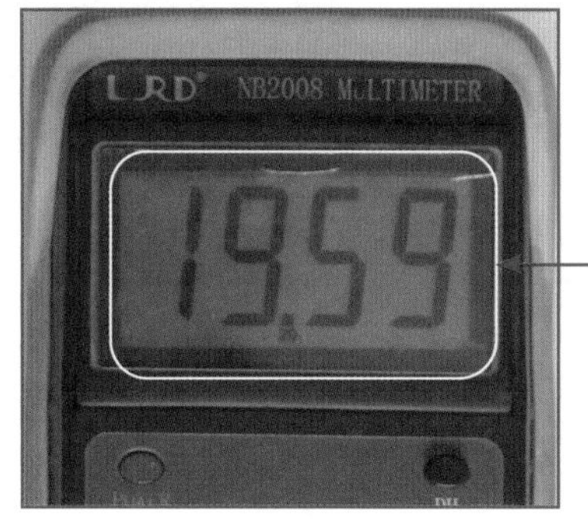

19.59
将两表笔分别接电源的两极，正确的接法应该是红表笔接正极，黑表笔接负极。读数，若测量数值为“1.”，说明所选量程太小，需改用大量程。如果数值显示为负，说明极性接反（调换表笔）。表中显示的 19.59 即为测量的电压。

图 7-3　用数字万用表测量直流电压的方法

2. 用数字万用表测量直流电流实战

用数字万用表测量直流电流的方法如图 7-4 所示。

测量电流时，先将黑表笔插入“COM”孔。若待测电流估测大于 200mA，则将红表笔插入“10A”插孔，并将功能旋钮调到直流“20A”挡；若待测电流估测小于 200mA，则将红表笔插入“200mA”插孔，并将功能旋钮调到直流 200mA 以内适当量程。

将万用表串联接入电路中，使电流从红表笔流入黑表笔流出，保持稳定。

读数，若显示为“1.”，则表明量程太小需要加大量程，本次电流的大小为 4.64A。

图 7-4　用数字万用表测量直流电流的方法

提示：交流电流的测量方法与直流电流的测量方法基本相同，不过需将功能旋钮调到交流挡位。

3. 用数字万用表测量二极管实战

用数字万用表测量二极管的方法如图 7-5 所示。

（3）读取读数为 0.716V。
（1）首先将黑表笔插入“COM”孔，红表笔插入“VΩ”孔。然后将功能旋钮调到二极管挡。

（2）用红表笔接二极管正极，黑表笔接二极管负极（有黑圈的一端为负极），测量其压降。

（5）读取读数为 1（无穷大）。
（6）由于该硅二极管的正向压降约为 0.716V，与正常值 0.7V 接近，且其反向压降为无穷大。该硅二极管的质量基本正常。

图 7-5　用数字万用表测量二极管的方法

提示：一般锗二极管的压降为 0.15~0.3V，硅二极管的压降为 0.5~0.7V，发光二极管的压降为 1.8~2.3V。如果测量的二极管正向压降超出这个范围，则二极管损坏。如果反向压降为 0，则二极管被击穿。

7.2 电烙铁的焊接姿势与操作实战

电烙铁是通过熔解锡进行焊接修理时一种必备的工具，主要用来焊接电子元器件间的引脚。本节中主要讲述电烙铁的种类和具体的使用方法。

7.2.1 电烙铁的种类

电烙铁的种类较多，常用的电烙铁分为内热式、外热式、恒温式和吸锡式等几种。下面详细讲解。图 7-6 所示为常用的电烙铁。

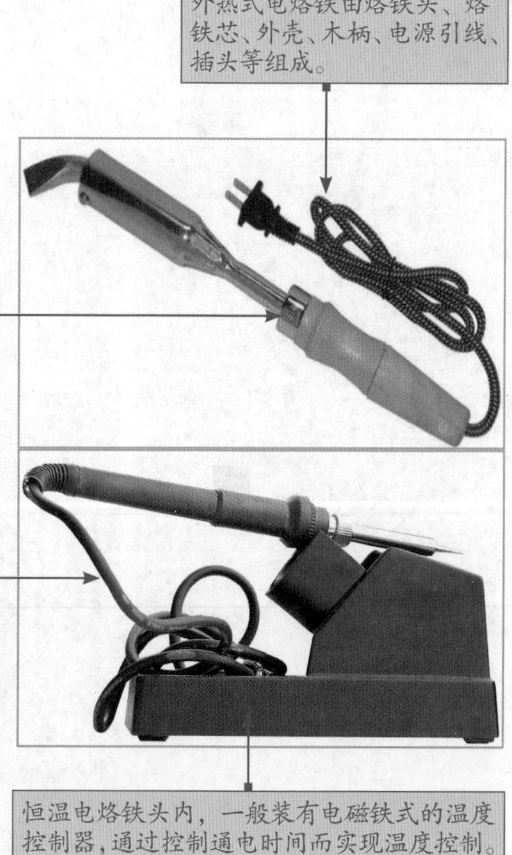

外热式电烙铁由烙铁头、烙铁芯、外壳、木柄、电源引线、插头等组成。
外热式电烙铁的烙铁头一般由紫铜材料制成，其作用是储存和传导热量。使用时烙铁头的温度必须要高于被焊接物的熔点。烙铁的温度取决于烙铁头的体积、形状和长短。另外，为了适应不同焊接要求，有不同规格的烙铁头，常见的有锥形、凿形、圆斜面形等。
当给恒温电烙铁通电时，电烙铁的温度上升，当到达预定温度时，其内部的强磁体传感器开始工作，使磁芯断开停止通电。当温度低于预定温度时，强磁体传感器控制电路接通控制开关，开始供电，使电烙铁的温度上升。如此往复便得到了温度基本恒定的恒温电烙铁。
恒温电烙铁头内，一般装有电磁铁式的温度控制器，通过控制通电时间而实现温度控制。

图 7-6　电烙铁

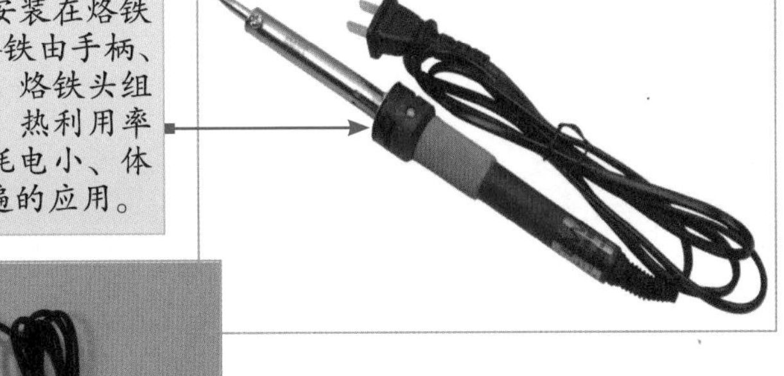

内热式电烙铁因其烙铁芯安装在烙铁头里面而得名。内热式电烙铁由手柄、连接杆、弹簧夹、烙铁芯、烙铁头组成。内热式电烙铁发热快，热利用率高（一般可达 350℃）且耗电小、体积小，因而得到了更加普遍的应用。

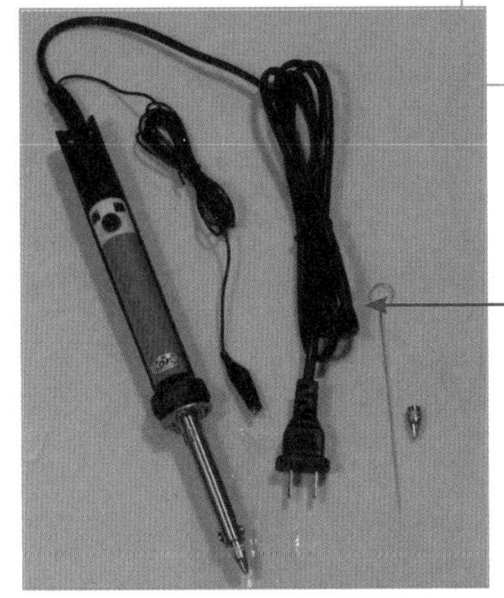

吸锡电烙铁是一种将活塞式吸锡器与电烙铁融为一体的拆焊工具。其具有使用方便、灵活、适用范围宽等优点，不足之处在于其每次只能对一个焊点进行拆焊。

图 7-6　电烙铁（续）

7.2.2　焊接操作正确姿势

手工锡焊接技术是一项基本功，就是在大规模生产的情况下，维护和维修也必须使用手工焊接。因此，必须通过学习和实践操作练习才能熟练掌握。图 7-7 所示为电烙铁和焊锡丝的几种握法。

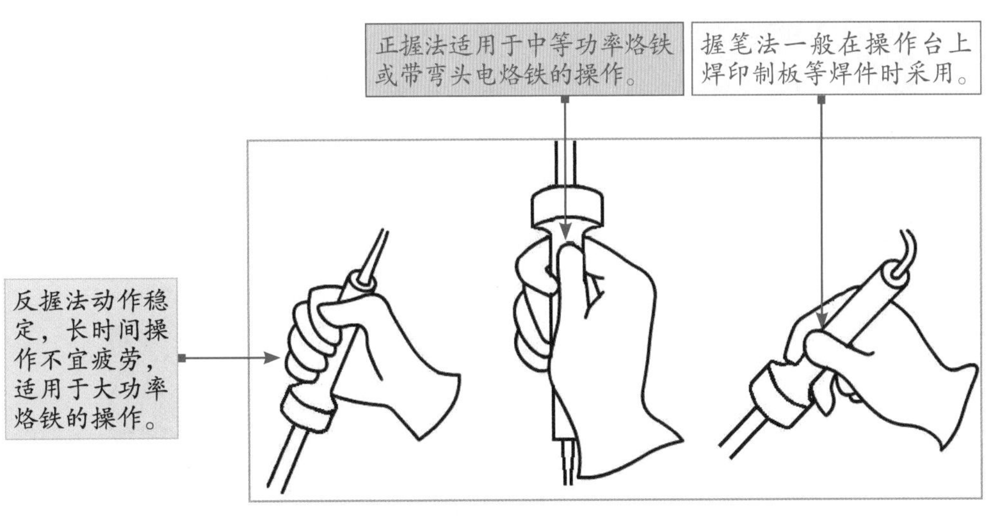

正握法适用于中等功率烙铁或带弯头电烙铁的操作。
握笔法一般在操作台上焊印制板等焊件时采用。
反握法动作稳定，长时间操作不宜疲劳，适用于大功率烙铁的操作。

图 7-7　电烙铁和焊锡丝的握法

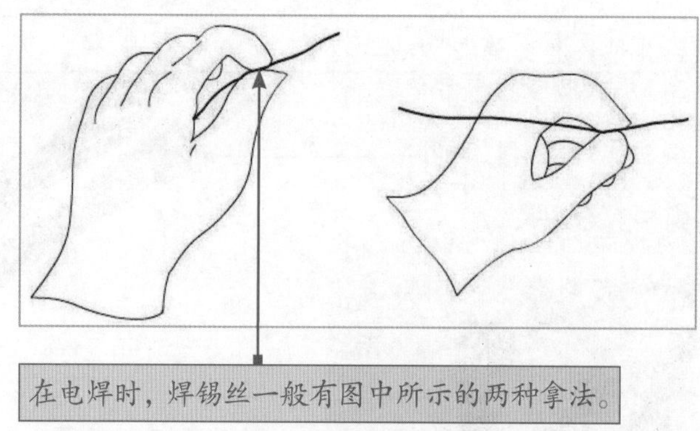

在电焊时，焊锡丝一般有图中所示的两种拿法。

图 7-7　电烙铁和焊锡丝的握法（续）

由于焊锡丝中含有一定比例的铅，而铅是对人体有害的一种重金属，因此操作时应该戴手套或在操作后洗手，避免食入铅尘。

另外，为减少焊剂加热时挥发出的化学物质对人的危害，减少有害气体的吸入量，一般情况下，电烙铁距离鼻子的距离应该不少于 20cm，通常以 30cm 为宜。

7.2.3　电烙铁的使用方法

一般新买来的电烙铁在使用前都要在铁头上均匀地镀上一层锡，这样便于焊接并且防止烙铁头表面氧化。在使用前一定要认真检查确认电源插头、电源线有无破损，并检查烙铁头是否松动。如果出现上述情况，排除后使用。电烙铁的使用方法如图 7-8 所示。

第 1 步：将电烙铁通电预热，然后将烙铁接触焊接点，并保持烙铁加热焊件各部分，以保持焊件均匀受热。

第 2 步：当焊件加热到能熔化焊料的温度后，将焊丝置于焊点，焊料开始熔化并润湿焊点。

图 7-8　电烙铁的使用方法

第 3 步：当熔化一定量的焊锡后，将焊锡丝移开。当焊锡完全润湿焊点后移开烙铁，注意移开烙铁的方向应是大致 45° 的方向。

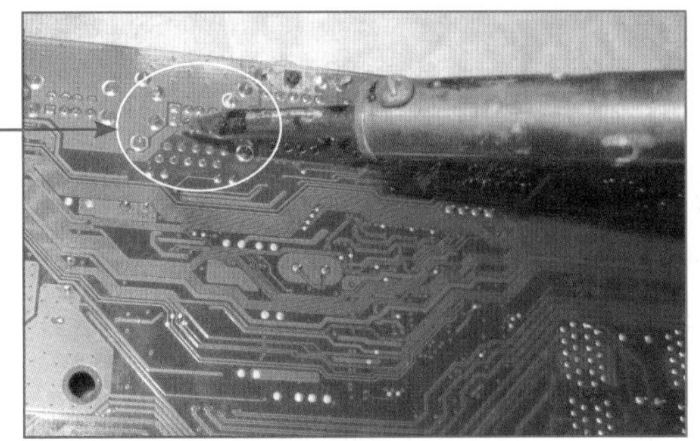

图 7-8 电烙铁的使用方法（续）

7.2.4 焊料与助焊剂有什么用处

电烙铁使用时的辅助材料主要包括焊锡、助焊剂等，如图 7-9 所示。

焊锡：熔点较低的焊料。主要用锡基合金做成。

助焊剂：松香是最常用的助焊剂，助焊剂的使用，可以帮助清除金属表面的氧化物，这样既利于焊接，又可保护烙铁头。

图 7-9 电烙铁的辅助材料

7.3 热风焊台操作方法

热风焊台是一种常用于电子焊接的手动工具，热风焊台主要由气泵、线性电路板、气流稳定器、外壳、手柄组件和风枪组成。通过给焊料（通常是指锡丝）供热，使其熔化，从而达到焊接或分开电子元器件的目的。热风焊台外形如图 7-10 所示。

图 7-10　热风焊台

7.3.1　使用热风焊台焊接贴片小元器件实战

焊接操作时，热风焊台的风枪前端网孔通电时不得插入金属导体，否则会导致发热体损坏，甚至使人体触电，发生危险。另外在使用结束后要注意冷却机身，关电后不要迅速拔掉电源，应等待发热管吹出的短暂冷风结束，以免影响焊台使用寿命。

使用热风焊台焊接贴片小元器件的方法如图 7-11 所示（如贴片电阻器、贴片电容器等）。

提示：

（1）对于贴片电阻器的焊接一般不用电烙铁，用电烙铁焊接时，一方面由于两个焊点的焊锡不能同时熔化可能焊斜；另一方面，焊第二个焊点时由于第一个焊点已经焊好，如果下压第二个焊点会损坏电阻或第一个焊点。

（2）用电烙铁拆焊贴片电容时，要用两个电烙铁同时加热两个焊点使焊锡熔化，在焊点熔化状态下用烙铁尖向侧面拨动使焊点脱离，然后用镊子取下。

第 1 步：将热风焊台的温度开关调至3级，风速调至2级，然后打开热风焊台的电源开关。

第 2 步：用镊子夹着贴片元器件，将电阻器的两端引脚蘸少许焊锡膏。然后将电阻器件放在焊接位置，将风枪垂直对着贴片电阻器加热。

第 3 步：将风枪嘴在元件上方 2 ~ 3cm 处对准元件，加热 3s 后，待焊锡熔化停止加热。最后用电烙铁给元器件的两个引脚补焊，加足焊锡。

图 7-11　使用热风焊台焊接贴片小元器件的方法

7.3.2　热风焊台焊接四面引脚集成电路实战

四面引脚贴片集成电路的焊接方法如图 7-12 所示。

第 1 步：将热风焊台的温度开关调至 5 级，风速调至 4 级，然后打开热风焊台的电源开关。

第 2 步：向贴片集成电路的引脚上蘸少许焊锡膏。用镊子将元器件放在电路板中的焊接位置，并紧紧按住，然后用电烙铁将集成电路 4 个面各焊一个引脚。

第 3 步：风枪垂直对着贴片集成电路旋转加热，待焊锡熔化后，停止加热，并关闭热风焊台。

第 4 步：焊接完毕后，检查一下有无焊接短路的引脚，如果有，用电烙铁修复，同时为贴片集成电路加补焊锡。

图 7-12　四面引脚贴片集成电路的焊接方法

7.4 可调直流稳压电源的使用方法

直流可调稳压电源在检修过程中，可代替电源适配器或可充电电池供电，是智能手机检修过程中一种必备的工具设备。

通常在检修故障智能手机的过程中，还可通过直流可调稳压电源显示的数据，判断电路工作状态，从而为故障分析提供相关依据或数据参考。图 7-13 所示为常见的直流可调稳压电源。

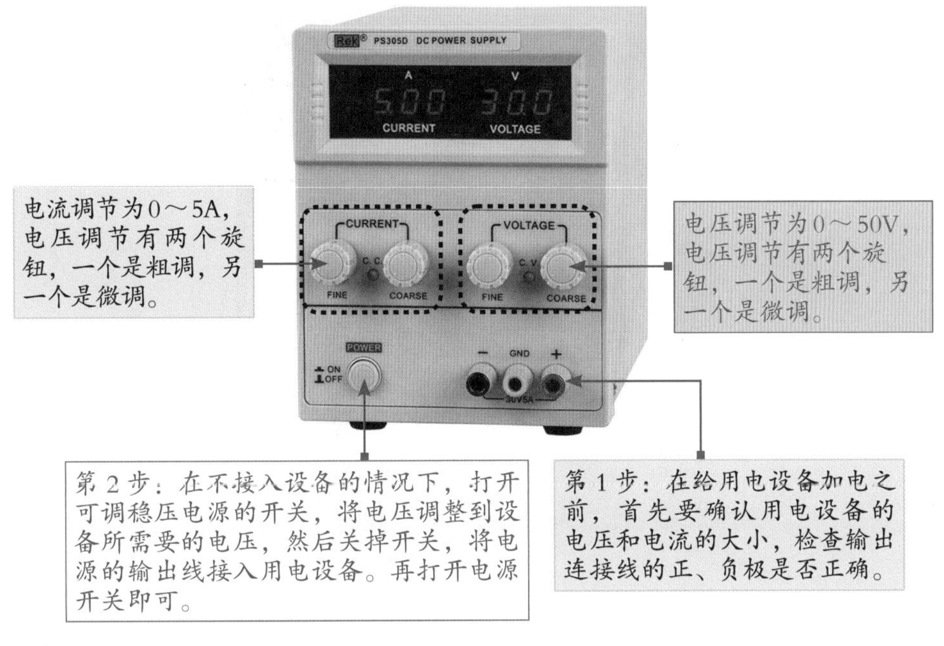

Rek PS305D DC POWER SUPPLY
A
V
CURRENT
VOLTAGE
C.C
C.V
FINE
COARSE
POWER
ON
OFF
GND
电流调节为0～5A，电压调节有两个旋钮，一个是粗调，另一个是微调。
电压调节为0～50V，电压调节有两个旋钮，一个是粗调，另一个是微调。
第 2 步：在不接入设备的情况下，打开可调稳压电源的开关，将电压调整到设备所需要的电压，然后关掉开关，将电源的输出线接入用电设备。再打开电源开关即可。
第 1 步：在给用电设备加电之前，首先要确认用电设备的电压和电流的大小，检查输出连接线的正、负极是否正确。

图 7-13　常见的直流可调稳压电源

注意：如果接入用电设备后发现电压值达不到设定值，这时要观察电流旋钮侧的电流指示灯是否亮，如果亮了，说明电流设定值太小，旋转电流调整旋钮，使电流指示灯熄灭。如果电流旋钮旋到底，电流指示灯仍然不熄灭，那就是用电设备的功率过大，或者是用电设备严重短路。这是可调稳压电源的过电流保护功能。

7.5 清洁与拆装工具

在维修智能手机时，需要用旋具（螺丝刀）、镊子、撬棍、拨片等工具拆卸外壳，同时需要用刷子、皮老虎等工具清洁灰尘；当检查电路板时需要用放大镜；当更换芯片时，需要用到清洗液等。接下来本节将详细介绍这些工具的使用方法。

7.5.1 清洁工具

清洁工具主要用来清洁电路板上的灰尘和脏污；在智能手机维修中，常用的清洁工具主要包括毛刷和皮老虎。

1. 毛刷

毛刷一般为长形或圆形，带有手柄；常见的毛刷如图 7-14 所示。

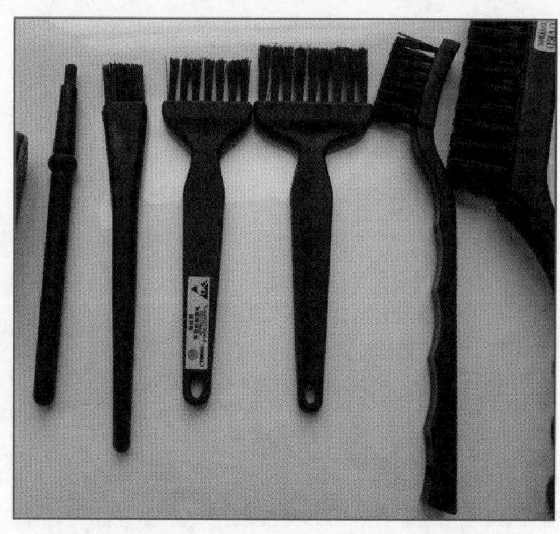

图 7-14　刷子

2. 皮老虎

皮老虎是一种清除灰尘用的工具，也称皮吹子。其主要用于清除电子元器件之间的灰尘。常见的皮老虎如图 7-15 所示。

图 7-15　皮老虎

7.5.2　拆装工具

在智能手机维修实践中，常用的拆装工具主要有：旋具、镊子、钳子等，下面分别讲解。

1. 旋具

旋具是常用的电工工具，也称为螺丝刀，是用来紧固和拆卸螺钉的工具。常用的旋具主要有一字形旋具和十字形旋具，另外还要准备各种规格的旋具，如图 7-16 所示。

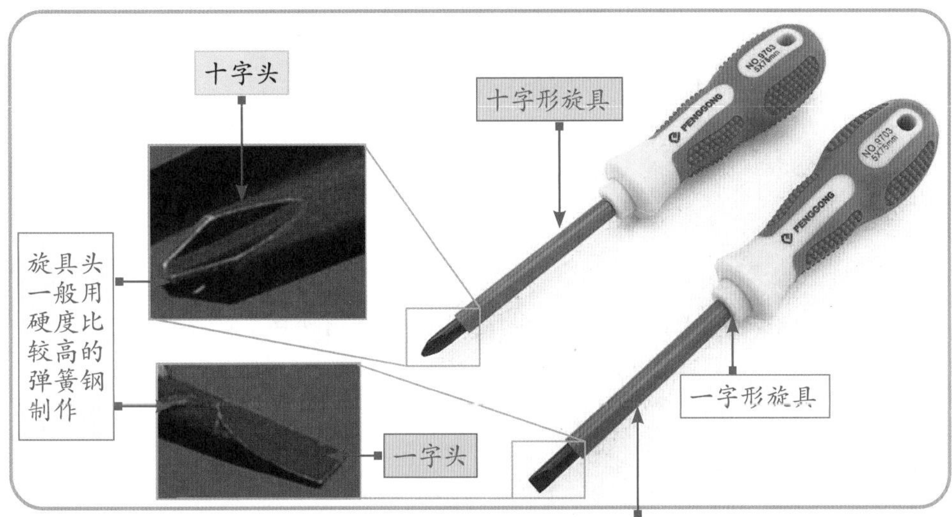
十字头
十字形旋具
旋具头一般用硬度比较高的弹簧钢制作
一字形旋具
一字头
在使用旋具时，需要选择与螺钉大小相匹配的旋具头，太大或太小都不行，容易损坏螺钉和旋具。另外，电工用旋具的把柄要选用耐压 500V 以上的绝缘体把柄。

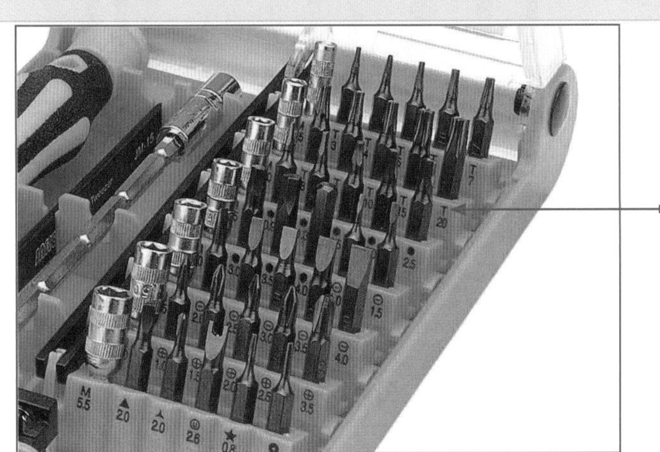
准备各种规格的螺钉刀，如内六角、梅花等。

图 7-16　旋具

2. 镊子

镊子是电路板检修过程中经常使用的一种辅助工具，如在拆卸或者焊接电子元器件的过程中，常使用镊子夹取或者固定电子元器件，方便拆卸或者焊接过程的顺利进行。而夹较大的元器件或导线头，用刚性大、较硬的镊子比较好用。常用的镊子有平头、弯头等类型，要多准备几种镊子，如图 7-17 所示。

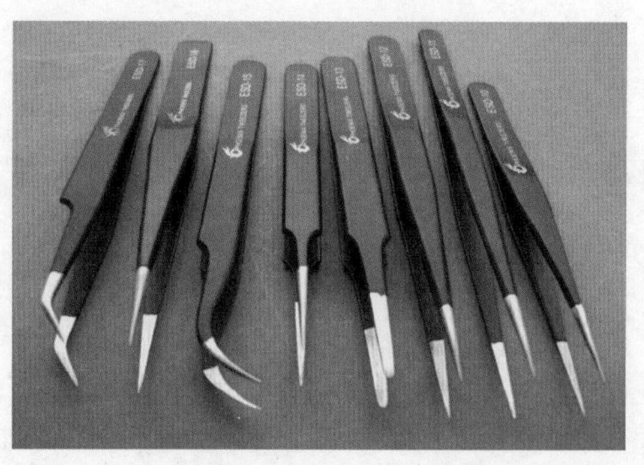

图 7-17　镊子

3. 撬棍拨片吸盘

拆解智能手机使用的工具还有塑料撬棒、三角塑料拨片、维修吸盘等，如图 7-18 所示。

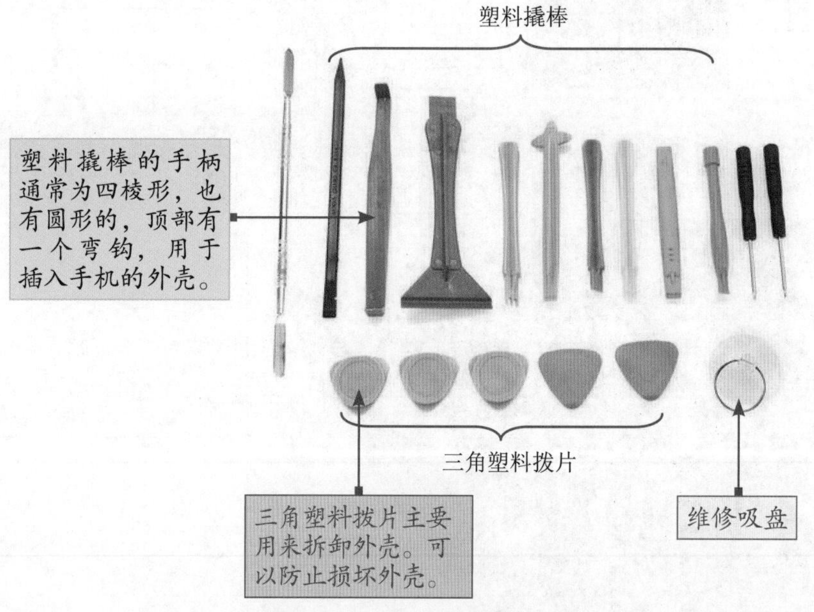
塑料撬棒
塑料撬棒的手柄通常为四棱形，也有圆形的，顶部有一个弯钩，用于插入手机的外壳。
三角塑料拨片
三角塑料拨片主要用来拆卸外壳。可以防止损坏外壳。
维修吸盘

图 7-18　撬棍拨片吸盘

7.6 其他工具

在智能手机维修实践中，除了上述清洁和拆装工具外，还要准备一些辅助工具，如放大镜、清洗液等；接下来我们了解一下这些辅助工具的使用方法。

7.6.1　放大镜

放大镜用于观察电路板上的小元件，以及各种元器件的型号，电路板元件引脚焊接情况（看是否有虚焊等）。放大镜最好选用带照明灯的，放大倍数在 20 倍或 40 倍的，如图 7-19 所示。

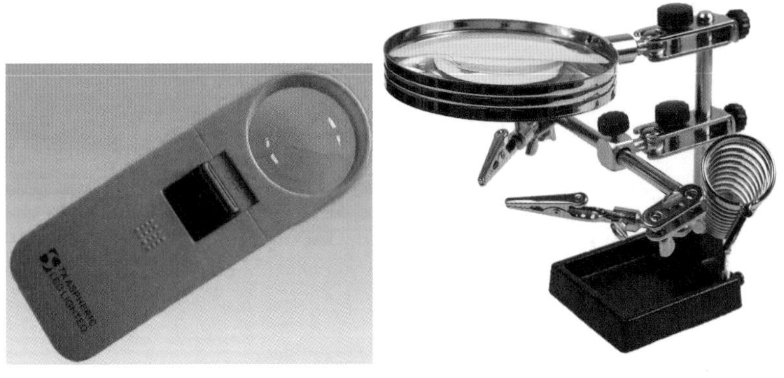

图 7-19　放大镜

7.6.2　电路板清洗液

常用的电路板清洗液主要有洗板水、天那水（香蕉水）、双氧水、无水乙醇、异丙醇、硝基涂料等（注意有些溶液有毒，使用时避免接触皮肤），如图 7-20 为部分清洗液。

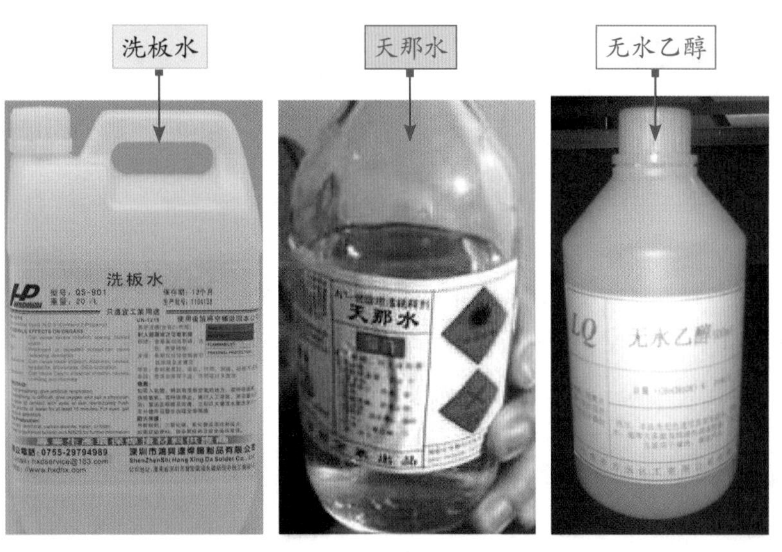

图 7-20　清洗液

第8章 智能手机芯片焊接技术

在维修智能手机的过程中，经常需要更换电路板中的元器件，如电阻器、芯片等，这就需要使用热风焊台拆卸元器件，并将好的元器件再焊接回电路板。由于手机中使用的基本都是贴片元器件，焊接它们需要一定的技巧，如果操作不当会使元器件接触不良，甚至导致电路板损坏。本章将详细讲解智能手机维修实践中的芯片焊接技巧。

8.1 智能手机芯片焊接准备

智能手机中的芯片采用了贴片安装技术，在拆焊和焊接前，首先要做的准备如表 8-1 所示。

表 8-1　芯片焊接前的准备

序号	准备的工具	说明
1	热风枪	用于拆焊芯片，最好使用有数控恒温功能的热风枪
2	电烙铁	用于芯片的定位，清理芯片及电路板上的余锡；
3	镊子、尖刀	拆卸时用于将芯片掀起
4	带灯放大镜	用于观察芯片的引脚及位置
5	小刷子、吹气球	用以清除芯片周围的积尘和杂质
6	助焊膏	拆焊和焊接时起助焊作用，也可选用松香水之类的助焊剂
7	无水乙醇或天那水	用于清洁电路板，使用天那水最好，天那水对松香、助焊膏等有良好的溶解性
8	焊锡	焊接时用以补焊，应该采用手机维修专用的焊锡
9	植锡板（BGA钢网）	用于BGA 芯片的植锡
10	锡浆	用于植锡
11	刮浆工具	用于刮除锡浆

其次，要做好拆焊前的准备工作：

（1）接地良好，即将电烙铁、手机维修平台接地，维修人员要带上防静电手腕；

（2）拆下备用电池，即将手机电路板上的备用电池拆下（特别是备用电池离所拆卸芯片较近时），否则备用电池很容易受热爆炸，对人身构成威胁；

（3）对芯片进行定位，即将手机电路板固定在手机维修平台上，打开带灯放大镜，仔细观察所要拆卸芯片的位置和方位，并做好记录，以便焊接时恢复。

再次，在拆焊和焊接芯片时，要讲究拆焊和焊接的方法和技巧。

8.2 智能手机芯片重新焊接技巧

由于被摔等原因，经常造成智能手机一些芯片虚焊或损坏，这时就需要先对芯片进行加焊处理（虚焊故障），或将芯片拆下，然后重新焊接（损坏故障）。因此焊接芯片是维修手机的一个基本功，如果没能掌握芯片的焊接方法，就会导致很多手机故障无法维修。下面详细讲解手机芯片的焊接方法和注意事项。

8.2.1 拆焊屏蔽罩

拆焊屏蔽罩的方法如图 8-1 所示。

第 1 步：将热风枪的温度调到 400℃（或 4 挡），风速用小风，调到 2 挡。然后用夹具夹住手机主板，镊子夹住屏蔽罩，最好在屏蔽罩周围滴一些焊油，用热风枪对整个屏蔽罩旋转加热。

第 2 步：等屏蔽罩边上的焊锡熔化后垂直将屏蔽罩拎起。注意：因为拆屏蔽罩需要温度较高，主板板上其他元件也会松动，取下屏蔽罩时主板不能有活动，以免把板上的元件振动移位，取下屏蔽罩时要垂直拎起，以免把屏蔽罩内的元件碰移位。

图 8-1 拆屏蔽罩的方法

提示：焊接屏蔽罩的方法与拆屏蔽罩类似，用同样的温度和风速，把屏蔽罩先放在主板上用热风枪顺着四周转圈加热，待焊锡熔化即可。也可以用烙铁选几个点焊在印制电路板（PCB）上。

8.2.2 拆焊手机芯片

手机 BGA 芯片的拆焊与焊接可以说是手机维修中最大的技术难点，拆下来容易，焊接上去难。拆焊手机芯片的方法如图 8-2 所示。

第 1 步：看清手机芯片的定位。由于手机芯片多数为正方形和长方形，从芯片的正面看，正方形芯片的四条边朝哪个方向都一样，长方形芯片的两条长边（或短边）朝哪个方向都一样，在拆焊芯片之前，一定要看清楚芯片正面字符的方向，打圆点的角在哪个方位，具体位置，否则在安装放置芯片时就容易搞错方向及位置，使芯片引脚安装的位置不正确，造成新的故障。

图 8-2 拆焊手机芯片的方法

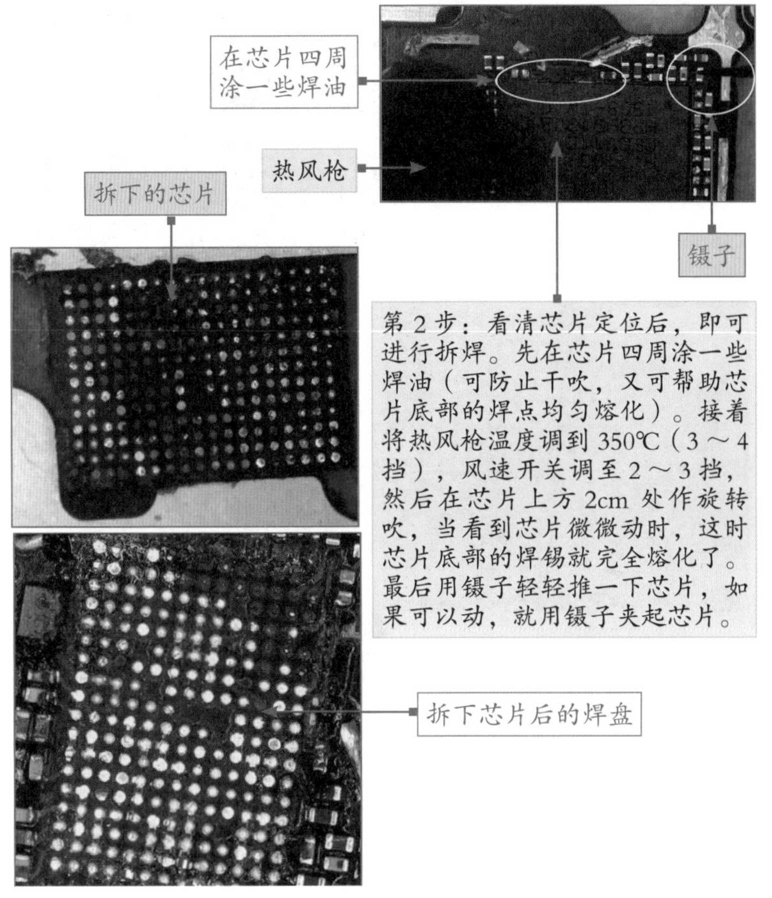

在芯片四周
涂一些焊油
热风枪
拆下的芯片
镊子
第 2 步：看清芯片定位后，即可进行拆焊。先在芯片四周涂一些焊油（可防止干吹，又可帮助芯片底部的焊点均匀熔化）。接着将热风枪温度调到 350℃（3 ～ 4 挡），风速开关调至 2 ～ 3 挡，然后在芯片上方 2cm 处作旋转吹，当看到芯片微微动时，这时芯片底部的焊锡就完全熔化了。最后用镊子轻轻推一下芯片，如果可以动，就用镊子夹起芯片。
拆下芯片后的焊盘

图 8-2　拆焊手机芯片的方法（续）

8.2.3　清理焊盘

将芯片取下后，接下来要对焊盘进行清理，除去多余的锡，然后清洗焊盘，如图 8-3 所示。

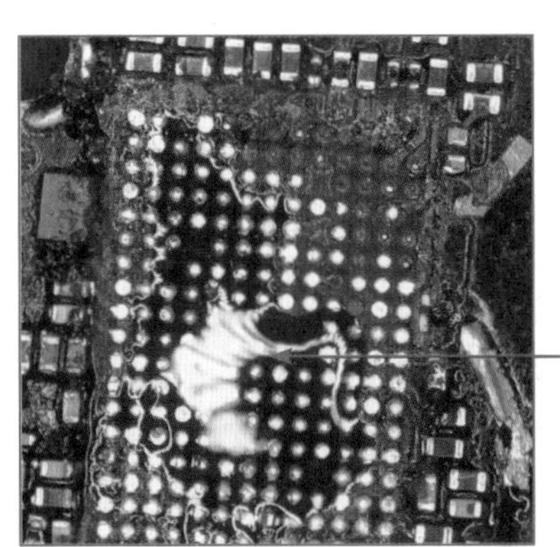

第 1 步：取下芯片后，在电路板的焊盘上加足够的焊油。

图 8-3　清理焊盘

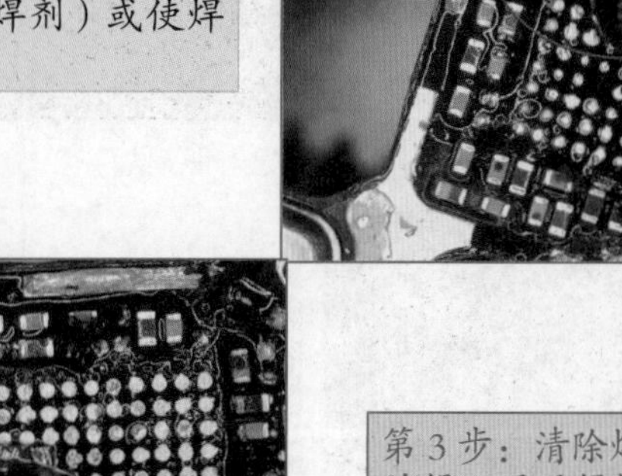

第 2 步：用电烙铁将电路板上多余的焊锡去除，除锡时应特别小心，不要刮掉焊盘上的绿漆（阻焊剂）或使焊盘脱离。
第 3 步：清除焊盘上的锡。用吸锡带或用电烙铁按着拖动来清除多余的锡。

第 4 步：用天那水将电路板上的助焊剂清洗干净。

图 8-3　清理焊盘（续）

8.2.4　芯片植锡

清洁完焊盘后，先清洁芯片的焊点，然后开机植锡，操作方法如图 8-4 所示。

第 1 步：在芯片上涂一些焊油，然后用电烙铁清理芯片上的焊锡。

图 8-4　芯片植锡

第 2 步：上锡时，用平口刀挑适量的锡浆到植锡板上，用力往下刮，边刮边压，使锡浆均匀地填充到植锡板的小孔中。

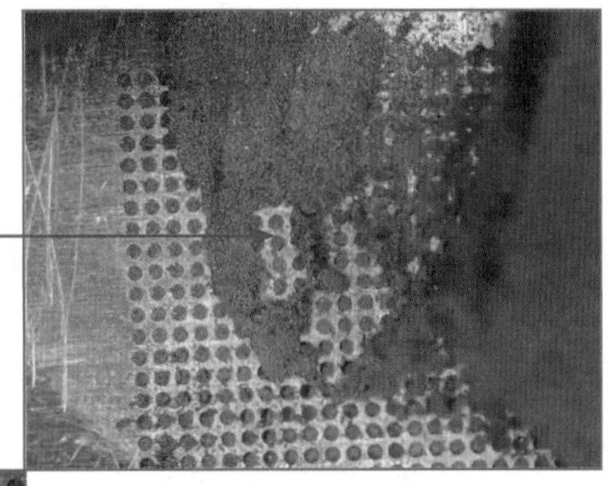

第 3 步：找到与芯片引脚相对应的植锡板，将芯片对准植锡板的孔，仔细调整完全对正后，用标签贴纸将芯片与植锡板贴牢。用手或镊子将植锡板按住不动，压紧，不要让植锡板与芯片间存在空隙，另一只手刮浆上锡。锡浆不要太稀，否则在吹焊时容易沸腾导致成球困难；也不能干的发硬成块，在吹焊时也不易成球。

第 4 步：上完锡后，将热风枪风量调至最小，将温度调至 350℃左右（3～4 挡）。然后将热风枪对着植锡板均匀加热，一边加热一边晃动，使锡浆慢慢熔化。

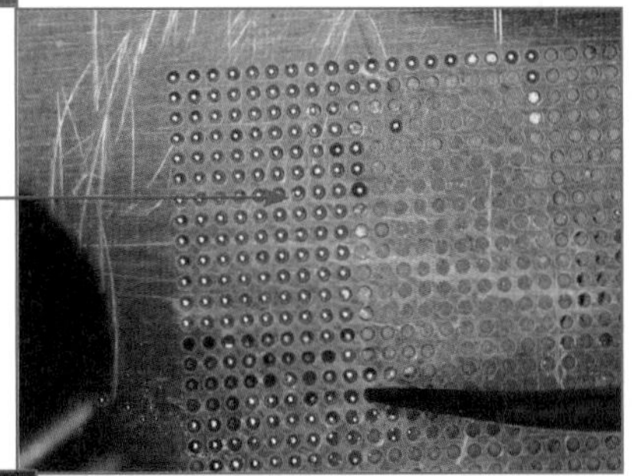

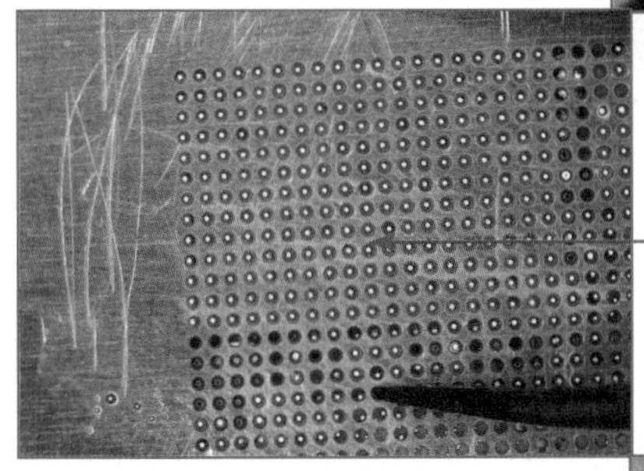

第 5 步：当看见植锡板的个别小孔已有锡球产生时，说明温度已经到位，这时应当抬高热风枪的风嘴，避免温度继续上升，持续吹至锡浆全部成球。

第 6 步：将芯片和植锡板分开，然后清理掉芯片周边无用的锡球。

图 8-4　芯片植锡（续）

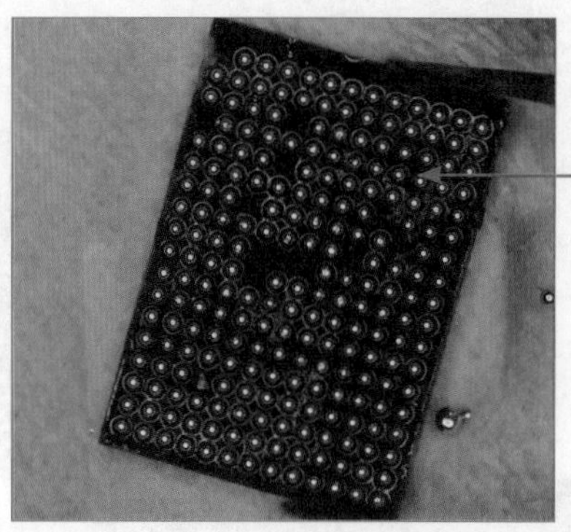

第 7 步：再用热风枪对着芯片上的焊点稍微吹一下，使没熔化好的焊点变的光滑。至此植锡完成。

图 8-4　芯片植锡（续）

8.2.5　焊接芯片

在清理完焊盘和芯片植锡后，即可将芯片安装到主板焊盘上。芯片焊接方法如图 8-5 所示。

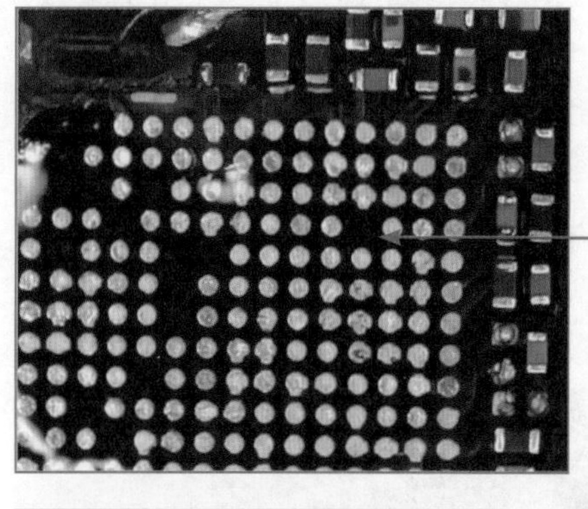

第 1 步：在焊盘上涂上适量焊油，用热风枪轻轻吹一吹，使焊油均匀分布在焊盘的表面。

定位标志

第 2 步：将芯片按拆卸前的定位位置放到电路板上，用手将芯片在定位框内前后左右来回移动并轻轻加压，当感觉到芯片像“爬到了坡顶”一样，此时芯片已与电路板的焊点完全对正。另外，在焊盘上通常有一个安装标志，用来焊接时对准焊点。

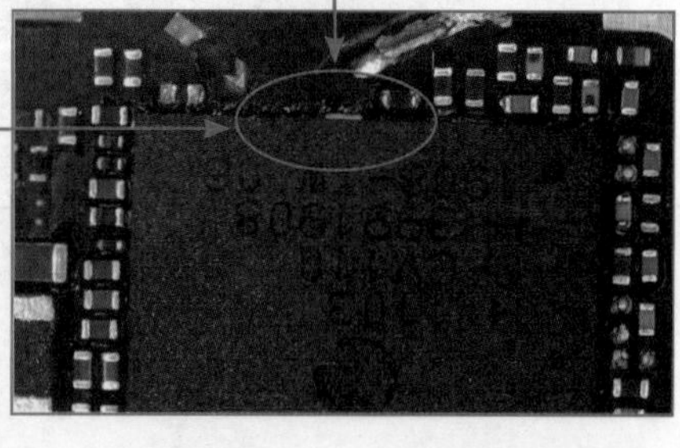

第 3 步：将热风枪的温度调到 350℃左右（3～4 挡），风速调到 2～3 挡，然后让风嘴的中央对准芯片的中央位置，缓慢来回移动加热。

图 8-5　焊接芯片

第 4 步：当看到芯片往下一沉且四周有焊油溢出时，说明锡球已与电路板上的焊点熔合在一起。轻轻晃动热风枪继续均匀加热，由于表面张力的作用，芯片与电路板的焊点之间会自动对准定位，等焊锡熔化后应停止加热。

第 5 步：焊接时注意温度不要过高，风量不要过大，不要下压芯片，以免底部连锡造成短路。焊接完成后，要用天那水将电路板洗干净。

图 8-5　焊接芯片（续）

8.2.6　焊接芯片常见问题的处理方法

在芯片的拆焊过程中，如果遇到以下几种情况，可以按下面的方法进行处理。

（1）拆焊芯片时，过高的温度可能影响旁边一些封了胶的芯片，造成新的故障。因此，在吹焊芯片时，在旁边的芯片上要放适量的水滴，只要水滴保持在芯片上不干，旁边的芯片就不会过热损坏。

（2）目前多数手机电路板上的芯片都采用胶质固定的方法，取下这些芯片比较麻烦。对于四周和底部涂有密封胶的芯片，可以先涂专用溶胶水融掉密封胶，再进行拆焊，不过由于密封胶种类较多，适用的溶胶水不易找到。

有的密封胶为不易溶解的热固型塑料，比锡的熔点还高，而且热膨胀系数较大，如果直接加热，会因为在焊锡未熔化时密封胶膨胀将电路板的焊盘剥离损坏。拆卸这种芯片时，可以适当用力下压同时加热，不得放松，直至焊锡熔化从四周有焊锡挤出再放开，并迅速用镊子上提取下，如果无法取下还可以继续加热，同时用针从侧面缝隙处扎入上撬直至取下。

（3）一些智能手机由于摔跌严重或者在拆卸芯片时不注意，造成芯片下的电路板的焊点断脚，如果不进行处理，重植芯片时就会虚焊，引起新的故障。在进行处理前，要注意空脚与断脚的区别，空脚一般是一个底部光滑的“小窝”，没有线路延伸，而断脚是有线路延伸的或者底部有扯开的“毛刺”。

对于有引路延伸的断点，可以通过查阅资料和比较正常板的办法来确定该断点是通往电路板的何处，然后用一根极细的漆包线焊接到 BGA 芯片的对应锡球上，把线沿锡球的空隙引出，小心地焊好芯片后，再将引出的线焊接到预先找好的位置。对于没有线路延伸的断点，在显微镜下用针头轻轻掏挖，看到亮点后，用针尖掏少许锡浆放在上面，然后用热风枪轻吹成球，这个锡球要做得稍大一些，用小刷子轻刷不会掉下来，或者对照资料进行测量证实焊点已经焊接好，最后将 BGA 芯片小心焊接上去。

8.3 焊盘掉点处理技巧

在手机被严重摔碰后，由于挤压，可能有些芯片被挤掉，由于焊锡的拉力，会造成焊盘或芯片的焊点被损坏，这种情况通常称为掉点。对于焊盘或芯片掉点的故障，通常需要重新修复掉点后，才能正常使用，否则即使重新焊接了芯片，也无法修复故障。下面讲解如何处理掉点问题。

焊盘或芯片掉点处理方法的第 1 步是清理焊盘，前面已经讲过，不再赘述。

8.3.1 刮出铜线处理焊点

清理好焊盘后，接下来开始处理修复掉点，具体方法如图 8-6 所示。

第 1 步：用尖刀在掉点的地方，轻轻刮掉电路板的表层，使里面的铜线露出。

注意，如果有铜导线断了，应该同时刮掉掉点的焊点和连接铜导线的另一端。

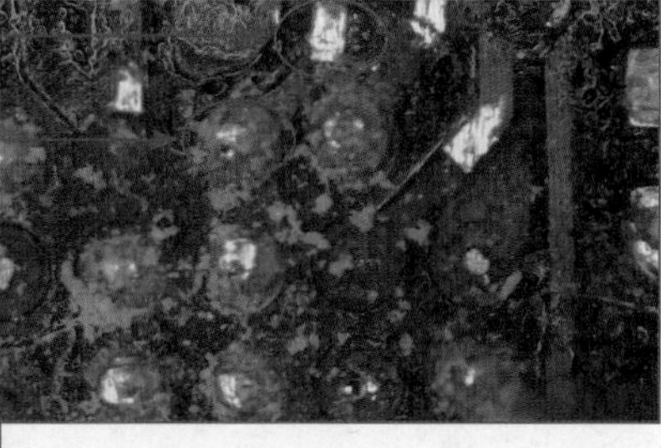

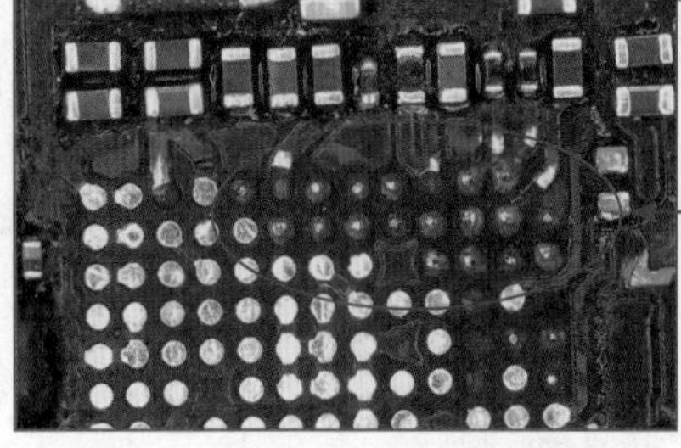

第 2 步：将所有掉点的焊点都刮出铜线，然后清理干净焊盘。

图 8-6 处理焊点

第3步：在清理好的焊盘上涂一些焊油，准备焊接导线。

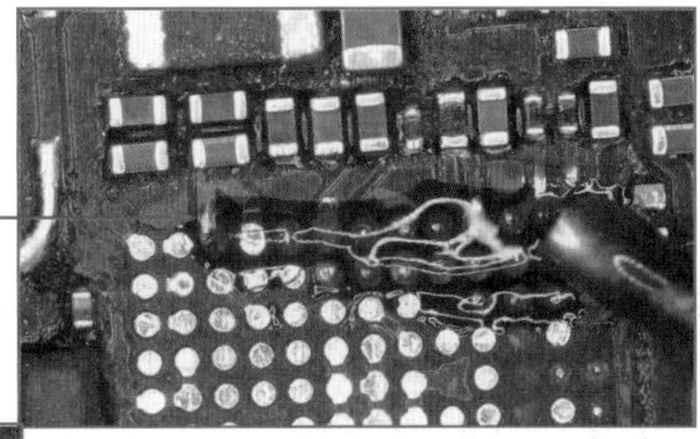

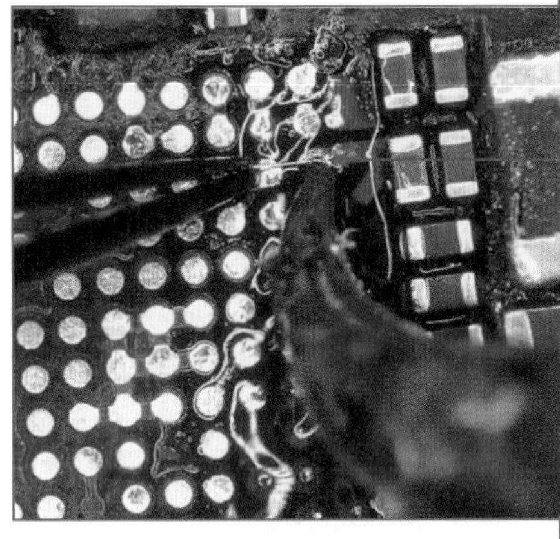

第4步：用很细的导线焊接在焊点上。

如果焊点的连接铜线掉了一块，则将用导线将焊点和铜线连接起来，即导线的一端焊接在焊点，另一端焊接在铜线上。

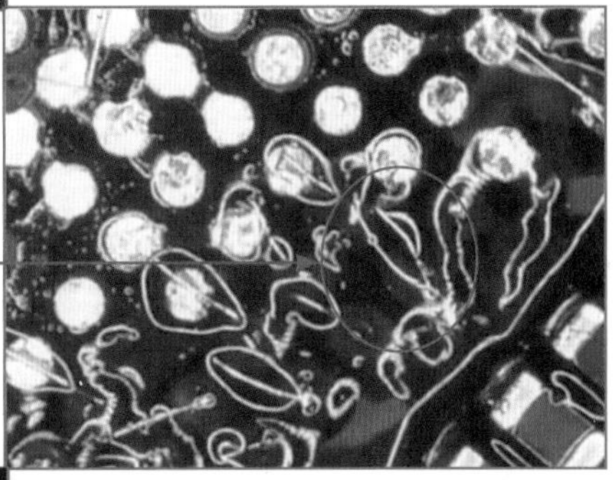

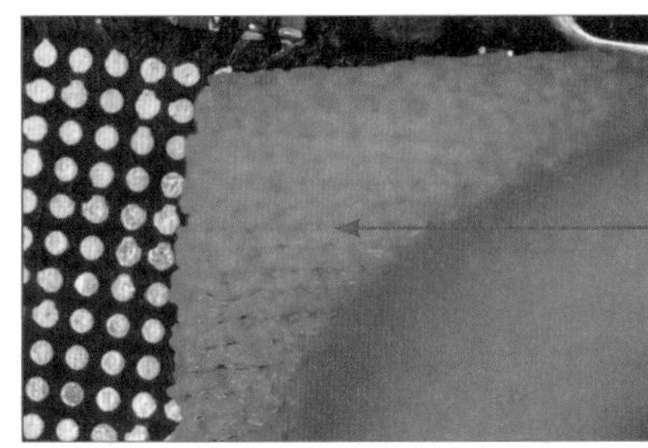

第5步：焊接好全部掉点后，用吸纸吸掉多余的焊油。

第6步：将焊接的导线在掉点的位置，弯成一个圈，大致覆盖焊点。

图8-6 处理焊点（续）

8.3.2 进行绝缘处理

处理完焊点后，涂抹绿漆对焊点进行绝缘处理，具体方法如图 8-7 所示。

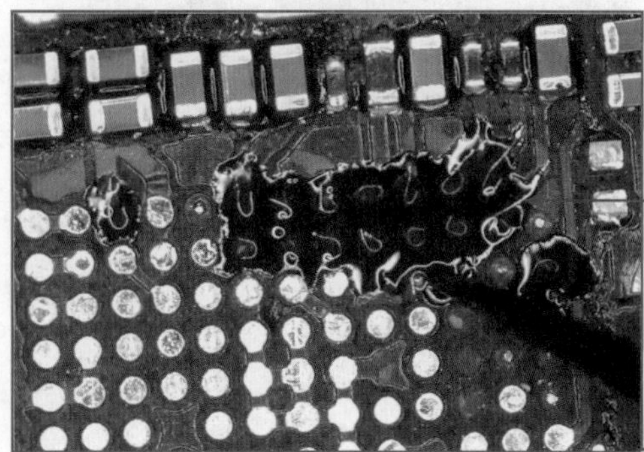

第 1 步：在刚焊接的导线上涂一些绿漆（绝缘材料），做一下绝缘处理。所有焊接导线的地方均要涂上绿漆。

第 2 步：将电路板涂绿漆的地方放到紫外线下进行烘烤，使绿漆凝固。绿漆凝固后，要稍稍放置一下，再处理。
第 3 步：等绿漆凝固后，刮掉焊点上焊接导线的地方，使导线露出来。

第 4 步：处理完后，仔细检查一下，保证只有焊点的位置露出导线，然后就可以正常使用了。

图 8-7　绝缘处理器

8.4 加焊虚焊电子元器件技巧

智能手机被摔后，经常会造成一些电子元器件出现虚焊的故障，从而导致智能手机运行不正常。比如，手机的音频芯片被摔的虚焊后，就会导致无声的故障。对于类似的故障我们先进行加焊处理，以排除虚焊故障；如果加焊后仍无法消除故障，则使用替换法，将故障电子元器件或者芯片拆下，重新焊接一个好的来判断原有电子元器件或者芯片是否存在故障，如图 8-8 所示。

第 1 步：在需要加焊的电子元器件周围涂一些焊油，利于均匀加入芯片。

第 2 步：将热风枪的温度调到 350℃左右（3～4 挡），风速调到 2～3 挡，然后让风嘴的中央对准芯片的中央位置，缓慢来回移动加热。

第 3 步：当看到芯片四周有焊油溢出时，说明锡球已经熔化，也可以在焊锡熔化状态用镊子轻轻碰一碰怀疑虚焊的元器件，加强加焊效果。

图 8-8　加焊虚焊元器件

智能手机电路常用电子元器件检测方法

所有电子产品的电路板都是由很多最基本的电子元器件组成，智能手机也不例外，而手机电路发生故障，通常都是一些基本元器件虚焊或损坏等引起的，因此掌握最基本的电子元器件好坏检修方法，是维修手机故障的基础。本章将教你如何诊断检测基本的电子元器件的好坏。

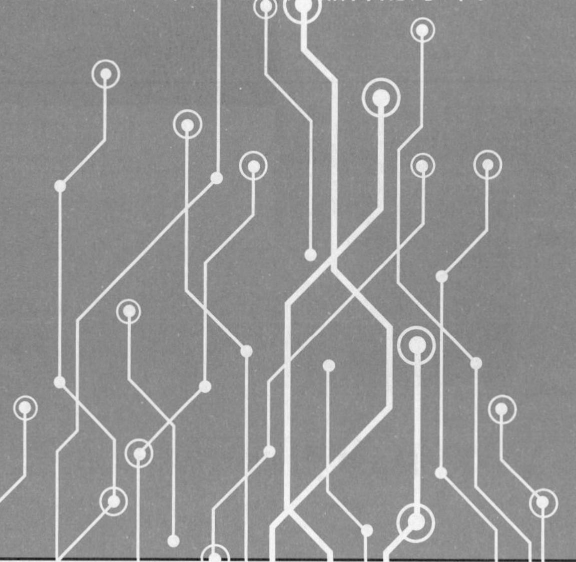

9.1 电阻器检测方法

在电路中，电阻器的主要作用是稳定和调节电路中的电流和电压，即控制某一部分电路的电压和电流比例的作用。电阻器是电路元件中应用最广泛的一种，在电子设备中约占元件总数的 30%。

9.1.1 智能手机中常用的电阻器有哪些

智能手机中的电阻器主要是贴片电阻器，贴片电阻器是金属玻璃釉电阻器中的一种，它是将金属粉和玻璃釉粉混合，采用丝网印刷法印在基板上制成的电阻器。贴片电阻器是手机、计算机主板及各种电器的电路板上应用数量最多的一种元件，形状为矩形，黑色，电阻体上一般标注为白色数字，如图 9-1 所示。

（1）贴片电阻器耐潮湿、耐高温、耐温度系数小。贴片电阻器具有体积小、重量轻、安装密度高、抗震性强、抗干扰能力强、高频特性好等优点。

（2）贴片电阻器的额定功率主要有：1/20W、1/16W、1/8W、1/10W、1/4W、1/2W、1W 等，以 1/16W、1/8W、1/10W、1/4W 应用最多，一般功率越大，电阻体积也越大，功率级别是随着尺寸逐步递增的。另外相同的外形，颜色越深，功率值也越大。

图 9-1 智能手机中的电阻器

贴片电阻器的封装尺寸用 4 位整数表示。前面两位表示贴片电阻器的长度，后面两位表示贴片电阻器的宽度。根据长度单位的不同有两种表示方法，即英制表示法和公制表示法。例如，0603 是英制表示法，表示长度为 0.06 英寸，宽度为 0.03 英寸；再如，1005 是公制表示法，表示长度为 1.0 毫米，宽度为 0.5 毫米。业内惯例是用英制表示。目前最小的贴片电阻器为 0201，最大的为 2512。

表 9-1 所示为贴片电阻器封装代码代表的尺寸。

表 9-1　贴片电阻封装尺寸

英制 (mil)	公制 (mm)	长(L) (mm)	宽(W) (mm)	高(T) (mm)	正电极 (mm)	背电极 (mm)	功率 （W）
0201	0603	0.60 ± 0.05	0.30 ± 0.05	0.23 ± 0.05	0.10 ± 0.05	0.15 ± 0.05	1/20
0402	1005	1.00 ± 0.10	0.50 ± 0.10	0.30 ± 0.10	0.20 ± 0.10	0.25 ± 0.10	1/16
0603	1608	1.60 ± 0.15	0.80 ± 0.15	0.40 ± 0.10	0.30 ± 0.20	0.30 ± 0.20	1/10
0805	2012	2.00 ± 0.20	1.25 ± 0.15	0.50 ± 0.10	0.40 ± 0.20	0.40 ± 0.20	1/8
1206	3216	3.20 ± 0.20	1.60 ± 0.15	0.55 ± 0.10	0.50 ± 0.20	0.50 ± 0.20	1/4
1210	3225	3.20 ± 0.20	2.50 ± 0.20	0.55 ± 0.10	0.50 ± 0.20	0.50 ± 0.20	1/3
1812	4832	4.50 ± 0.20	3.20 ± 0.20	0.55 ± 0.10	0.50 ± 0.20	0.50 ± 0.20	1/2
2010	5025	5.00 ± 0.20	2.50 ± 0.20	0.55 ± 0.10	0.60 ± 0.20	0.60 ± 0.20	3/4
2512	6432	6.40 ± 0.20	3.20 ± 0.20	0.55 ± 0.10	0.60 ± 0.20	0.60 ± 0.20	1

9.1.2　认识电阻器的符号很重要

维修电路时，通常需要参考电器设备的电路原理图来查找问题，而电路图中的元器件主要用元器件符号来表示。元器件符号包括文字符号和图片符号。其中，电阻器一般用“R”文字符号来表示。图 9-2 所示为电路图中电阻器的符号。

电阻器的符号，R1300 为其文字符号，1M 为其阻值 1MΩ，±5% 为其精度参数，0201 为其尺寸参数。

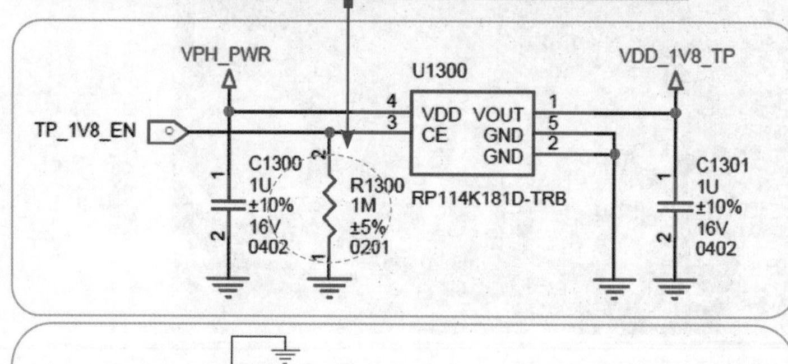

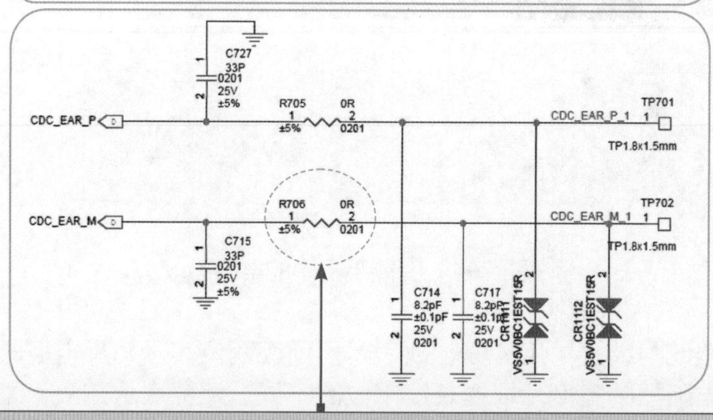

电阻器的符号，R706 为其文字符号，0R 为其阻值 0Ω，±5% 为其精度参数，0201 为其尺寸参数。0Ω 电阻一般有熔丝作用，保护作用。将 0Ω 电阻串入某一电路，若电流过大，先烧坏电阻器，从而保护电路。另外，0Ω 电阻相当于很窄的电流通路，能够有效地限制环路电流，使噪声得到抑制。

图 9-2　电路图中电阻器的符号

9.1.3　电阻器的主要指标

电阻器的主要指标有：标称阻值、精度误差、额定功率、最大工作电压、温度系数等。

1. 标称阻值

电阻器上标注的电阻值被称为标称阻值。电阻值基本单位是欧姆，用字母“Ω”表示，此外还有千欧（kΩ）和兆欧（MΩ）。它们之间的换算关系为：1 MΩ= 103kΩ= 106Ω。

2. 精度误差

电阻器实际阻值与标注阻值之间存在的差值称为电阻器的偏差（温度为 25℃时）。为了理解精度误差的意义，假定一个 100Ω 电阻的精度误差为 10%。那么这个电阻的电阻值实际上是在 90Ω 和 110Ω 之间；如果另一个 100Ω 电阻的精度误差为 1%，其电阻值实际上在 99Ω 和 101Ω 之间。

根据电阻器的精度范围，常把电阻器分为 5 个精度等级。表 9-2 列出了各等级电阻的精度范围，供读者使用。

表 9-2　电阻器精度等级

允许误差	± 0.001%	± 0.002%	± 0.005%	± 0.01%	± 0.02%	± 0.05%	± 0.1%
级别	E	X	Y	H	U	W	B
允许误差	± 0.2%	± 0.5%	± 1%	± 2%	± 5%	± 10%	± 20%
级别	C	D	F	G	J(Ⅰ)	K(Ⅱ)	M(Ⅲ)

3. 额定功率

电阻器的额定功率是指电阻器在规定的湿度和温度下长期连续工作而不改变其性能所允许承受的最大功率。如果电阻器上所加电功率超过额定值，电阻器的阻值会发生变化，甚至可能被烧毁。为了保证安全使用，一般选用其额定功率比它在电路中消耗的功率高 1~2 倍。

电阻器的额定功率单位为瓦，用字母“W”表示。电阻器标称的额定功率有：1/16W、1/10W、1/8W、1/4W、1/2W、1W、2W、5W、10W、15W、25W、50W、100W、200W、250W、300W 等。在电路中，电阻器的功率可以用公式 $P=UI$ 来计算。

图 9-3 所示为常用额定功率电阻器在电路图中的表示方法。

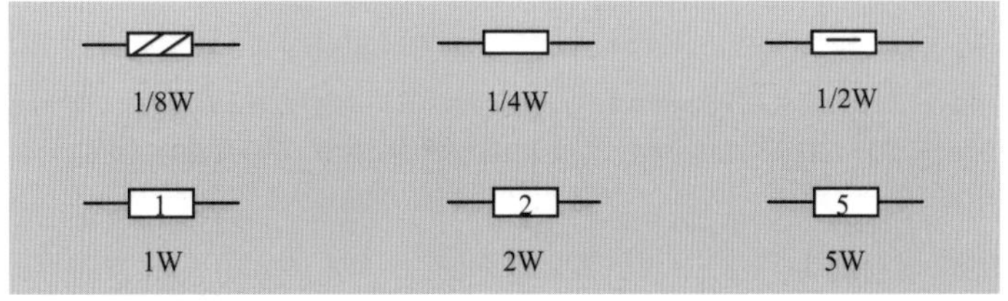

图 9-3　一些特定功率的电阻器在电路中的电路符号

4. 最大工作电压

电阻器的最大工作电压是指允许加到电阻器两端的最大连续工作电压。在实际工作中，若工作电压超过规定的最大工作电压值，电阻器内部可能会产生火花，引起噪声，最后导致热损坏或电击穿。一般 1/8W 的碳膜电阻器或金属膜电阻器，最大工作电压不能超过 150V 或 200V。

5. 温度系数

温度系数是指温度由标准温度（一般为室温 25℃）每变化 1℃所引起的电阻值变化，单位为 ppm/℃。例如一个阻值为 100Ω，温度系数为 100ppm/℃的电阻器，当温度变化 10℃时，其阻值变为：100Ω ×（1+100ppm × 10/1 000 000ppm）=100.1Ω。

温度系数越小，电阻器的稳定性越好。阻值随着温度升高而增大的为正温度系数，反之为负温度系数。

9.1.4 电路中电阻器的特性与作用分析

电阻，顾名思义就是对电流通过的阻力，有限流的作用。在串联电路中电阻器起到分压的作用；在并联电路中电阻器起到分流的作用。

1. 电阻器的分流作用

当流过一只元件的电流太大时，可以用一只电阻器与其并联，起到分流作用，如图 9-4 所示。

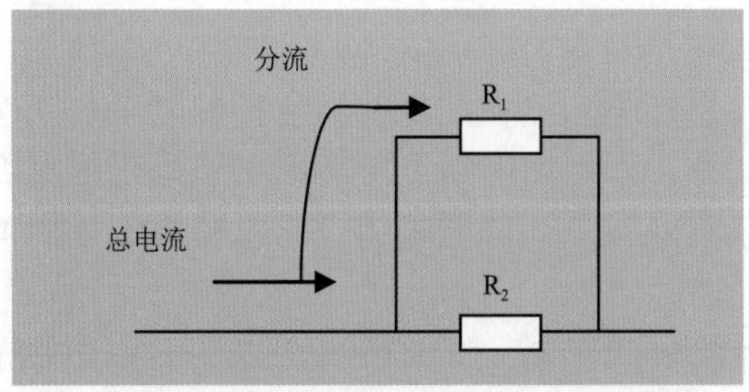

图 9-4 电阻器的分流作用

2. 电阻器的分压作用

当用电器额定电压小于电源电路输出电压时，可以通过串联一合适的电阻器分担一部分电压。如图 9-5 所示的电路中，当接入合适的电阻器后，额定电压 10V 的电灯即可在输出电压为 15V 的电路中工作，这种电阻器称为分压电阻器。

3. 将电流转换成电压

当电流流过电阻器时就在电阻器两端产生了电压，集电极负载电阻器就是这一作用。如图 9-6 所示，当电流流过该电阻器时转换成该电阻器两端的电压。

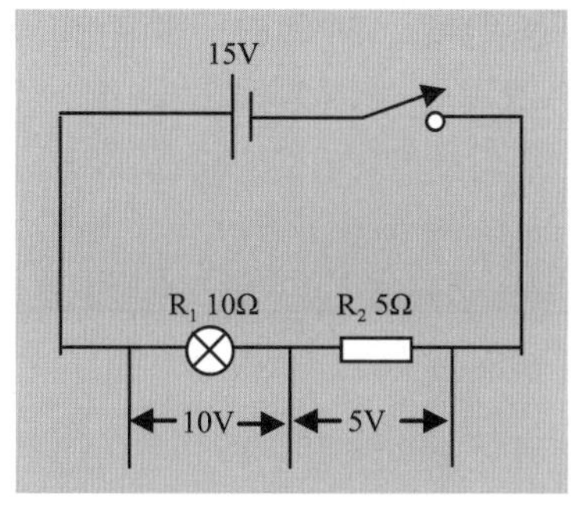

图 9-5　电阻器的分压作用

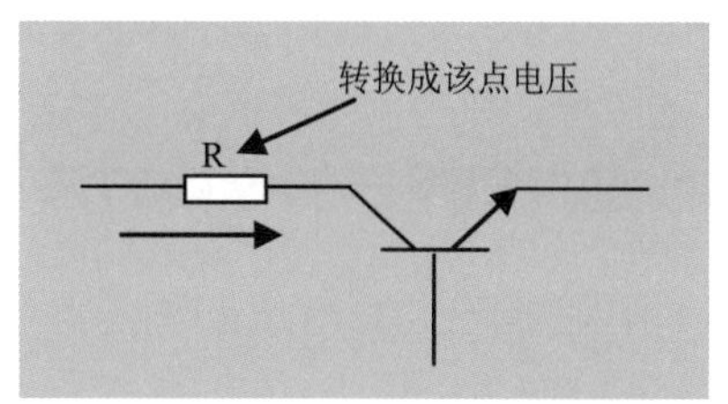

图 9-6　集电极负载电阻器

4. 普通电阻器的基本特性

电阻器会消耗电能，当有电流流过它时会发热，如果流过它的电流太大时会因过热而烧毁。

在交流电路或直流电路中，电阻器对电流所起的阻碍作用是一样的，这种特性大大方便了电阻电路的分析。

交流电路中，同一个电阻器对不同频率的信号所呈现的阻值相同，不会因为交流电的频率不同而出现电阻值的变化。电阻器不仅在正弦波交流电的电路中阻值不变，对于脉冲信号、三角波信号处理和放大电路中所呈现的电阻也相同。了解这一特性后，分析交流电路中电阻器的工作原理时，就可以不必考虑电流的频率以及波形对其的影响。

9.1.5　贴片电阻器的检测方法

贴片电阻器的检测方法如图 9-7 所示。

第 1 步：待测的普通贴片电阻器，电阻标注为 101 即标称阻值为 100Ω，因此选用万用表的“R×1”挡或数字万用表的 200 挡进行检测。

第 2 步：将万用表的红黑表笔分别接在待测的电阻器两端进行测量。通过万用表测出阻值，观察阻值是否与标称阻值一致。如果实际值与标称阻值相距甚远，证明该电阻器已经出现问题。

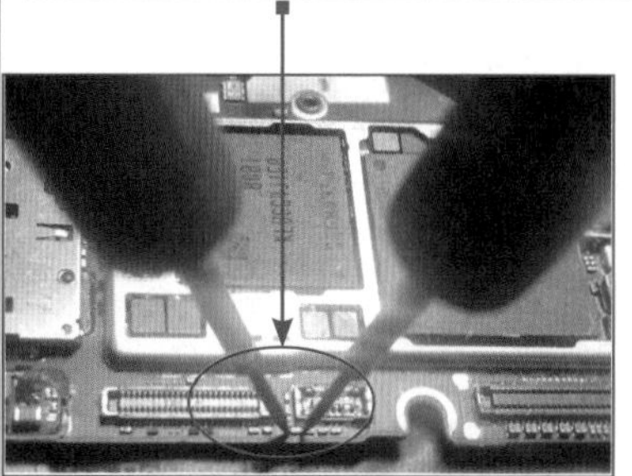

图 9-7　贴片电阻器标称阻值的测量

注意：假如不知道待测电阻器的阻值，可以测量阻值，然后进行简单的判断。如果阻值为无穷大，则电阻器可能损坏，一般直接更换即可。如果测量的阻值为 0，则电阻器可能有问题，需要进一步核实阻值做判断。

9.1.6 贴片电阻器的代换方法

贴片电阻器的代换方法如图 9-8 所示。

贴片电阻器损坏后代换时须注意两点：一是贴片电阻器的型号参数要相同（注意电阻器上数字标注要一样）；二是贴片电阻器的体积大小要一样。

图 9-8 贴片电阻器的代换方法

9.2 电容器检测方法

电容器由两个相互靠近的导体极板中间夹一层绝缘介质构成，它是一种重要的储能元件。电容器是在电路中引用最广泛的电子元器件之一，打开一块手机电路板即可看到大大小小、各式各样的贴片电容器。

9.2.1 智能手机中常用的电容器有哪些

智能手机中的电容器主要是贴片电容器，贴片电容器是手机电路板上应用数量较多的一种元件，形状为矩形，有黄色、青色、青灰色，以半透明浅黄色者为常见（陶瓷电容器）。常用的电容器如图 9-9 所示。

智能手机中的贴片电容主要为无极性的（电容分为有极性电容和无极性电容，有极性电容有正负极，无极性电容没有正负极，体积较小）。

无极性电容最常见的是 0805、0603、0402、0201 等，数字表示电容器的尺寸。

贴片电容器的封装尺寸用 4 位整数表示。前面两位表示贴片电容器的长度，后面两位表示贴片电容器的宽度。表 9-3 所示为贴片电容器封装代码代表的尺寸。

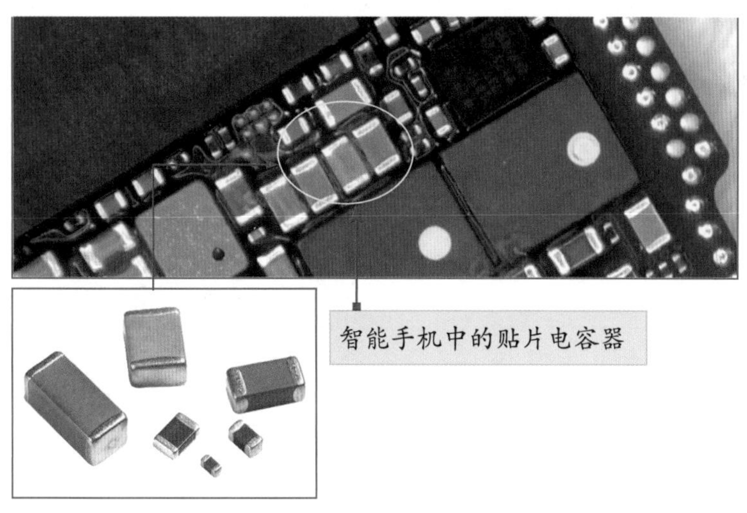

图 9-9　手机中的电容器

表 9-3　贴片电容封装尺寸

尺寸代码	长(L) (mm)	宽(W) (mm)	高(T) (mm)
0201	0.60 ± 0.05	0.30 ± 0.05	0.23
0402	1.00 ± 0.05	0.50 ± 0.05	0.55
0603	1.52 ± 0.25	0.76 ± 0.25	0.76
0805	2.00 ± 0.20	1.25 ± 0.20	1.40
1206	3.20 ± 0.30	1.60 ± 0.30	1.80
1210	3.20 ± 0.30	2.50 ± 0.30	2.20
1808	4.50 ± 0.40	2.00 ± 0.20	2.20
1812	4.50 ± 0.40	3.20 ± 0.30	3.10
2225	5.70 ± 0.50	6.30 ± 0.50	6.20

9.2.2　认识电容器的符号很重要

下面结合电路图来识别电路图中的电容器。电容器一般用“C”文字符号来表示。表 9-4 和图 9-10 所示为电容器的电路图形符号和电路图中的电容器。

表 9-4　常见电容器的电路图形符号

固定电容器	可变电容器	极性电容器	电解电容器
		+	+

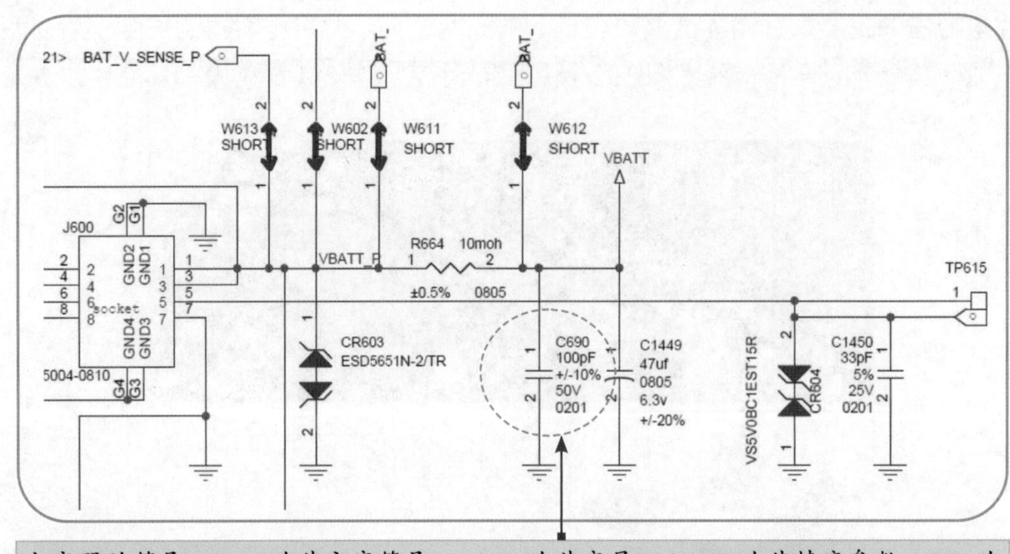

电容器的符号，C690 为其文字符号，100pF 为其容量，±10% 为其精度参数，50V 为其耐压值，0201 为其尺寸参数。

图 9-10　电路图中的电容器

9.2.3　电容器的主要指标

电容器的主要参数有：标称容量、允许偏差、额定电压、温度系数、漏电电流、绝缘电阻、损耗正切值和频率特性。

1. 标称容量

电容器上标注的电容量被称为标称容量。电容基本单位是法拉，用字母“F”表示，此外还有毫法（mF）、微法（μF）、纳法（nF）和皮法（pF）。它们之间的关系为：1F=103mF =106μF =109nF =1 012pF。

容量在技法级的小容量电容体上一般无标识，容量在微法级的电容体上才有标识。

2. 允许偏差

电容器实际容量与标注容量之间存在的差值被称为电容器的偏差。电容器允许偏差和标识符号如表 9-5 所示。

表 9-5　电容器允许偏差和标识符号

标识符号	E	Z	Y	H	U	W	B	C
允许偏差	± 0.005%	−20~80%	± 0.002%	± 100%	± 0.02%	± 0.05%	± 0.1%	± 0.25%
标识符号	D	F	G	J	K	M	N	无
允许偏差	± 0.5%	± 1%	± 2%	± 5%	± 10%	± 20%	± 30%	± 20%

3. 额定电压

额定电压是指电容器在正常工作状态下，能够持续加在其两端最大的直流电电压或交流电电压的有效值。通常情况下，电容器上都标有其额定电压，如图 9-11 所示。

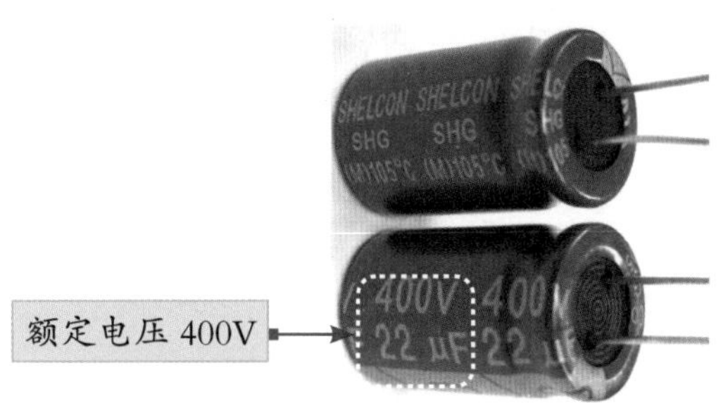

图 9-11 电容器上标有的额定电压

额定电压是一个非常重要的参数，通常电容器都是工作在额定电压下，如果工作电压大于额定电压，那么电容器将有被击穿的危险。

另外，有一些贴片电解电容器用字母来表示额定电压，如表 9-6 所示。

表 9-6 贴片电解电容器额定电压表示法

字　母	额定电压/V	字　母	额定电压/V
e	2.5	D	20
G	4	E	25
J	6.3	V	35
A	10	H	50
C	16		

4. 温度系数

温度系数是指在一定环境温度范围内，单位温度的变化对电容器容量变化的影响。温度系数分为正的温度系数和负的温度系数。其中，具有正的温度系数的电容器随着温度的增加电容量增加，反之具有负的温度系数的电容器随着温度的增加电容量则减少。温度系数越低，电容器就越稳定。

相关小知识：在电容器电路中往往有很多电容器进行并联。并联电容器往往有以下的规律，几个电容器有正的温度系数而另外几个电容器有负的温度系数。这样做的原因在于：在工作电路中的电容器自身温度会随着工作时间的增加而增加，致使一些温度系数不稳定的电容器的电容发生改变而影响正常工作，而正负温度系数的电容器混并后，一部分电容器随着工作温度的增高而电容量增高，而另一部分电容器随着温度的增高而电容却减少。这样，总的电容量则更容易被控制在某一范围内。

5. 漏电电流

理论上电容器有通交阻直的作用，但在有些时候，例如高温高压等情况下，当给电容器两端加上直流电压后仍有微弱电流流过，这与绝缘介质的材料密切相关。这一微弱的电流被称为漏电电流，通常电解电容器的漏电电流较大，云母电容器或陶瓷电容器的漏电电流相对较小。漏电电流越小，电容器的质量就越好。

6. 绝缘电阻

电容器两极间的阻值即为电容器的绝缘电阻。绝缘电阻等于加在电容器两端的直流电压与漏电电流的比值。一般来说，电解电容器的漏电电阻相对于其他电容器的绝缘电阻要小。

电容器的绝缘电阻与电容器本身的材料性质密切相关。

7. 损耗正切值

损耗正切值又称为损耗因数，用来表示电容器在电场作用下消耗能量的多少。在某一频率的电压下，电容器有效损耗功率和电容器无功损耗功率的比值，即为电容器的损耗正切值。损耗正切值越大，电容器的损耗越大，损耗较大的电容器不适于在高频电压下工作。

8. 频率特性

频率特性是指在一定外界环境温度下，电容器在不同频率的交流电源下，所表现出电容器的各种参数随着外界施加的交流电的频率不同而表现出不同的性能特性。对于不同介质的电容器，其最适合的工作频率也不同。例如，电解电容器只能在低频电路中工作，而高频电路只能用容量较小的云母电容器等。

9.2.4 电容器的隔直流作用

电容器阻止直流“通过”，是电容器的一项重要特性，叫作电容器的隔直特性。前面已经介绍过电容器的结构，电容器的隔直特性与其结构密切关联。图 9-12 所示为电容器直流供电电路图。

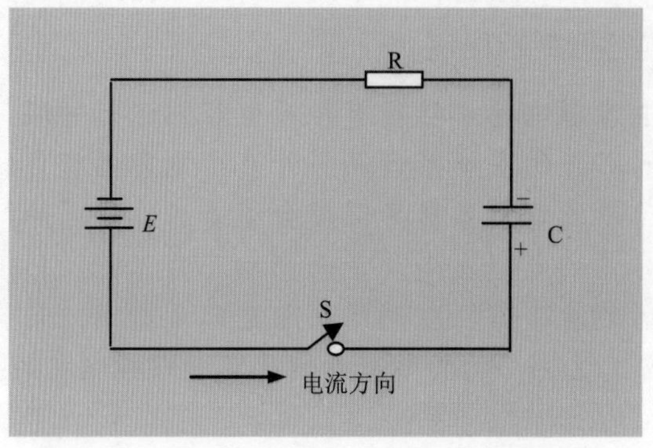

图 9-12 电容器直流供电电路图

当开关 S 未闭合时，电容上不会有电荷，也不会有电压，电路中也没有电流流过。

当开关 S 闭合时，电源对电容进行充电，此时电容器两端分布着相应的电荷。电路中形成充电电流，当电容器两端电压与电源两端电压相同时充电结束，此时电路中就不再有电流流动。这就是电容器的隔直流作用。

电容器的隔直作用是指直流电源对电容器充完电后，由于电容与电源间的电压相等，电荷不再发生定向移动，也就没有了电流，但直流刚加到电容器上时电路中是有电流的，只是充电过程很快结束，具体时间长短与时间常数 R 和 C 之积有关。

9.2.5　电容器的通交流作用

电容器具有让交流电“通过”的特性，这被称为电容器的通交作用。

假设交流电压正半周电压致使电容器 A 面布满正电荷，B 面布满负电荷，如图 9-13（a）所示；而交流电负半周时交流电将逐渐中和电容器 A 面正电荷和 B 面负电荷，如图 9-13（b）所示。一周期完成后电容器上电量为零，如此周而复始，电路中便形成了电流。

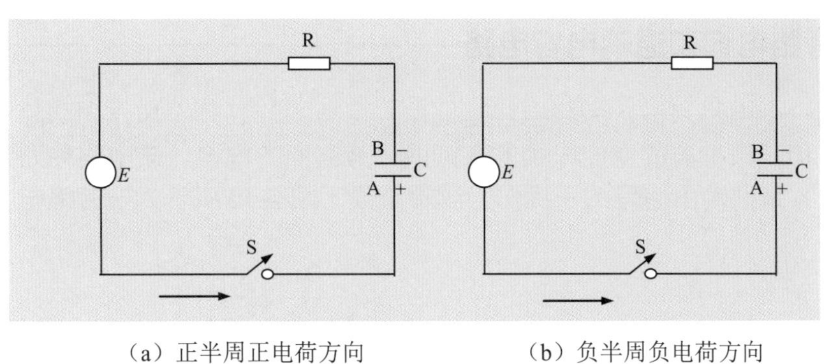

（a）正半周正电荷方向　　（b）负半周负电荷方向

图 9-13　电容器交流供电电路图

9.2.6　高频阻容耦合电路

耦合电路的作用之一是让交流信号毫无损耗地通过，然后作用到后一级电路中。高频耦合电路是耦合电路中常见的一种，图 9-14 所示为一个高频阻容耦合电路图。在该电路中，其前级放大器和后级放大器都是高频放大器。C 是高频耦合电容，R 是后级放大器输入电阻（后级放大器内部），R、C 构成了阻容耦合电路。

由等效电路可以看出，电容 C 和电阻 R 构成一个典型的分压电路。加到这一分压电路中的输入信号 U_0 是前级放大器的输出信号，分压电路输出的是 U_1。U_1 越大，说明耦合电路对信号的损耗就越小，耦合电路的性能就越好。

根据分压电路特性可知，当放大器输入电阻 R 一定时，耦合电容容量越大，其容抗越小，其输出信号 U_0 就越大，也就是信号损耗就越小。所以，一般要求耦合电容的容量要足够大。

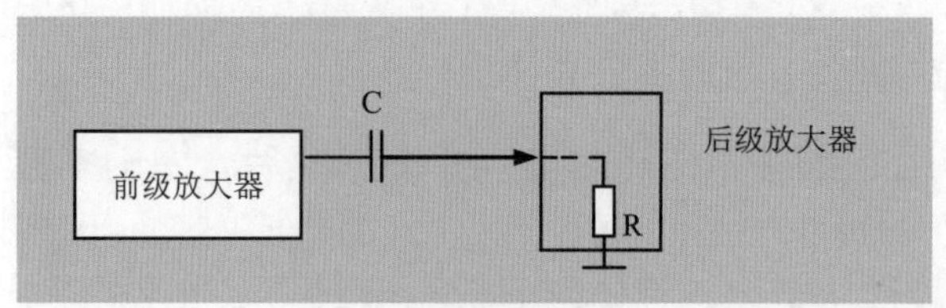

（a）高频阻容耦合电路

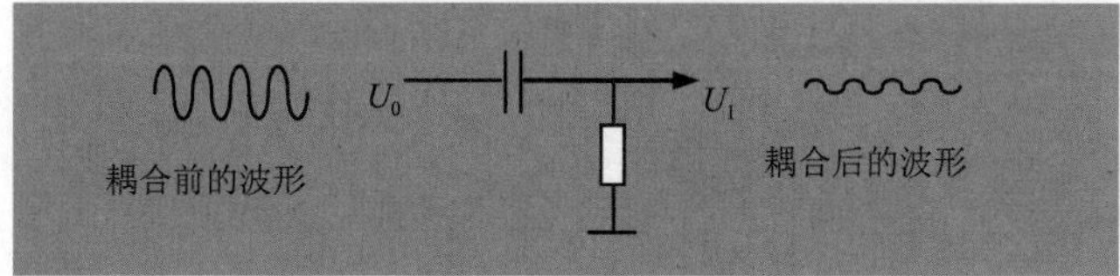

（b）高频阻容耦合电路等效电路

图 9-14　高频阻容耦合电路与其等效电路

9.2.7　旁路电容和退耦电容电路

对于同一个电路来说，旁路电容是把输入信号中的高频噪声作为滤除对象，将混有高频电流和低频电流的交流电中的高频成分旁路掉的电容。该电路称为旁路电容电路，退耦电容是把输出信号的干扰作为滤除对象。图 9-15 所示为一旁路电容和退耦电容电路。

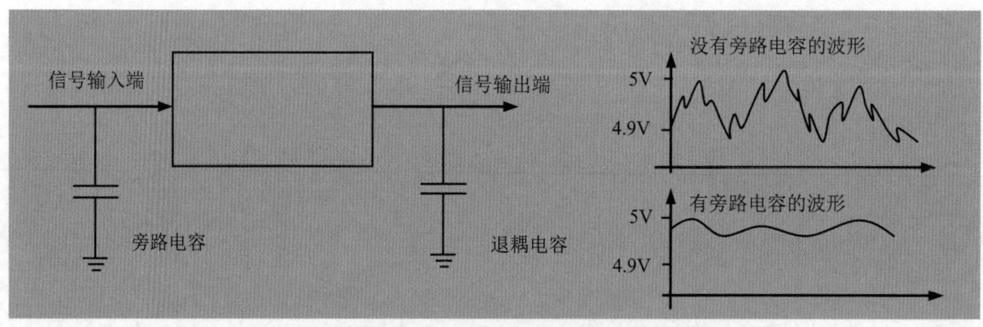

图 9-15　旁路电容和退耦电容电路

旁路电容电路和退耦电容电路的核心工作理论如下：

当混有低频和高频的交流信号经过放大器被放大时，要求通过某一级时只允许低频信号输入到下一级，而不需要高频信号进入，则在该级的输入端加一个适当容量的接地电容，使较高频信号很容易通过此电容被旁路掉（频率越高阻抗越低）；而低频信号由于电容对它的阻抗较大而被输送到下一级进行放大。

退耦电容电路的工作理论同上，同样是利用一适当规格的电容对干扰信号进行滤除。

9.2.8　电容滤波电路

滤波电路是利用电容对特定频率的等效容抗小、近似短路来实现的，对特定频率信号牽除外。在要求较高的电器设备中，如自动控制、仪表等，必须想办法削弱交流成分，而滤波装置就可以帮助改善脉动成分。简易滤波电路示意图如图 9-16 所示。

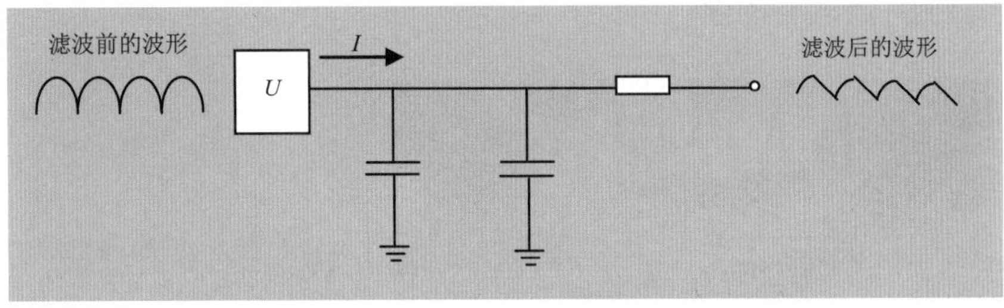

图 9-16　简易滤波电路示意图

滤波电容的等效理解：给电路并联一小电阻（如 2Ω）接地，那么输入直流成分将直接经该电阻流向地，后级工作电路将收不到前级发出的直流信号；同理，经电源并电容（$XC=1/2\pi fC$），当噪声频率与电容配合使 XC 足够小（如也是个位数），则噪声交流信号将直接通过此电容流量接地而不会干扰到后级电路。

电容量越大低频越容易通过，电容量越小高频越容易通过。具体用在滤波中，大容量电容滤低频，小容量电容滤高频。

9.2.9　电容分压电路

我们可以用电阻器构成不同的分压电路，其实电容器也可以构成分压电路。图 9-17 所示为由 C_1 和 C_2 构成的分压电路。

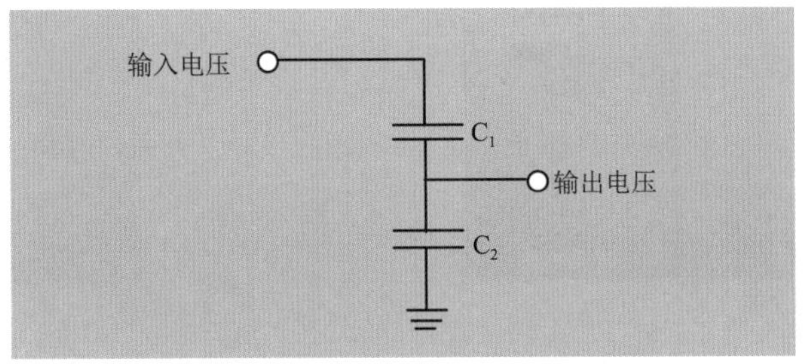

图 9-17　滤波电路示意图

采用电容器构成的分压电路的优势是可以减小分压电路对交流信号的损耗，这样可以更有效地利用交流信号。对某一频率的交流信号，电容器 C_1 和 C_2 会有不同的容抗，这两个容抗就构成了对输入信号的分压衰减，这就是电容分压的本质。

9.2.10 贴片电容器的检测方法

贴片电容器由于容量较小（一般小于 0.01μF），用万用表进行检测，只能定性地检查其绝缘电阻，即有无漏电、内部短路或击穿现象，不能定量判定质量。检测时，先观察判断主要是观察电容器是否有漏液、爆裂或烧毁的情况。

万用表检测贴片电容器的方法如图 9-18 所示。

将数字万用表挡位调到蜂鸣挡，用两表笔分别接电容器的两个引脚，如果发出蜂鸣声，或显示的阻值很小，则说明电容器内部短路损坏。

图 9-18　万用表检测贴片电容器的方法

9.2.11 贴片电容器的代换方法

贴片电容器的代换方法如图 9-19 所示。

（1）对于无极性的陶瓷贴片电容器代换时，选择颜色相同，大小相同的贴片电容器来代换即可。

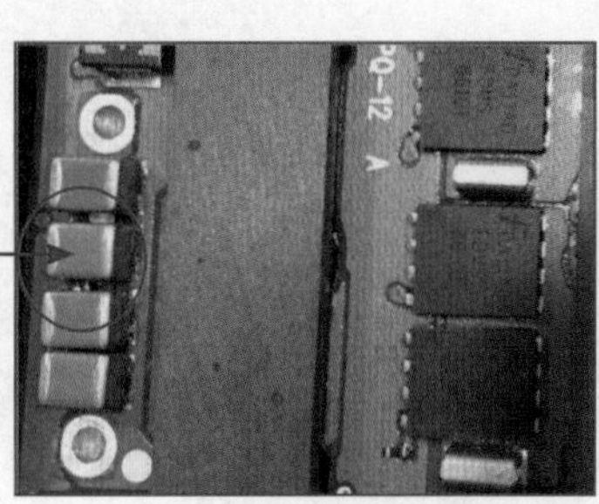

（2）对于有极性的贴片电解电容器代换时，先查看电容器标注，计算出电容器容量，额定电压等参数，然后用相同型号、容量、额定电压、尺寸等参数一致的电容器来代换。

图 9-19　贴片电容器的代号方法

9.3 电感器检测方法

电感器是一种能够把电能转化为磁能并储存起来的元器件，其主要功能是阻止电流的变化。当电流从小到大变化时，电感器阻止电流的增大。当电流从大到小变化时，电感器阻止电流减小；电感器常与电容器配合在一起工作，在电路中主要用于滤波（阻止交流干扰）、振荡（与电容器组成谐振电路）、波形变换等。

9.3.1 智能手机中常用的电感器有哪些

手机电路中以贴片电感器为主，贴片电感器又称为功率电感器、大电流电感器。贴片电感器具有小型化、高品质、高能量储存和低电阻的特性，一般是由在陶瓷或微晶玻璃基片上沉淀金属导片而制成。

贴片电感器有圆形、方形和矩形等封装形式，手机电路中一般为方形和矩形，颜色多为黑色和灰色。带铁心电感（或圆形电感），从外形上看易于辨识。但有些矩形电感，从外形上看，更像是贴片电阻元件。电路中常用的电感器如图 9-20 所示。

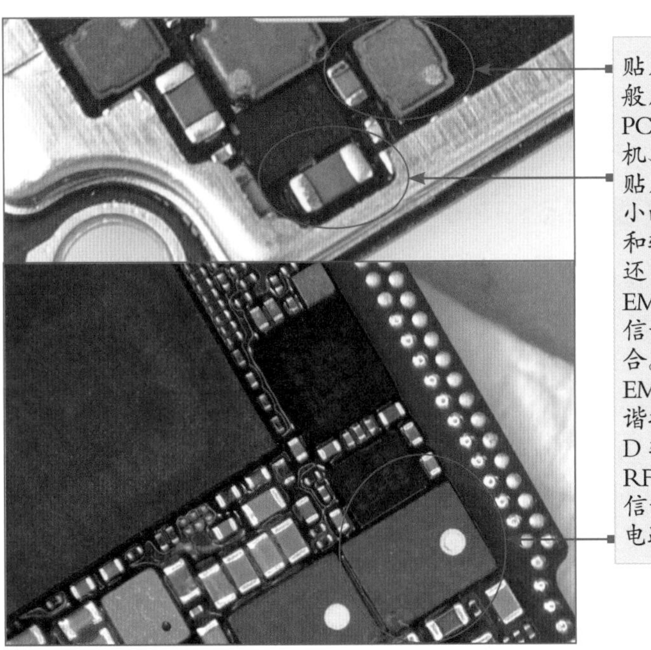

贴片电感器一般用于高密度PCB，如计算机、手机等。贴片电感器较小的几何尺寸和较短的引线还可以减少EMI辐射和信号的交叉耦合。因此用于EMI电路、LC谐振电路、A/D转换电路、RF放大电路、信号发生器等电路中。

图 9-20　电路中常用的电感器

9.3.2 认识电感器的符号很重要

维修电路时，通常需要参考电器设备的电路原理图来查找问题，下面结合电路图来识别电路图中的电感器。电感器一般用“L”文字符号来表示。表 9-7 所示为常见电感器的电路图形符号，图 9-21 为电路图中的电感器的符号。

表 9-7　常见电感器的电路图形符号

电感器	带铁芯电感器	共模电感器	磁环电感器	单层线圈电感

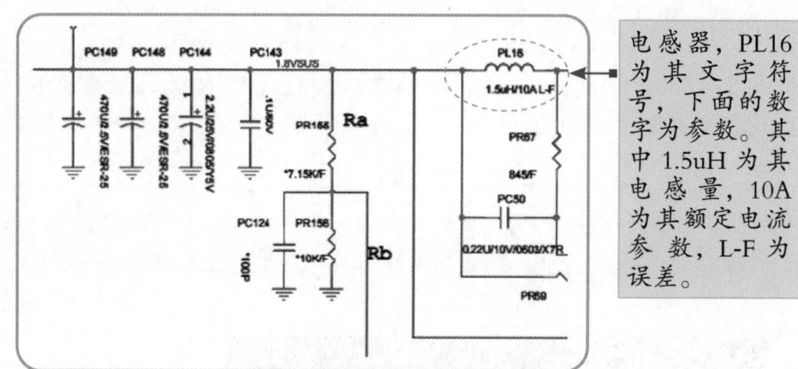

图 9-21　电感器的符号

9.3.3 电感器的主要指标

电感器的主要指标包括电感量、允许偏差品质因数、固有电容及额定电流等。

1. 电感量

电感量是电感器的一个重要参数，电感量的大小主要取决于线圈的直径、匝数、绕制方式，有无磁芯及磁芯的材料等。通常，线圈圈数越多、绕制的线圈越密集，电感量就越大。有磁芯的线圈比无磁芯的线圈电感量大；磁芯导磁率越大的线圈，电感量也越大。电感器的用途不同所需的电感量也就不同。

电感量 L 是线圈本身的固有特性，电感量的基本单位是亨利（简称亨），用字母“H”表示。常用的单位还有毫亨（mH）和微亨（μH），它们之间的关系是：1H=103mH，1mH=103μH。

2. 允许偏差

允许偏差是指电感器上的标称电感量与实际电感量的允许误差值。一般用于振荡电路或滤波电路中的电感器精度要求比较高，允许偏差为 ±0.2% ～ ±0.5%；而用于耦合电路或高频阻流电路的电感量精度要求不是太高，允许偏差在 ±10% ～ 15%。

另外，一些贴片电感器常用字母来表示偏差，如表 9-8 所示。

表 9-8　允许偏差字符含义

字　符	偏　　差	字　符	偏　　差
F	± 1%	K	± 10%
G	± 2%	L	± 15%
H	± 3%	M	± 20%
J	± 5%		

3. 品质因数

品质因数也称 Q 值或优值，是衡量电感器品质的主要参数。它是指在某一频率的交流电压下，电感器工作时所呈现的感抗与其等效损耗电阻之间的比值。电感器的品质因数越高，效率就越高。电感器品质因数受到一些因素的限制，如线圈导线的直流电阻、线圈骨架的介质损耗、铁心和屏蔽引起的损耗以及高频工作时的集肤效应等。因此线圈的 Q 值不可能做得很高。

4. 固有电容

固有电容是指线圈绕组的匝与匝之间、多层绕组层与层之间分布的电容。电感器分布的固有电容越小就越稳定。这些电容可以等效成一个与线圈并联的电容 C_0，即由 L、R 和 C_0 组成的并联谐振电路，其谐振频率（f_0）又称为线圈的固有频率。通常在使用时应使工作频率远低于电感器的固有频率，这就需要减小线圈的固有电容。减少线圈骨架的直径，用细导线绕制线圈或采用间绕法都可以有效地减少线圈的固有电容。

5. 额定电流

额定电流是指电感器在正常工作时所允许通过的最大电流值。若工作电流超过额定电流，电感器就会因发热而使性能参数发生改变，甚至还会因过电流而烧毁。

9.3.4　电感器的通直阻交特性

通直作用是指，电感对直流电而言呈通路，如果不记线圈自身的电阻，那么直流可以畅通无阻地通过电感。一般而言，线圈本身的直流电阻是很小的，为简化电感电路的分析而常常忽略不计。

当交流电通过电感器时电感器对交流电有阻碍作用，阻碍交流电的是电感线圈产生的感抗，它同电容的容抗类似。电感器的感抗大小与两个因素有关，电感器的电感量和交流电的频率。感抗用 XL 表示，计算公式为：$XL=2\pi fL$（f 为交流电的频率，L 为电感器的电感量）。由此可知，在流过电感的交流电频率一定时，感抗与电感器的电感量成正比；当电感器的电感量一定时，感抗与通过的交流电的频率成正比。

9.3.5 电感器常见的应用电路分析

电感器应用电路一般包括电感滤波电路、高频抗干扰电路、电感分频电路、LC 谐振电路等，下面将详细分析这些电感应用电路的原理。

1. 电感滤波电路

滤波电路常用于滤除整流电路输出的直流电压中的交流成分，保留其直流成分，使输出电压纹波系数降低，波形变得比较平滑。滤波电路一般由电抗元件组成，其中电感器就常用在滤波电路中。图 9-22 所示为电感器组成的滤波电路。

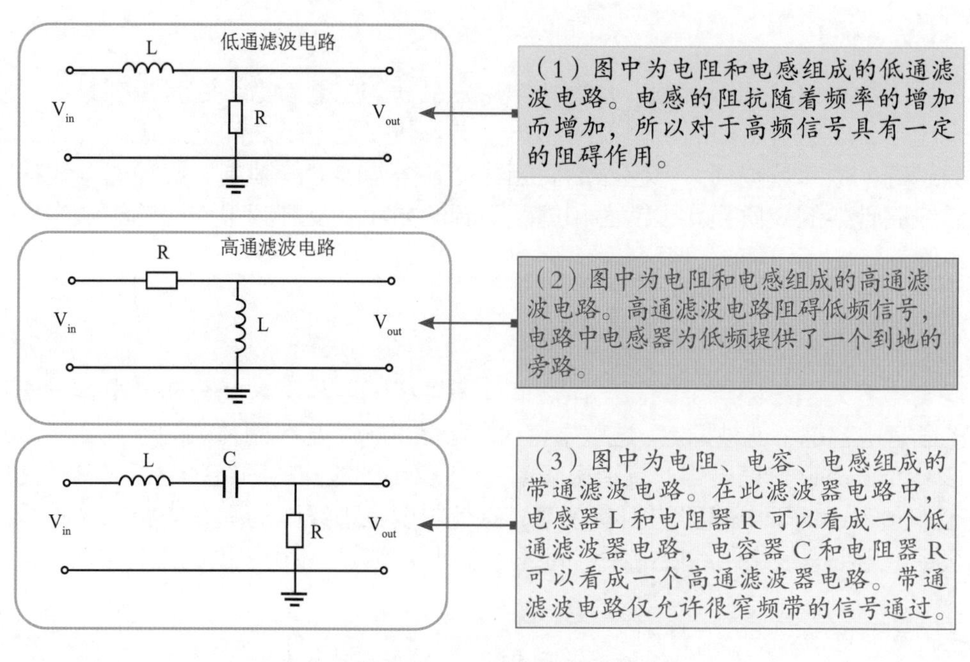

低通滤波电路
L
R
Vin
Vout
（1）图中为电阻和电感组成的低通滤波电路。电感的阻抗随着频率的增加而增加，所以对于高频信号具有一定的阻碍作用。
高通滤波电路
R
L
Vin
Vout
（2）图中为电阻和电感组成的高通滤波电路。高通滤波电路阻碍低频信号，电路中电感器为低频提供了一个到地的旁路。
L
C
R
Vin
Vout
（3）图中为电阻、电容、电感组成的带通滤波电路。在此滤波器电路中，电感器 L 和电阻器 R 可以看成一个低通滤波器电路，电容器 C 和电阻器 R 可以看成一个高通滤波器电路。带通滤波电路仅允许很窄频带的信号通过。

图 9-22 电感滤波电路图

2. 高频抗干扰电路

图 9-23 所示为高频抗干扰电感电路，L_1、L_2 是电感器，L_3 为变压器。由于电感器的高频干扰作用比较强，所以在经过 L_1、L_2 时，高频电压大部分会被消耗，从而得到更纯的低频电压。

3. 电感分频电路

电感器可以用于分频电路以区分高低频信号。图 9-24 所示为复式收音机中高频阻流圈电路，线圈 L 对高频信号感抗很强而电容对高频信号容抗很小，因此高频信号只能通过电容进入检波电路。检波后的音频信号经过 VT 放大即可通过 L 到达耳机。

4. LC 谐振电路

图 9-25 所示为收音机高放电路，这是由电感器与电容器组成的谐振选频电路。可变电感器 L 与电容器 C_1 组成调谐回路，通过调节 L 即可改变谐振频率，从而达到选台的作用。

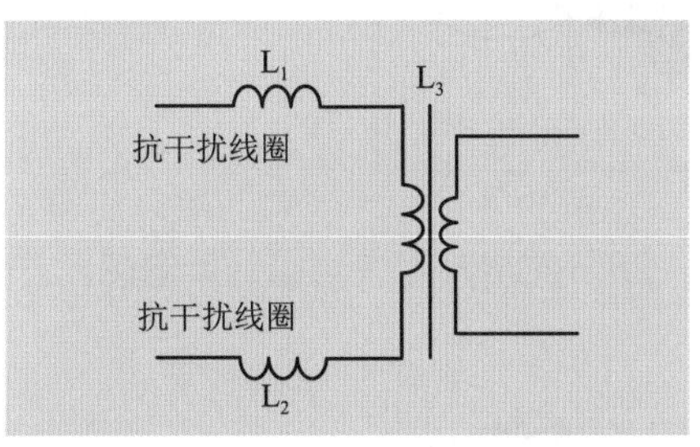

图 9-23　抗高频干扰电路

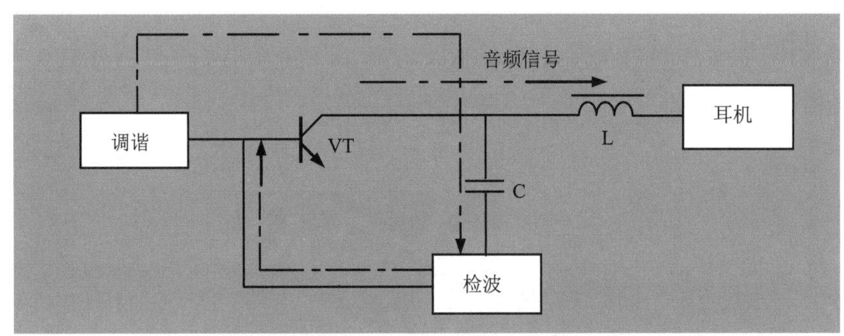

图 9-24　复式收音机中高频阻流圈电路

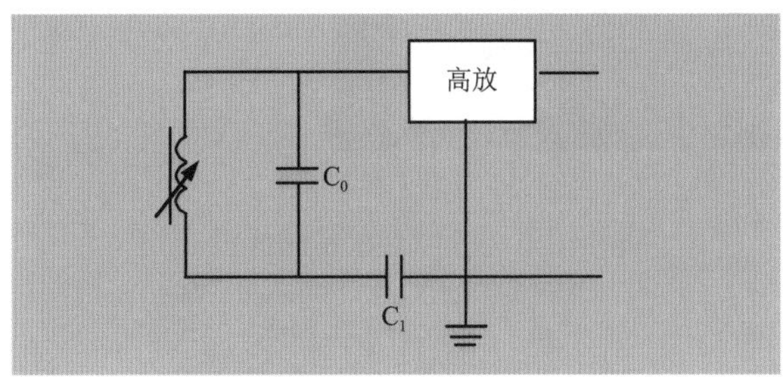

图 9-25　LC 谐振电路

9.3.6　贴片电感器测量方法

用数字万用表检测电感器时，将数字万用表调到二极管挡（蜂鸣挡），然后把表笔放在两引脚上，观察万用表的读数。

数字万用表测量贴片电感器的方法如图 9-26 所示。

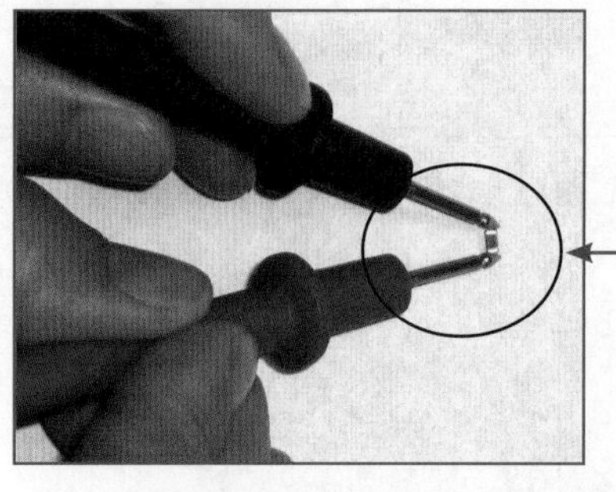

对于贴片电感器此时的读数应为零，若万用表读数偏大或为无穷大则表示电感器损坏

图 9-26 数字万用表测量贴片电感器的方法

9.3.7 贴片电感器的代换方法

电感器损坏后，原则上应使用与其性能类型相同、主要参数相同、外形尺寸相近的电感器来更换。但若找不到同类型电感器，也可用其他类型的电感器代换。

代换电感器时，首先应考虑其性能参数（如电感量、额定电流、品质因数等）及外形尺寸是否符合要求。常用的贴片电感器的代换方法如图 9-27 所示。

对于贴片式小功率电感元件，由于其体积小、线径细、封装严密，一旦通过的电流过大，内部温度上升后热量不易散发。因此，出现断路或者匝间短路的概率比较大。代换时只要体积大小相同即可。

图 9-27 贴片电感器的代换方法

9.4 二极管检测方法

二极管又称晶体二极管，是最常用的电子元件之一。其最大特性是单向导电，在电路中，电流只能从二极管的正极流入，负极流出。利用二极管单向导电性，可以把方向交替变化的交流电变换成单一方向的脉冲直流电。另外，二极管在正向电压作用下电阻很小，处于导通状态；在反向电压作用下，电阻很大，处于截止状态，如同一

只开关。利用二极管的开关特性，可以组成各种逻辑电路（如整流电路、检波电路、稳压电路等）。

9.4.1 智能手机中常用的二极管有哪些

手机电路中的二极管主要为贴片二极管，常见的贴片二极管包括稳压二极管、整流二极管、开关二极管、发光二极管等。电路中常用的二极管如图 9-28 所示。

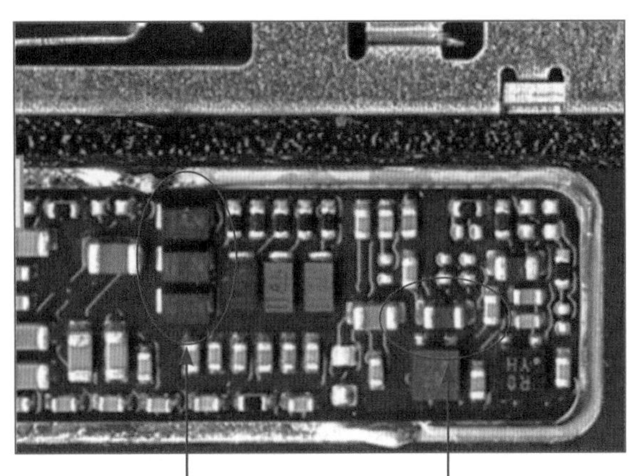

手机电路中常用的二极管有：（1）稳压二极管，也称齐纳二极管，它是利用二极管反向击穿时两端电压不变的原理来实现稳压限幅、过载保护。（2）整流二极管，它是将交流电源整流成直流电流的二极管，整流二极管主要用于整流电路。利用二极管的单向导电功能将交电流变为直流电。（3）开关二极管是半导体二极管的一种，是为在电路上进行“开”“关”而特殊设计制造的一类二极管。它由导通变为截止或由截止变为导通所需的时间比一般二极管短。

发光二极管的内部结构为一个 PN 结且具有晶体管的通性。当发光二极管的 PN 结上加上正向电压时，会产生发光现象。

图 9-28 电路中常用的二极管

9.4.2 认识二极管的符号很重要

维修电路时，通常需要参考电器设备的电路原理图来查找问题，下面结合电路图来识别电路图中的二极管。二极管一般用“D”文字符号来表示。表 9-9 所示为常见二极管的电路图形符号，图 9-29 为电路图中的二极管的符号。

表 9-9 常见二极管电路符号

普通二极管	双向抑制二极管	稳压二极管	发光二极管

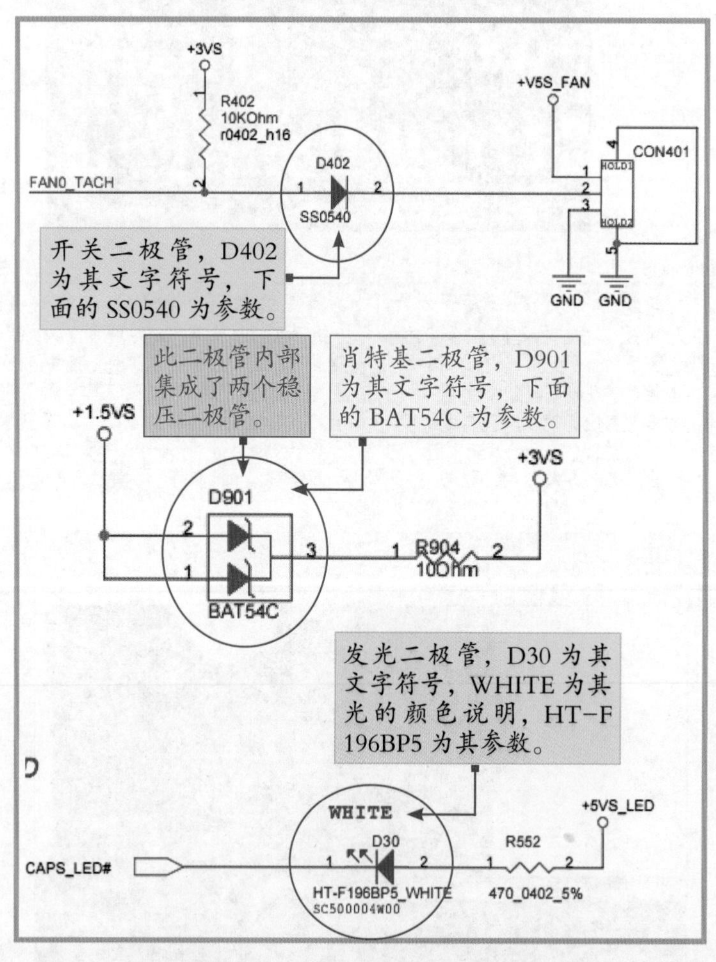

图 9-29 电路图中二极管的符号

9.4.3　二极管的构造及其单向导电性

一个 PN 结二极管是把 N 型硅和 P 型硅夹在一起构成的。事实上，制造者先生成 N 型硅晶体，然后把它突然变成 P 型晶体，用玻璃或塑料将结合的晶体封装，N 型一侧成为阴极，P 型一侧成为阳极。

当一个二极管如图 9-30 所示连接到电池时，二极管被正向偏置而导通。

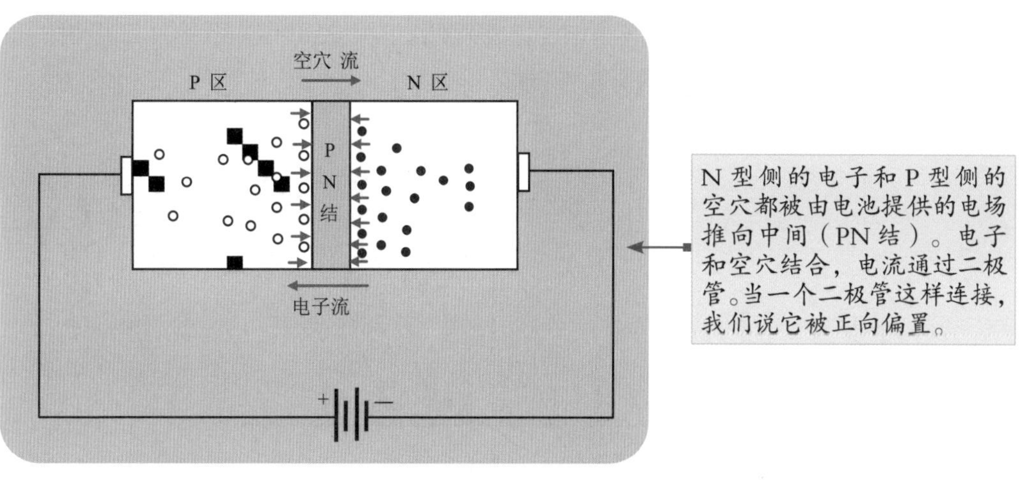

空穴 流
P 区
N 区
P
N
结
电子流
+
—
N 型侧的电子和 P 型侧的空穴都被由电池提供的电场推向中间（PN 结）。电子和空穴结合，电流通过二极管。当一个二极管这样连接，我们说它被正向偏置。

图 9-30　正向偏置

当一个二极管如图 9-31 所示连接到电池时，二极管被反向偏置而截止。

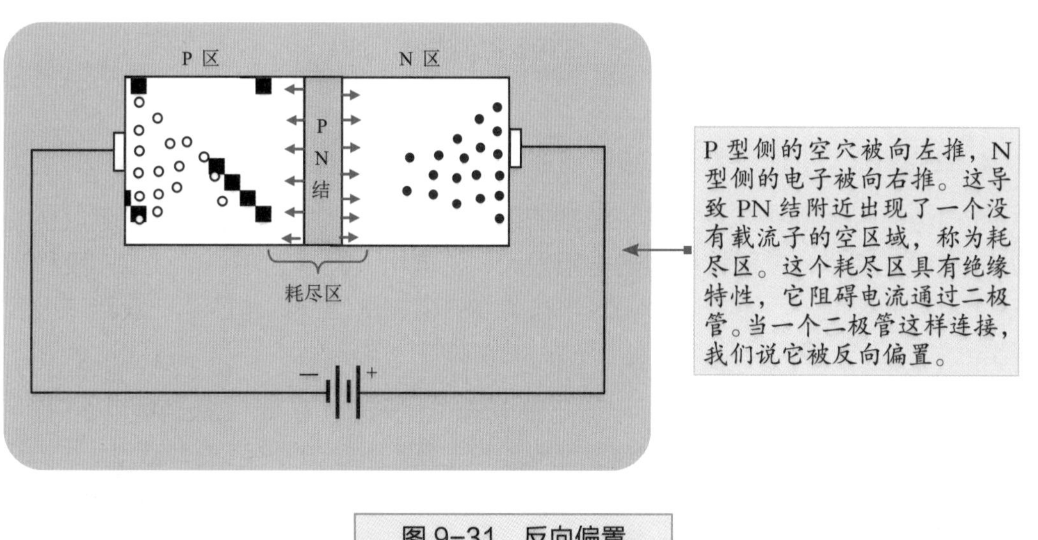

P 区
N 区
P
N
结
耗尽区
—
+
P 型侧的空穴被向左推，N 型侧的电子被向右推。这导致 PN 结附近出现了一个没有载流子的空区域，称为耗尽区。这个耗尽区具有绝缘特性，它阻碍电流通过二极管。当一个二极管这样连接，我们说它被反向偏置。

图 9-31　反向偏置

9.4.4 二极管的伏安特性

二极管的单向导电性并不总是满足的，也就是说，当它被加上偏压时，它需要一个最小的电压才能导通。对于典型的硅二极管来说，至少需要 0.5V 的电压，否则，二极管将不导通。需要一个特定电压才能导通的这个特性，在二极管作为电压敏感开关时非常有用。锗二极管与硅二极管不同，通常只要求一个至少 0.2V 的电压就能使其导通。

我们将加在二极管两端的电压和流过二极管的电流之间的关系称为二极管的伏安特性。图 9-32 所示为二极管的伏安特性曲线。

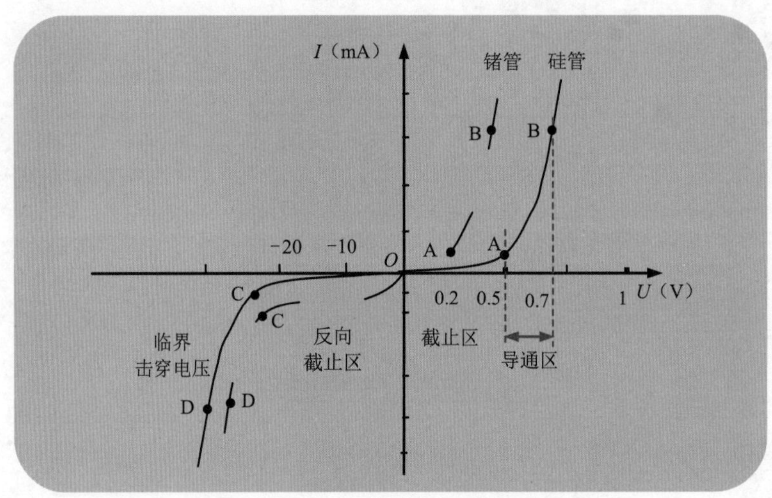

图 9-32 二极管的伏安特性曲线

1. 正向特性

正向特性曲线如图 9-32 中第一象限所示。以硅二极管为例，在起始阶段（OA），外加正向电压很小，二极管呈现的电阻很大，正向电流几乎为零，曲线 OA 段称为截止区（也称为死区）。使二极管开始导通的临界电压称为开启电压。一般硅二极管的开启电压为 0.5V，锗二极管的开启电压为 0.2V。

当正向电压超过开启电压后，电流随着电压的上升迅速增大，二极管电阻变得很小，进入正向导通状态（AB）。AB 端曲线较陡，电压与电流的关系近似线性，AB 段称为导通区。导通后二极管两端的正向电压称为正向压降（或管压降），这个电压比较稳定，几乎不随流过的电流大小而变化。一般硅二极管的正向压降约为 0.7V，锗二极管的正向压降约为 0.3V。

2. 反向特性

反向特性曲线如图 9-32 中的第三象限所示。二极管加反向电压时，在起始的一段范围内（OC），只有很少的少数载流子，也就是很小的反向电流，且不随反向电压的增大而改变，这个电流称为反向饱和电流或反向漏电流。OC 段称为反向截止区。一般硅二极管的反向电流为 0.1μA，锗二极管为几十微安。

反向饱和电流随着温度的升高而急剧增加，硅二极管的反向饱和电流要比锗二极管的反向饱和电流小。在实际应用中，反向电流越小，二极管的质量越好。

当反向电压增大到超过某一值时（图中的 C 点），反向电流急剧增大，这一现象称为反向击穿，所对应的电压为反向击穿电压。

9.4.5　用数字万用表二极管挡检测二极管

用数字万用表对二极管进行检测的方法如图 9-33 所示。

第 1 步：将数字万用表的挡位调到二极管挡。

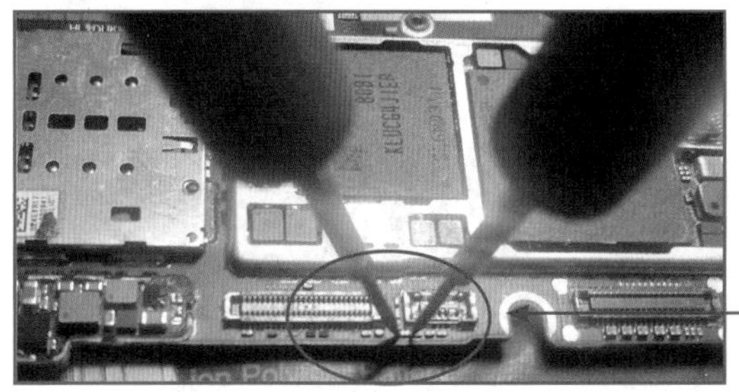

第 2 步：将数字万用表的红表笔接二极管的正极，黑表笔接负极测量正向电压。测量出压降为 0.7V，说明二极管正常（普通二极管正向压降为 0.4 ～ 0.8V，肖特基二极管的正向压降在 0.3V 以下，稳压二极管正向压降在 0.8V 以上）。如果测量的压降很低，说明二极管被击穿；如果没有压降，说明二极管内部开路。

图 9-33　用数字万用表对二极管进行检测的方法

9.4.6　贴片二极管的代换方法

贴片二极管的代换方法如图 9-34 所示。

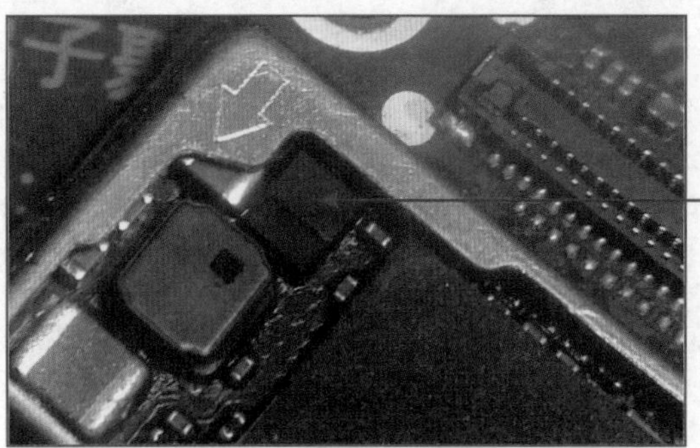

当贴片二极管损坏后，应采用同型号，同尺寸大小的贴片二极管更换。如果没有同型号的贴片二极管，可以用参数相同，大小相同的贴片二极管来更换。

图 9-34　贴片二极管的代换方法

9.5 晶振检测方法

晶振是晶体振荡器（有源晶振）和晶体谐振器（无源晶振）的统称，其作用在于产生原始的时钟频率，这个频率经过频率发生器的放大或缩小后就成了电路中各种不同的总线频率。通常无源晶振需要借助于时钟电路才能产生振荡信号，自身无法振荡起来。有源晶振是一个完整的谐振振荡器。

9.5.1　手机中常用的晶振有哪些

手机中的晶振主要采用贴片晶振，一般电源管理芯片、Wi-Fi 芯片等芯片周围都会有晶振。图 9-35 所示为手机电路中的晶振。

晶振上的参数为晶振的输出频率。

图 9-35　电路中常见的晶振

9.5.2 认识晶振的符号很重要

维修电路时，通常需要参考电器设备的电路原理图来查找问题，下面结合电路图来识别电路图中的晶振。晶振一般用“X”“Y”“Z”等文字符号来表示，单位为 Hz。在电路图中每个电子元器件都有其电路图形符号，晶振的电路图形符号如图 9-36 所示。

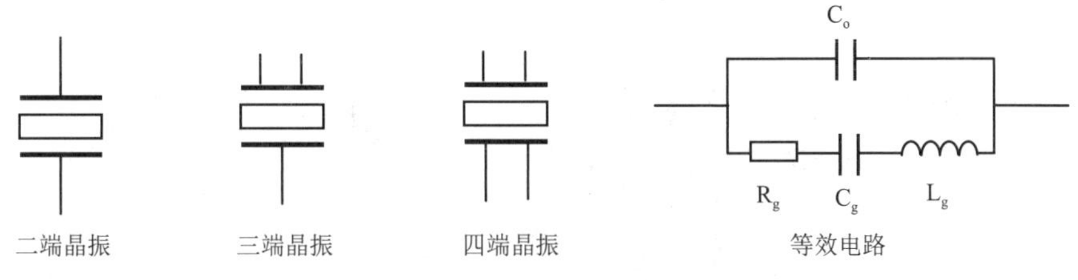

（a）晶振的图形符号及等效电路

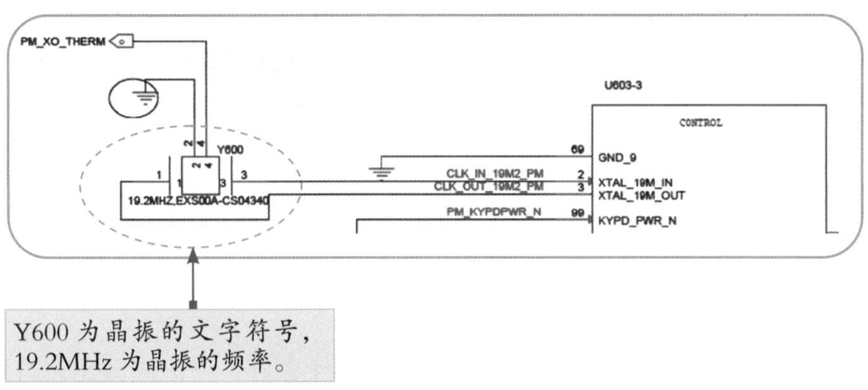

（b）电路图中的晶振符号

图 9-36 晶振的电路图形符号

9.5.3 晶振的工作原理及作用

晶振具有压电效应，即在晶片两极外加电压，晶体会产生变形，反过来如外力使晶片变形，则两极上金属片又会产生电压。如果给晶片加上适当的交变电压，晶片就会产生谐振（谐振频率与石英斜面倾角等有关系，且频率一定）。晶振是一种能把电能和机械能相互转化的晶体，在通常工作条件下，普通的晶振频率绝对精度可达百万分之五十。可以提供稳定、精确的单频振荡。利用该特性，晶振可以提供较稳定的脉冲，广泛应用于微芯片时钟电路里。晶片多为石英半导体材料，外壳用金属封装。

晶振常与处理器、射频电路等电路连接使用，晶振可比喻为各板卡的“心跳”发生器，如果计算机板卡的“心跳”出现问题，必定会使其他电路出现各种故障。

9.5.4 晶振好坏的检测方法

检测晶振时，可以分别测量两只引脚的对地电阻值，正常情况下，晶振两引脚的对地电阻值应为 300 ～ 800Ω。如果超过这一范围，说明晶振已发生损坏，检测方法如图 9-37 所示。

第 1 步：将万用表调到蜂鸣挡，记录两次测量的电阻值。

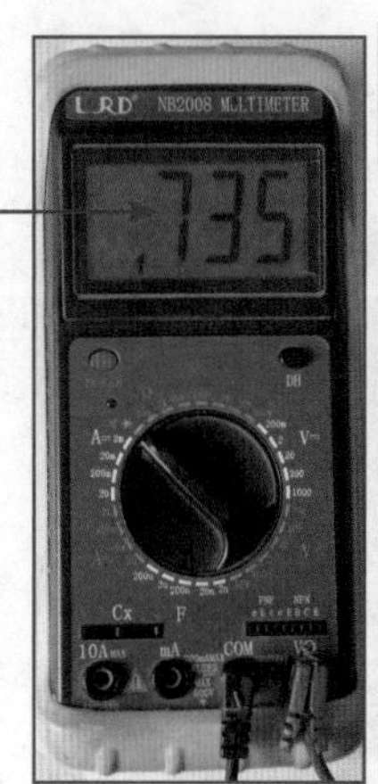

第 2 步：将黑表笔接地，红表笔分别接晶振的两个引脚，测量两个引脚的电阻值。

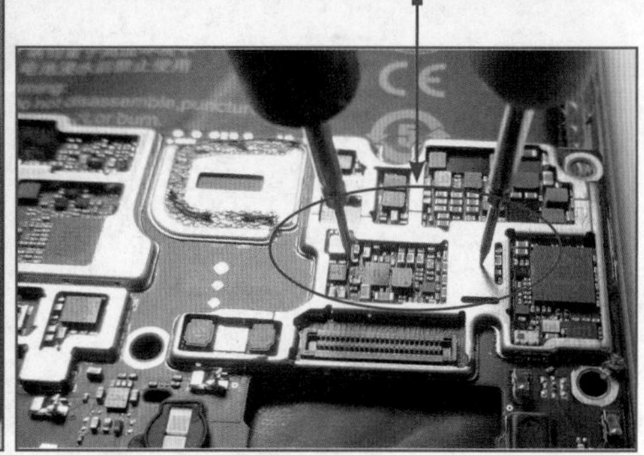

图 9-37 测量晶振对地阻值

9.5.5 晶振的代换方法

由于晶振的工作频率及所处的环境温度普遍都比较高，所以晶振比较容易出现故障。通常在更换晶振时都要用原型号的新品，因为相当一部分电路对晶振的要求都是非常严格的，否则将无法正常工作。

第三篇

智能手机维修实操

要想掌握手机故障的维修技能，除了前面学习的基本内容外，还需要了解手机常见故障产生的原因，掌握手机通用维修检测方法，然后掌握几种常见故障的维修方法（如进水故障、没信号故障、不开机故障等），同时通过一些手机故障维修案例学习手机维修的实战经验。

另外，软件方面问题处理方法也要掌握，如解锁、数据恢复等，只有这样才能快速地成为智能手机维修工程师。

通过本篇内容的学习，应掌握智能手机常见故障的维修方法，积累手机各种故障的维修实践经验。

第10章 智能手机常见故障诊断与通用维修方法

智能手机结构精密，且使用频繁，在使用过程中难免被按压或摔落，很容易造成故障。本章将对智能手机常见故障的诊断和通用维修方法进行讲解，包括智能手机故障原因分析、常用维修方法、维修流程等内容。

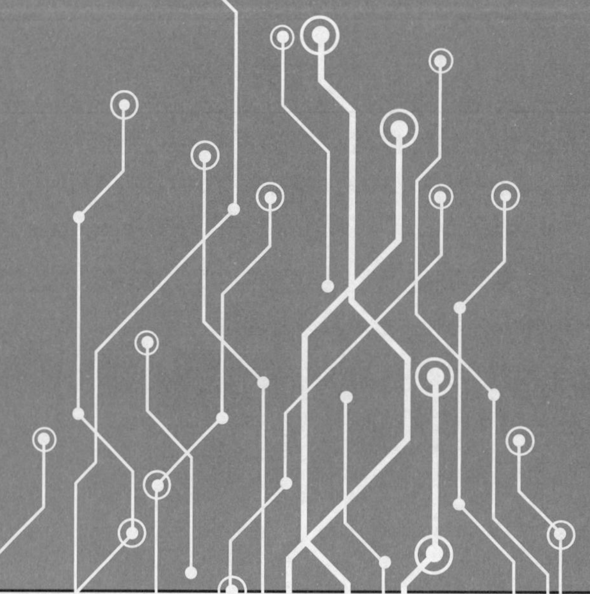

10.1 引起智能手机故障的原因分析

由于智能手机结构复杂，出现故障的情况也较多，那么，究竟是什么原因造成智能手机损坏的呢？综合来看，主要可以分为四个方面。

10.1.1　特殊的表面焊接技术易造成故障

特殊的表面焊接技术易造成的故障如图 10-1 所示。

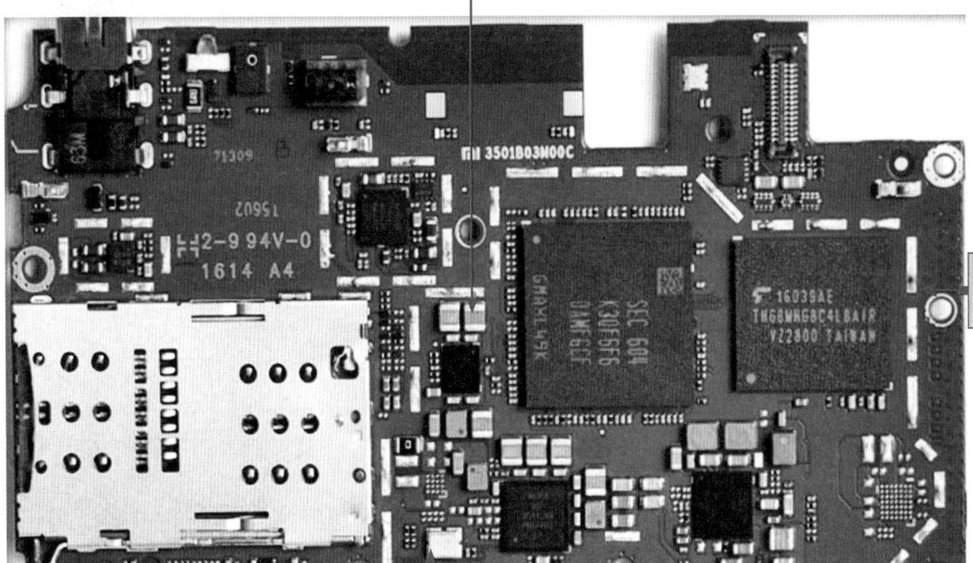

贴片电容器
BGA 焊接的芯片
由于智能手机元器件的安装形式全部采用了表面贴装技术，手机电路板采用高密度合成板，正反两面都有元件，元器件全部贴装在电路板两面，电路板通过焊锡与元器件产生拉力而固定，且贴装元器件集成芯片引脚众多，非常密集，焊锡又非常少。如果不小心摔碰或手机受潮都易使元器件造成虚焊或元器件与电路板接触不良造成手机各种各样的故障。

图 10-1　手机电路板

10.1.2 工作环境导致故障

工作环境导致的故障如图 10-2 所示。

（1）智能手机由于随着用户所在的位置不同，环境在不断地改变，一会儿可能在温度较低的环境室外，一会儿可能在温度较高的室内，也可能在太阳下暴晒或在雨中、雪中潮湿的环境工作。因此就避免不了因使用时间过长或因环境温度不当而造成手机各种故障。

（2）如在雨天或雪天可能会进水受潮，使元器件受腐蚀，绝缘程度下降，控制电路失控，造成逻辑系统工作紊乱，软件程序工作不正常，严重的直接造成手机不开机。

图 10-2　手机被摔

10.1.3 使用不当导致的故障

使用不当造成的故障一般是用户操作不当，错误调整而造成的。比较常见的故障有如下三种：

（1）由于操作用力过猛或方法应用不正确，造成手机按键损坏，或屏幕破裂、变形等故障；

（2）使用手机时，使用劣质充电器造成手机内部的充电电路损坏，或者错误输入密码导致 SIM 卡被锁；

（3）由于用户设置错误导致一些功能无法使用，或将手机恢复出厂设置，导致手机内资料信息丢失。

10.1.4 维修不当导致的二次故障

维修不当导致的二次故障如图 10-3 所示。

由于智能手机设计精密，若维修时拆卸不当，会造成手机外壳或内部电路受损。另外，手机电路板中有些元器件非常小，在维修时，若操作不当可能会造成手机器件破裂、变形等，焊接集成电路时不小心，可能会将周围小元器件吹跑等。

图 10-3 手机维修不当导致的二次故障

10.2 智能手机故障常用维修方法

常用的手机故障维修方法有很多，例如可以通过测量电阻值判断故障，也可以通过测量电压电流来判断故障，需要根据不同的适用场景和读者维修条件来选择。下面本节主要讲解一下测对地阻值、直观检查、测电压、测电流、测电阻、清洗、补焊等维修手机故障的方法。

10.2.1 直观检查法

面对故障手机，我们首先需要进行直观检查，通过对外壳和电路板的细致观察，可发现一些故障，如图 10-4 所示。

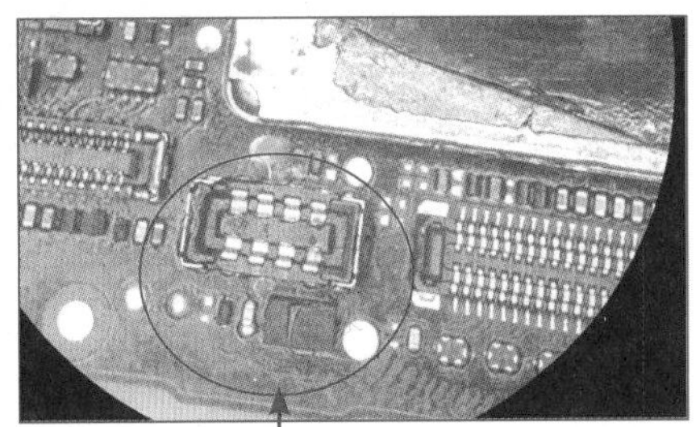

例如，摔过的机器外壳有裂痕，重点检查电路板上对应被摔处的元器件，有无脱落、断线；进水机主板上有水渍，甚至生锈，引脚间有杂物等；按键不正常，看按键点上有无氧化引起接触不良；用吹气法判断送话器和受话器是否正常。

图 10-4 检查手机外观

10.2.2 测对地阻值法

测对地阻值法是指通过测量电路输出端的对地电阻值来判断电路的负载是否正常的方法。例如，当测量电源输出端的对地电阻值时，如果负载电阻发生较大的变化，那么电源输出端的对地电阻必然会有较大的变化，这就可以很容易地判定故障所在。

测量对地阻值的具体方法如图 10-5 所示。

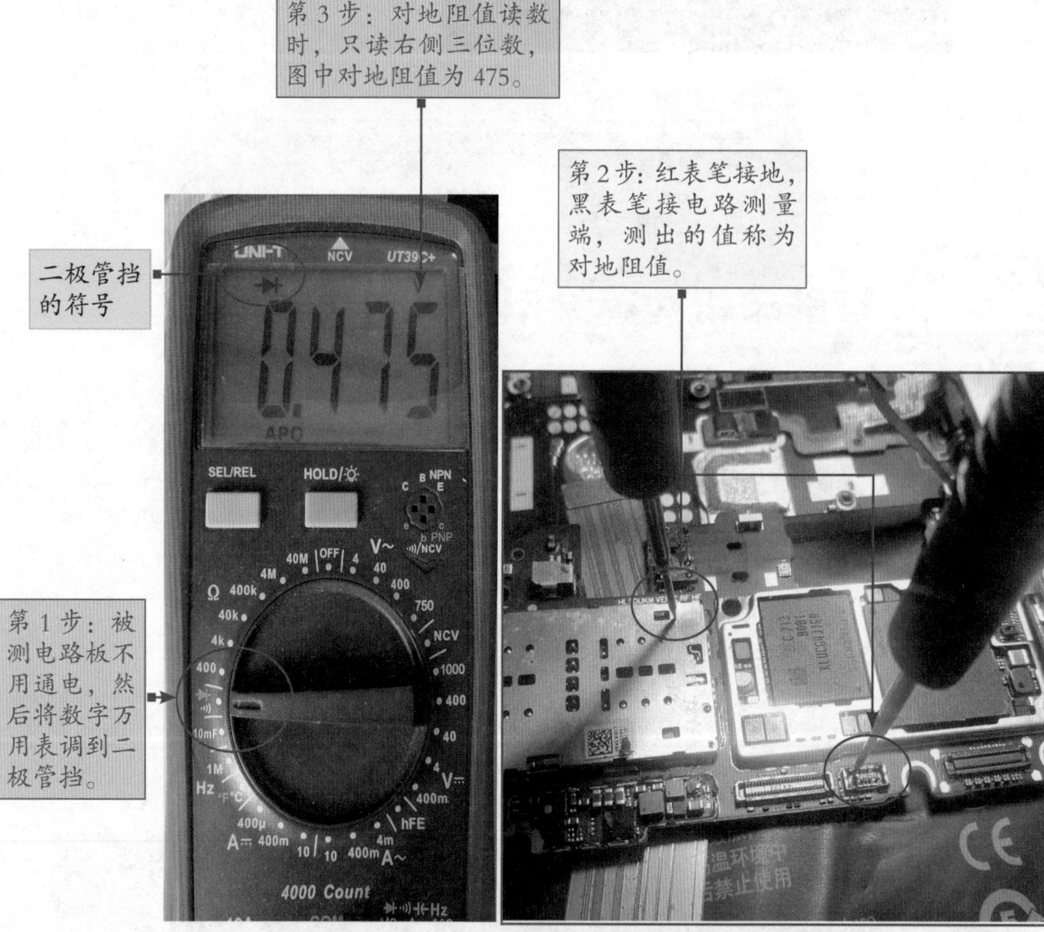

第 3 步：对地阻值读数时，只读右侧三位数，图中对地阻值为 475。
第 2 步：红表笔接地，黑表笔接电路测量端，测出的值称为对地阻值。
二极管挡的符号
第 1 步：被测电路板不用通电，然后将数字万用表调到二极管挡。

图 10-5 测量对地阻值的具体方法

在实际测量中，如果测量的对地阻值较小（为 0 或只有几十），通常所测线路有短路的情况。如果测量的对地阻值为无穷大，则可能有断路情况，需要进一步检查所测电路。如果想通过对地阻值准确判断是否有问题，可以对所测对地阻值和正常电路的对地阻值进行比较，从所测对地阻值的变化中就可以判断出故障所在。

10.2.3　测电压法

测电压法是智能手机维修中采用的最基本的方法之一。维修人员应注意积累一些在不同状态下的关键电压数据，以此来判断电路或者元器件是否存在故障。这些状态包括通话状态、单接收状态、单发射状态、待机状态等，如图 10-6 所示。

关键点的电压数据有：电源管理芯片的各路输出电压和控制电压、RFVCO 工作电压、26MHz VCO 工作电压、CPU 工作电压、控制电压和复位电压、RFIC 工作电压、BB(基带)IC 工作电压、LNA 工作电压、I/Q 路直流偏置电压等。在大多数情况下，该法可排除开机不工作、一打电话就保护关机等故障。

图 10-6　测电压法

10.2.4　测电流法

测电流法是智能手机维修中常用的一种方法，如图 10-7 所示。

由于手机几乎全部采用超小型 SMD，在印制电路板（PCB）上的元件安装密度相当大，故若要断开某处测量电流有一定的困难，一般采用测量电阻的端电压值再除以电阻值来间接测量电流。电流法可测量整机的工作、待机和关机电流。

图 10-7　测电流法

10.2.5 测电阻法

测电阻法如图 10-8 所示。

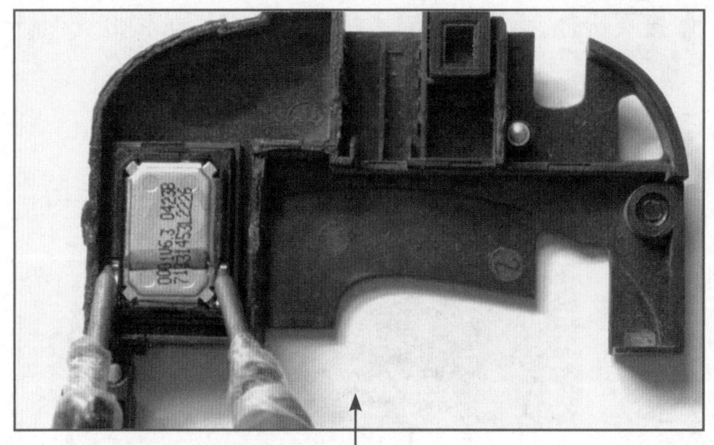

测电阻法是智能手机维修中一种常用的方法，其特点是安全、可靠，尤其是对高元件密度的手机来讲更是如此。元器件在不同状态下的电阻值是不同的，通过测量其电阻值可以判断其是否损坏。

图 10-8 测电阻法

10.2.6 信号追踪法

要想排除一些较复杂的故障，需要采用信号追踪法。运用该法我们必须懂得手机的电路结构、方框图、信号处理过程、各处的信号特征（频率、幅度、相位、时序），能看懂电路图。采用该法时先通过测量和对比将故障点定位于某一单元（如 PA 单元），然后采用其他方法进一步将故障元件找出来。在此，不再叙述手机的基本工作原理，有兴趣的读者可参阅有关的技术资料。

10.2.7 清洗法

由于智能手机的结构不能是全密闭的，而且又是在户外使用的产品，故内部的电路板容易受到外界水汽、酸性气体和灰尘的不良影响，再加上手机内部的接触点面积一般都很小，因此由于触点被氧化而造成的接触不良的现象是常见的。

根据故障现象清洗的位置可在相应的部位进行，例如，SIM 卡座、电池簧片、振铃簧片、送话器簧片、受话器簧片、振动电机簧片。对于旧型号的手机可重点清洗 RF 和 BB 之间的连接器簧片、按键板上的导电橡胶。清洗可用无水乙醇或超声波清洗机进行清洗。

10.2.8　补焊法

由于现在的手机电路的焊点面积很小，因此能够承受的机械应力很小，如果被摔，焊点被挤压，极容易出现虚焊的故障，而且往往虚焊点难以用肉眼发现。因此采用补焊法可以方便排除故障，如图 10-9 所示。

补焊法是根据故障的现象，通过工作原理的分析判断故障可能在哪一单元，然后在该单元采用“大面积”补焊并清洗，即对相关的、可疑的焊接点均补焊一遍。补焊的工具可用尖头防静电烙铁或热风枪。

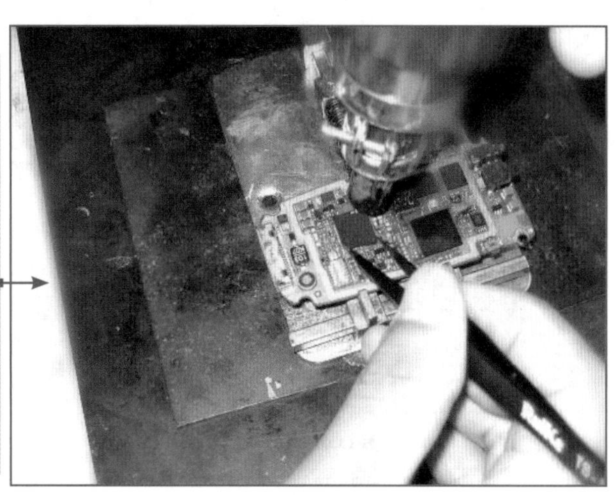

图 10-9　给手机电路板补焊

10.3　用好电路原理图

在本书的第 1 篇中我们详细讲述了电路原理图，并通过它了解了智能手机各种电路的原理；其实在智能手机维修中，电路原理图的作用也不容小觑，它是我们精准找到故障元器件不可或缺的重要工具。

10.3.1　查询手机故障元器件功能

在维修手机时，当根据故障现象检查手机电路板上的疑似故障元器件后（如有元器件发热较大或外观有明显故障现象），接下来需要进一步了解元器件的功能，这时通常需要先查到元器件的编号，然后根据元器件的编号，结合电路原理图了解到元器件的功能和作用，依次进一步找到具体故障元器件，如图 10-10 所示。

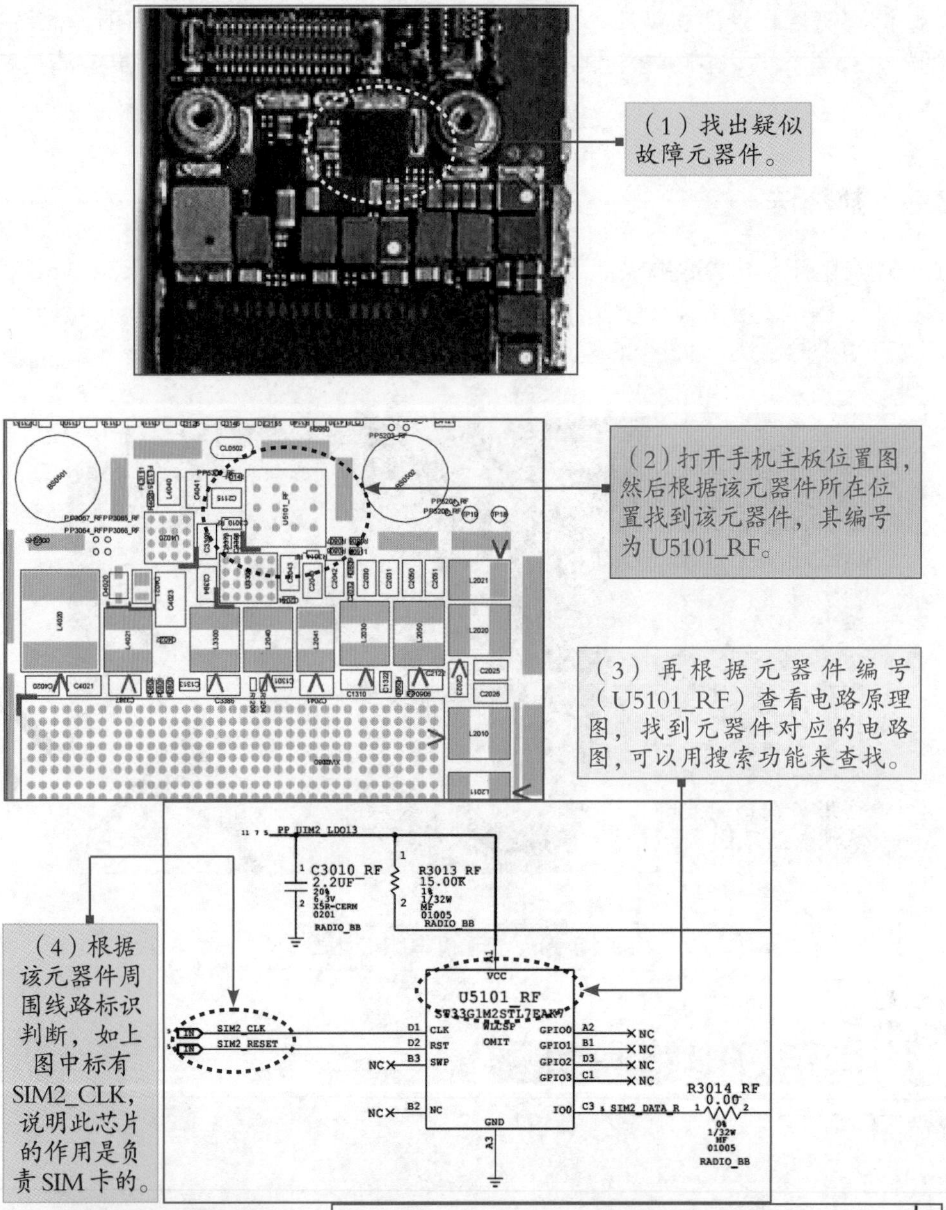

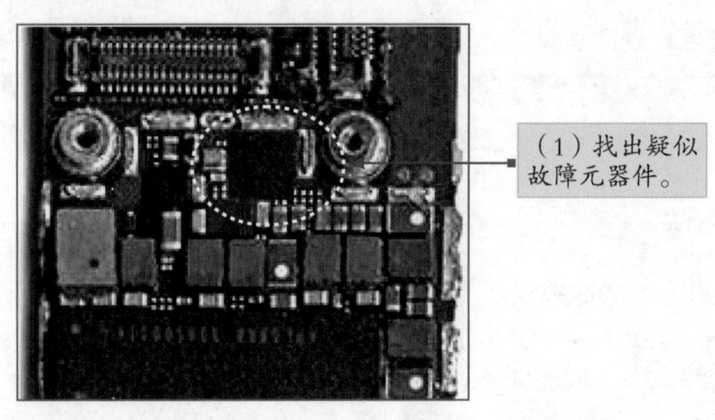

（1）找出疑似故障元器件。

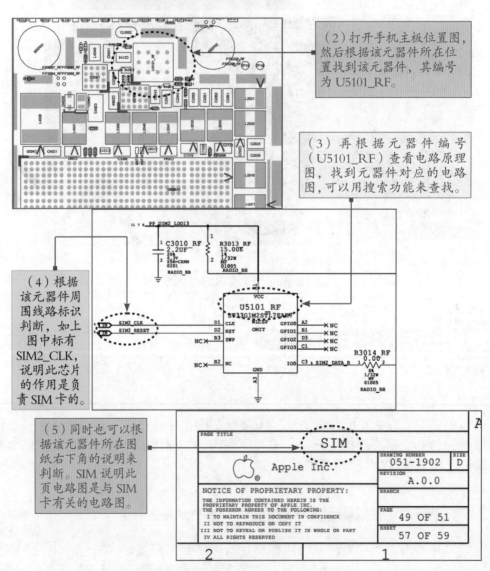

（2）打开手机主板位置图，然后根据该元器件所在位置找到该元器件，其编号为 U5101_RF。

（3）再根据元器件编号（U5101_RF）查看电路原理图，找到元器件对应的电路图，可以用搜索功能来查找。

（4）根据该元器件周围线路标识判断，如上图中标有 SIM2_CLK，说明此芯片的作用是负责 SIM 卡的。

（5）同时也可以根据该元器件所在图纸右下角的说明来判断。SIM 说明此页电路图是与 SIM 卡有关的电路图。

图 10-10　查询手机故障元器件功能

10.3.2　根据电路原理图查找单元电路元器件

根据电路原理图找到故障相关电路元器件的编号（如无法充电，就查找充电电路的相关元器件），然后根据位置图找到元器件的位置，用万用表进行检测好坏，如图 10-11 所示。

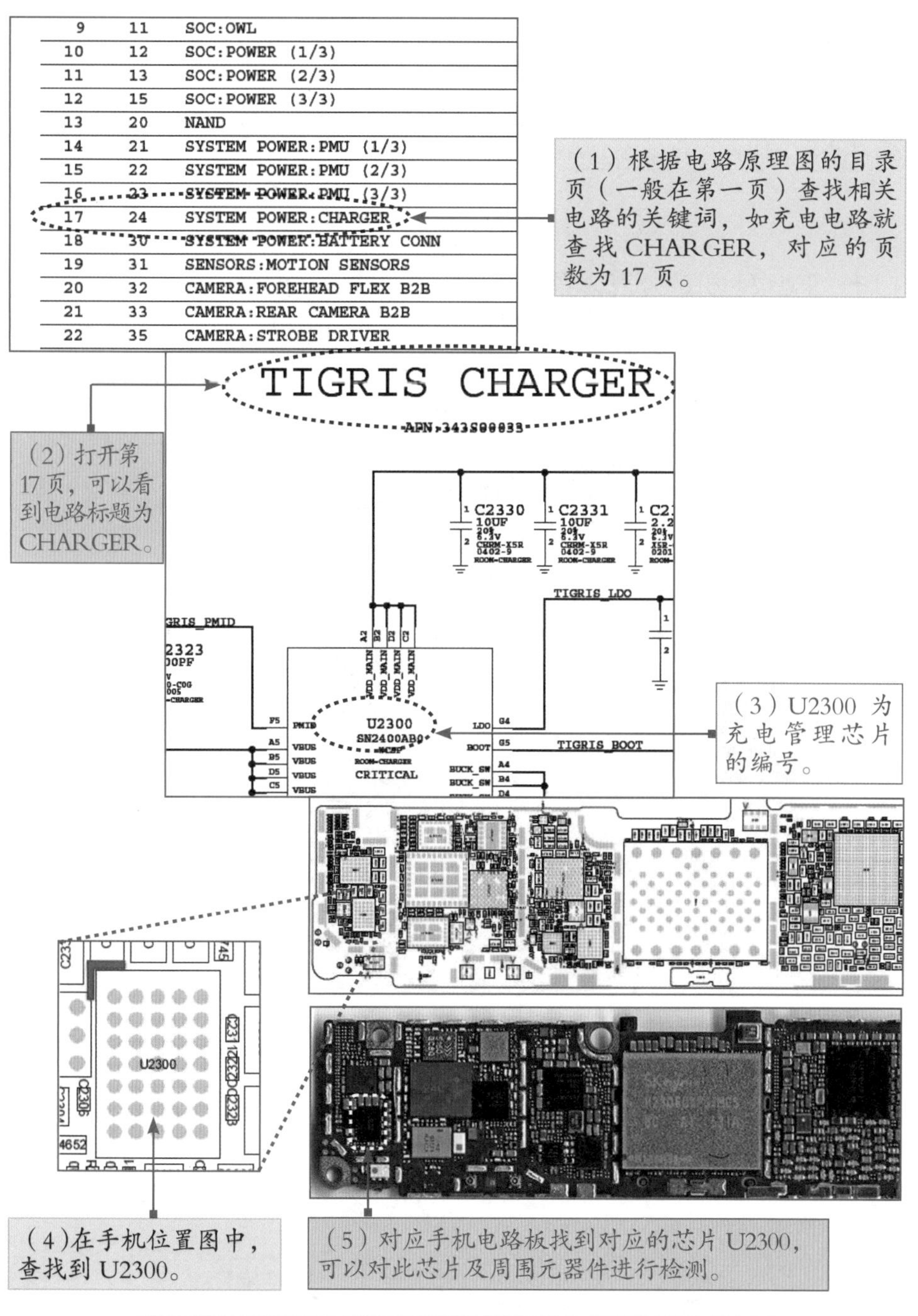

图 10-11　根据电路原理图查找单元电路元器件

10.4 智能手机维修流程

在学习维修之前，先了解智能手机的维修流程，我们分为 7 个步骤来详细讲解。

1. 询问故障现象

以前是否维修过，如果维修过，要询问用户以前维修的是什么故障，据此判断是否同样的故障又产生，以便找准故障范围及产生原因。

2. 直观检查

（1）仔细观察手机的外壳，看是否有断裂、擦伤、进水痕迹，并询问用户这些痕迹产生的原因，由此弄清手机是否被摔过，被摔过的手机易造成元件脱落、断裂、虚焊等现象，进水的手机会出现各种不同的故障现象，需用乙醇或四氯化碳清洁。进水腐蚀严重的手机会损坏集成电路或电路板，如图 10-12 所示。

进水腐蚀严重的手机会损坏集成电路或电路板。

图 10-12 进水的手机

（2）仔细观察电池与主板的连接口，如图 10-13 所示。

3. 开机检查

（1）仔细观察手机屏幕上的信息，看信号强度值是否正常，电池电量是否足够，显示屏是否完好。弄清整个手机接收、发射、逻辑等部分的性能。

（2）手机屏幕上无信号强度值指示，显示检查卡等故障，可先用一个好的 SIM

卡插入手机，如果手机能正常工作，说明是 SIM 卡坏了引起的故障，如果手机的故障不能排除，说明手机电路上有故障。

检查接口是否有松动，接口是否有腐蚀，电池排线是否损坏，这些现象易造成手机不开机、有时断电等故障。

图 10-13　检查手机电池插座触点

4. 打开壳进一步做直观检查

手机不要加电，取出电路板，在放大镜台灯下仔细观察（见图 10-14）。

第 1 步：观察电路板线条间有无短路、粘连、开焊、阻容件脱落的情况。

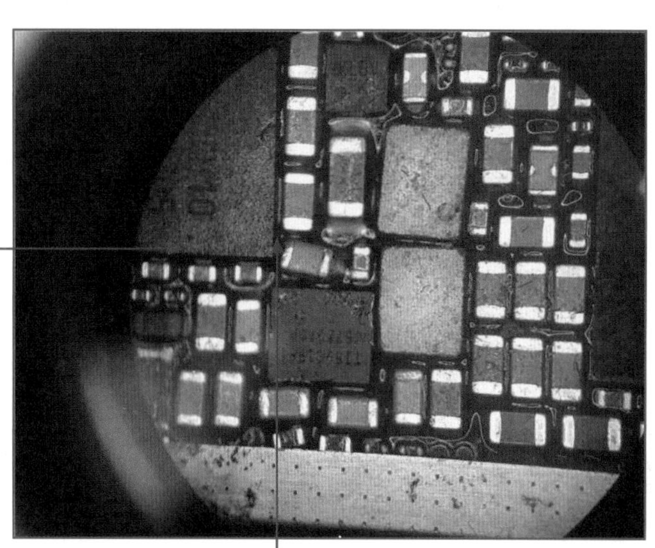

第 2 步：观察芯片有无鼓包、裂纹情况，电阻器、电容器、三极管等有无变色；并趁机观察整机结构、布局和主要电子元器件的位置，为下一步检查做准备。在有些情况下，通过直观检查就能发现故障。

图 10-14　检查电路板

5. 用外接稳压电源为手机电路板加电

用外接稳压电源为手机电路板加电，进行加电后的触摸检查，如图 10-15 所示。

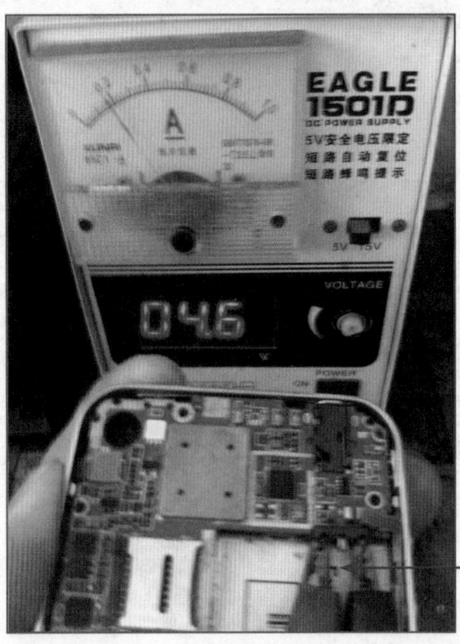

图 10-15　外接稳压电源

6. 静态测量法

用万用表测量电路的工作状态，通常是测量电压，测得值与参考值对照判断故障，参考值的来源有：手机电路图纸给出，如图 10-16 所示。

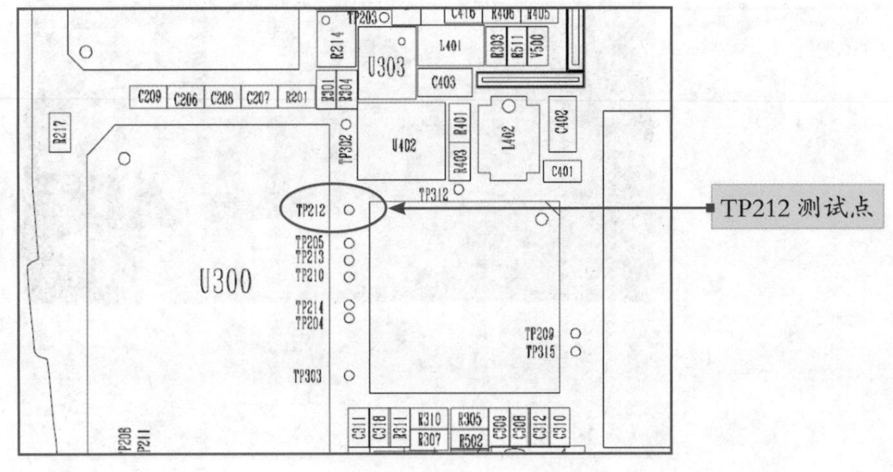

图 10-16　测试点

例如芯片引脚电压，一些重要测试点“TP”；维修手册给出，由有经验的专职维修人员提供；经验数据，在维修中，测取的正常数据，也可以说是一种经验的积累。

7. 维修处理故障

找到故障原因后，对故障进行维修处理，并进行开机测试。

注意：智能手机是集成电路的微电子产品，集成电路是精密的，通过先进的技术进行开发和研制而成，维修人员必须懂得每个芯片、元器件的性能，了解电路的逻辑联系，进行电路分析，仔细的检查，正确的判断，快而准的操作，避免误判，造成人为的故障，造成经济损失。询问用户以前是否维修过，如果维修过，要询问用户以前维修的是什么故障，据此判断是否同样的故障又产生，以便找准故障范围及产生原因。

不同的生产厂家，不同的机型，不同的款式，它的版本号不同，使用合格的正常的同版本的芯片、元器件，避免更换不同版本的芯片。切莫使用不合格、盗版、走私的芯片、元器件，以免造成更复杂的故障。在此，正确分析电路，正确判断错误。正确寻找故障部位很重要，避免误判。

如何通过电流变化判断手机故障

手机维修中，维修的方法众多，比如使用万用表检测。除此之外，还可以借助可调直流稳压电源来判断，通过观察电流变化来判断手机故障的范围。电流法是手机维修中常用的方法，在维修手机不开机的故障时应用得最多。它是从可调直流稳压电源的电流表指针的变化来确定手机故障。

10.5.1 掌握智能手机正常开机的电流变化

智能手机中的电流主要包括：开机电流、搜网电流、发射电流及待机电流等四种。

1. 开机电流

开机电流是指加电后，按下手机开机键时的电流，正常的开机电流一般为 0 ～ 120mA，但也要注意不同类型手机的正常开机电流会有所差别。

2. 搜网电流

搜网电流是指手机开机后，进入搜网时的变化电流，正常的搜网电流一般为 100mA 左右，然后回落到 7 ～ 10mA，表明手机已经搜索到网络。

3. 发射电流

发射电流是指手机在打电话状态时的变化电流，一般为 350mA 左右。

4. 待机电流

待机电流是指手机搜到网后，在手机所有后台程序关闭，屏幕不亮的状态下的电流，一般为 20mA 左右，如果过大，说明手机漏电严重，电池不耐用。

10.5.2 利用直流稳压电源查找智能手机故障

当智能手机加电时，根据手机的状态（正常或有故障），手机的输出电流会有所不同，这个电流可以通过连接的可调直流稳压电源中的电流表显示出来。也就是说，通过观察直流稳压电源的电流表的读数，可以大致判断出智能手机故障的范围，下面详细分析。

（1）如果智能手机开机加电时，有很大的电流，一般大于 200mA，最大可达 1 500mA 左右。重点检查智能手机电路中相关的电源输出电路，如电源电路中的大滤波电容、电源控制芯片、开关控制管、逻辑供电管、射频供电管、功放、振动器等电路；排查是否短路、后壳是否短路等。

（2）智能手机加电有小漏电现象，一般低于 50mA。一般是开机触发电压不足引起的，重点检查开机键以及开机触发电路上的小元件，为降低风险，可以逐一清洗和处理。

（3）按开机键电流表指针不动，一般视为 0mA。一般为开机键断路或者开机排线断路，具体的可能是按键脏或者按键本身断线，或按键板与主板接触不好，或电源芯片虚焊。

（4）按开机键电流表几乎不动，0～15mA。此种电流分为两种，一是在 0～15 mA 闪动，一般为 13MHz 晶体本身接触不良或者晶体变性，不能生成振荡频率引起的；二是 0～15mA 停留 3～5 s 后回零，一般为 13MHz 电路接收方出现断路问题，例如中频电路、CPU 的 13MHz 接收电路等处断线。

（5）按开机键电流表指示为 20～30mA 静止不动。表明电源已经开始工作，但 CPU 还没启动，一般问题出现在 CPU 的供电电路上，以某一路断线较为常见。

（6）按开机键电流表上升到 30mA，猛一跳到 50～70mA 后迅速回零。说明 CPU 已损坏，这是一种典型的故障。

（7）按开机键电流表上升到 40～60mA，并不停地“颤抖”。表明电源开始工作后，CPU 已经开始部分启动，在读取开机资料时遇到麻烦，CPU 不知道是要继续开机还是执行关机，所以才“颤抖”，忽上忽下，这是典型的软件问题，可以通过重写软件修复。

（8）按开机键电流表上升到 40～60mA，稍候回零。表明逻辑电路存在故障，一般为 CPU、暂存、字库存在虚焊或损坏，大多数情况下，要先拆换，然后判断故障点。

（9）按开机键电流表上升到 40～60mA 时会猛跳到 80～90mA，然后返回 40～60mA。说明整个机器基本正常，但仍不开机，故障集中在字库和电源上，首先检查它们的外围元件有无被腐蚀，再查看 13MHz 有无频偏太多。

10.6

进水智能手机维修方法

智能手机进水故障是手机中最常遇到的一个问题，手机进水后多数情况造成不能开机，手机显示不正常及通话出现杂音等故障。而且有些进水机腐蚀电路板情况较严重，造成了手机终生无法修复，如图 10-17 所示。

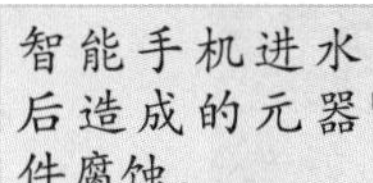
智能手机进水后造成的元器件腐蚀。

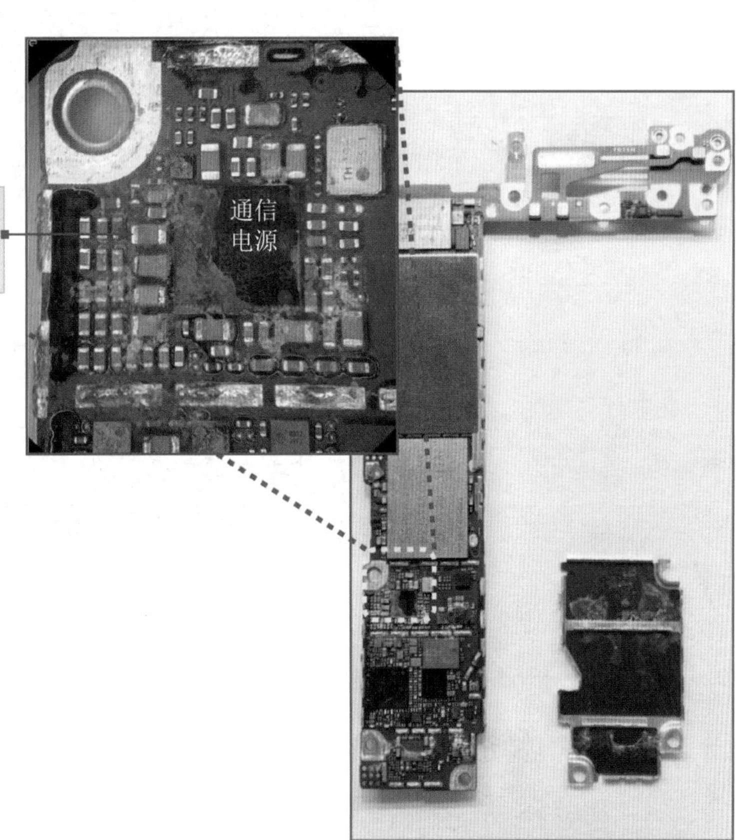
通信电源

图 10-17　手机进水

10.6.1　智能手机掉进清水后的处理方法

我们来梳理一下智能手机掉进清水后的处理方法。

（1）当智能手机进水后，首先应将手机电池去掉，不应再给手机加电，如继续为手机加电，会使手机内部元件短路，烧坏元件。

（2）掉进清水中，只要立即取下手机电池，使手机停止工作，一般不会扩大故障，只是手机受潮。

（3）将手机放在台灯或白炽灯等轻微热源下让水分慢慢散去。这个过程需要 6 个小时以上，请耐心等待。

（4）也可以将手机电路板用无水乙醇（或甲醇）清洗一遍，因为乙醇挥发较快，可将电路板上的水分一起挥发带走。然后放在通风的地方让手机自然风干，之后再进行通电试机，如图 10-18 所示。

将拆下来的智能手机的主板放入无水乙醇中，最少要浸泡 15 min。

图 10-18　用无水乙醇清洗手机

10.6.2　智能手机掉进污水后的处理方法

再来看一下智能手机掉进污水后的处理方法。

（1）当智能手机进水后，最好先将手机关机，不应再给手机加电。

（2）然后拆机看一看手机电路板的腐蚀程度。因为污水中有很多酸、碱化合物，会对手机造成不同程度的腐蚀，且掉进脏水后，应立即清洗，时间过长会使腐蚀残渣附着在手机电路板上，使手机不能开机，这样修复起来难度将会很大，甚至无法修复。所以手机掉进污水后，应迅速清洗，先将能看到的腐蚀物处理干净。用毛刷将附着在元件引脚上的杂质刷掉（注意：不要将芯片周围小元件刷掉），如图 10-19 所示。

（3）用含水量最低的硝基漆稀释剂（天那水）浸泡电路板（也可以用甲醇）。如腐蚀严重的，还需用超声波清洗仪进行清洗，因为各元件底部残渣不易清洗干净。只能靠超声波的振动将杂质振动出后，处理干净。注意：天那水腐蚀性很强，不能清洗手机外壳等。

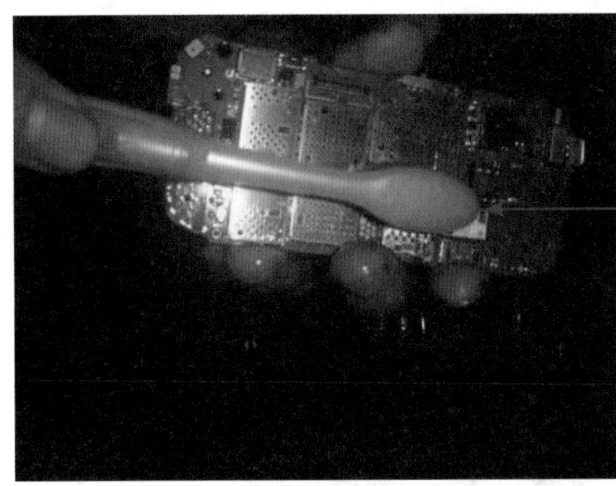

用软毛的牙刷，将附着在元件引脚上的杂质刷掉，再用乙醇进行清洗。

图 10-19　清洗手机

（4）将电路板放在通风的地方让手机自然风干，再将所有芯片都补焊一遍，因为进水机极易使元件引脚氧化造成虚焊。

（5）焊完后试机，如仍不开机，或者其他故障，应按维修步骤查线路是否有元件烧坏及元件有无短路现象，其中电源模块坏的较多，多数进水机不开机的手机更换电源模块后，手机故障排除。

10.6.3　进水手机主要部件的处理技巧

电路板的处理：对于腐蚀严重的电路板，一般使用含水量最低的硝基漆稀释剂（天那水）或甲醇浸泡电路板，然后用毛刷清理芯片引脚及被腐蚀的地方。对于腐蚀特别严重的，考虑用超声波清洗仪进行清洗。

电池的处理：只要不是长时间浸泡，电池一般不会出问题。用甲醇把电池卡扣擦干净，将电池放在阴暗处晾干，用万用表测试下电压是否短路等，没问题的话就 OK 了。

液晶屏处理：这个只能听天由命，如果屏幕密封性还算不错，一般都可以继续使用。把排线接口用甲醇擦干净，如果进的是干净液体，并且没有明显液体的话不影响使用，只会留下水渍，在以后的使用中会慢慢好转。

其他附件处理（尾插、音频插口、HOME 键、受话器、振子）：可以用甲醇，仔细处理，特别是尾插部分，一定要多擦几遍，防止以后使用中出现各种莫名其妙的问题。

10.6.4　进水手机的维修处理实操

智能手机进水后多数情况造成不能开机，手机显示不正常及通话出现杂音等故障。进水手机处理方法如图 10-20 所示。

第 1 步：当手机进水后，有人把进水的手机放进大米中，吸取水分，或用风筒吹干，或放在通风的地方，让水分蒸发。可以排除手机中的水分，但这样处理还不够。由于手机进水后，时间一长，会导致内部的部件生锈、被腐蚀甚至发霉，从而导致手机工作不正常，甚至报废，所以在手机进水后，最好对手机内部进行专业的清洗。

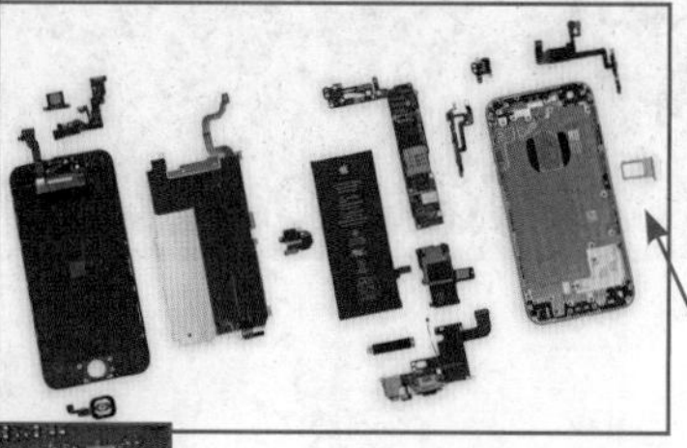

第 2 步：处理进水手机时，首先将手机完全拆解。然后用无水乙醇擦洗除主板外的其他部件。注意：对于屏幕塑料边框，Home 键背面不要用腐蚀性高的容易擦洗。

第 3 步：将主板上的屏蔽铁罩和屏蔽贴膜拆下。

放大可以看到主板元器件被腐蚀的地方。

第 4 步：将主板放在一个容器里，并加入含水量最低的硝基漆稀释剂（天那水）。注意：硝基漆稀释剂对人体皮肤有一定的腐蚀性。

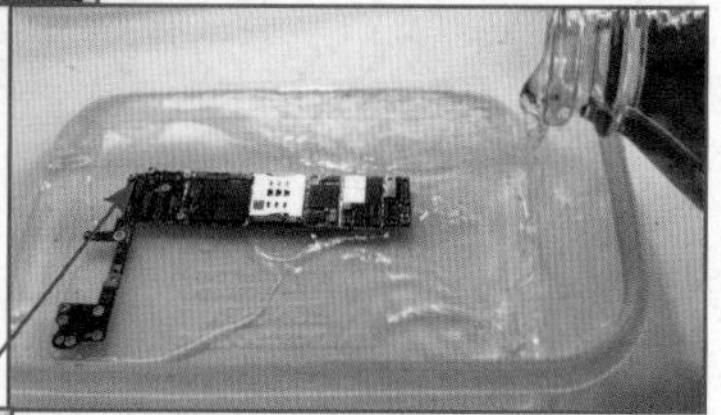

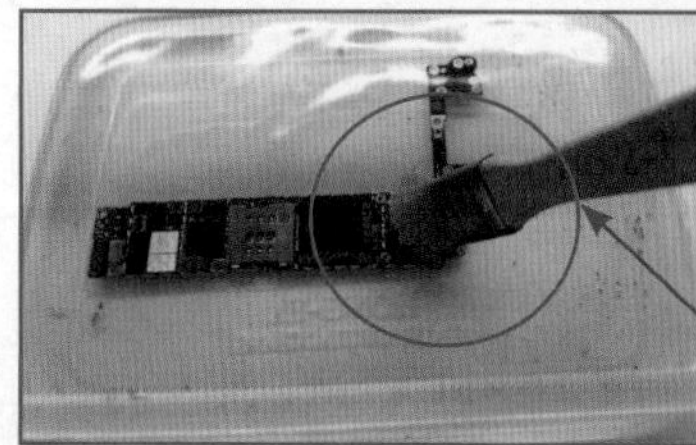

第 5 步：让天那水淹没整个手机主板，并浸泡十几分钟。之后用刷子清洁主板。

第 6 步：清洁完一面后，接着清洁主板的另一面。可以看到溶液中有很多黑色的颗粒和粉末，这就是清理出来的腐蚀产物。

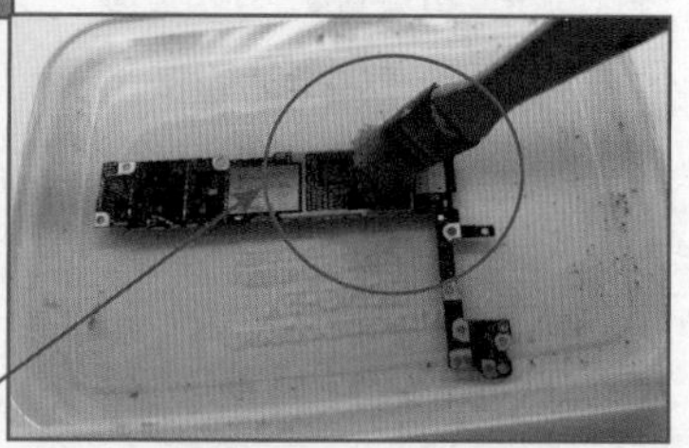

图 10-20　进水手机的处理方法

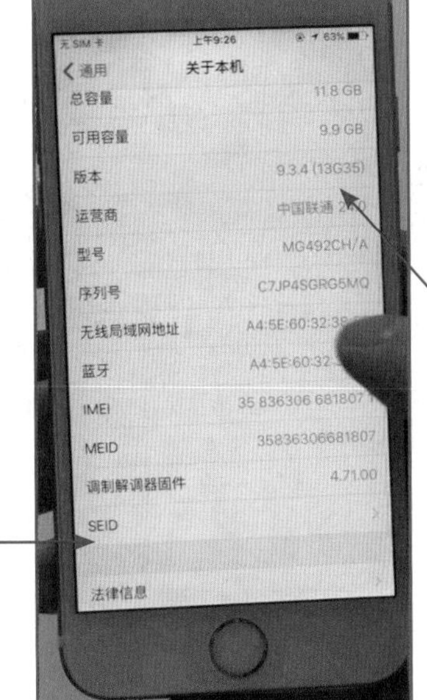

第 7 步：将手机的部件晾在通风的地方，等手机部件完全干燥后，将各个部件安装好，然后开机测试，可以正常使用了。

提示：如果手机可以正常开机使用，说明手机中没有损坏的元器件。如果手机还有故障，可以根据具体故障，对电路板中相应的单元电路进行加焊处理，多数故障都可以排除。如若还不行，则需要具体检测查找损坏的元器件，并更换了。

图 10-20　进水手机的处理方法（续）

第11章 智能手机无法开机故障检测维修实操

智能手机无法开机故障是指按下电源开关键，手机没有反应，屏幕黑屏，没有开机画面。智能手机不开机故障的原因很多，有供电、时钟电路、复位电路、处理器、软件等多方面的原因，下面详细讲解分析。

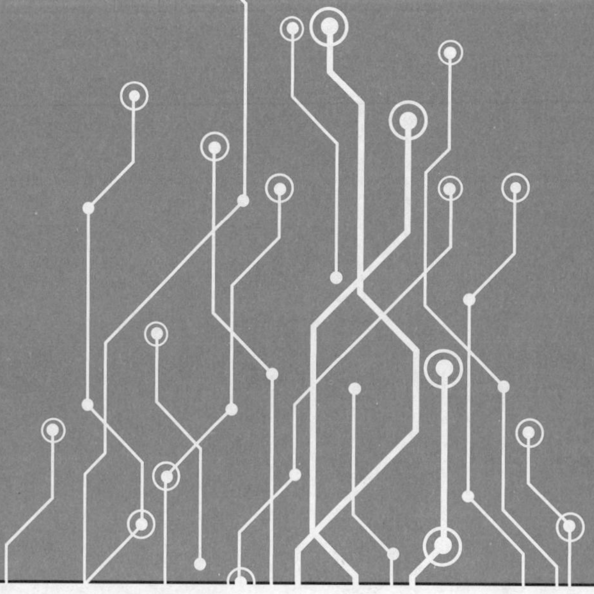

11.1 智能手机无法开机故障分析

相信大部分人都遇到过智能手机开不了机的情况，导致该故障可能有不同的原因，但总体来说主要有以下 7 个方面的故障分析思路，遇到手机开不了机不必着急，对照下面的情况逐一排查，一般都可以解决。

11.1.1　电池接口接触不良引起无法开机故障分析

智能手机的电池接口如果接触不良将无法为手机提供电源，手机将无法开机，如图 11-1 所示。

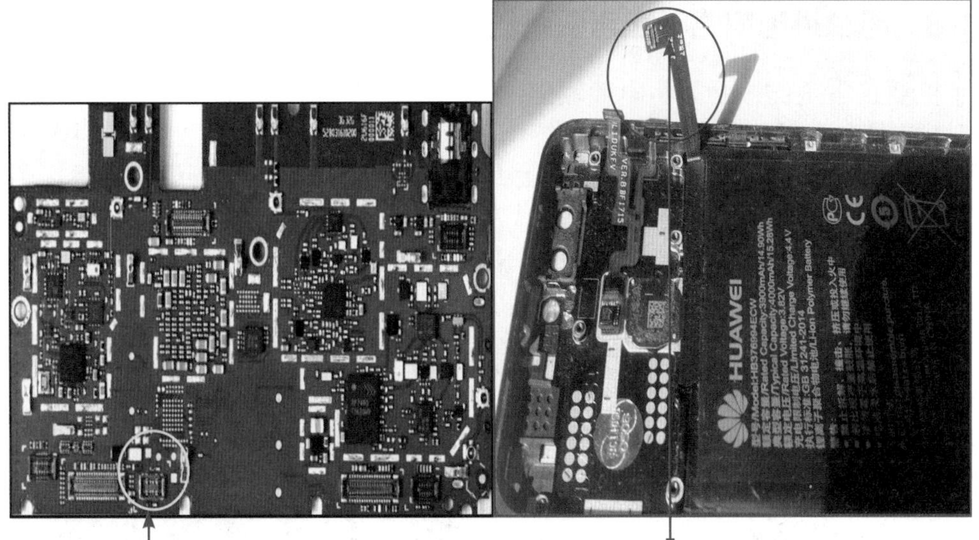

引起电池接触不良的原因一般是手机被摔等导致的接触不良。电池变形(如体积变小)会导致接触不良，另外，电池排线损坏、接口变形等同样会导致电池接口接触不良。

图 11-1　检查电池接口及排线

11.1.2　开机键接触不良引起无法开机故障分析

正常情况下，按开机键时，开机键的触发端电压应有明显变化，因为按键要发送信号给处理器。若无变化，一般是开机键接触不良、开机线断线或者相关元器件虚焊、损坏，如图 11-2 所示。

维修时，用外接电源供电，观察电流表的变化，如果电流表无反应，一般是开机线断线或开机键接触不良。重点检查这些部位和相关元器件。

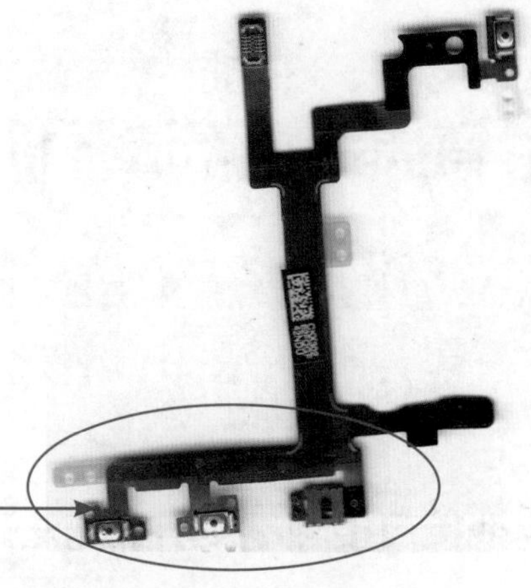

图 11-2　检查开机键

11.1.3　电源供电电路不正常引起的不开机故障分析

手机要正常工作，必须将电池输出的 VBATT 电压通过电源电路转换成其他电路（如射频电路、照相电路）需要的工作电压，即电源电路负责输出正常的供电电压供给负载电路。在电源电路中，电源管理芯片是其核心，一般智能手机会采用几块电源管理芯片为手机供电。如果电源管理芯片及其周边电容器、电感器等元器件因短路、损坏不能正常工作，就有可能造成手机不开机，如图 11-3 所示。

维修时，先重点检测电源电路中的滤波电容、电感、MOS 管等元器件是否正常，然后检查电源控制芯片输出的逻辑供电电压、13MHz 时钟供电电压。通常在按开机键的过程中应能测到输出电压的信号（不一定维持住）。若测不到，在开机键、电源电路其他元器件、电池供电正常的情况下，说明电源控制芯片可能虚焊、损坏。对于电源控制芯片虚焊或损坏的情况，需进行加焊处理，或重新植锡、代换加以维修。

图 11-3　电源电路故障处理

11.1.4　系统时钟和复位信号不正常引起的不开机故障分析

时钟信号是微处理器正常工作的条件之一，手机的系统时钟一般采用 13MHz、26MHz、38MHz 等晶振用作开机时钟，若此时钟信号不正常，逻辑电路不工作，手机不可能开机，如图 11-4（a）所示。

复位信号也是微处理器工作条件之一，复位信号在开机瞬间存在，开机后测量时已为高电平。测量方法如图 11-4（b）所示。

检测时钟信号时，用数字万用表测量晶振引脚的电压，正常能测到 0.9V 左右的电压信号。如果检测不到电压信号，则再测量谐振电容是否损坏，谐振电容正常的情况下，更换晶振。

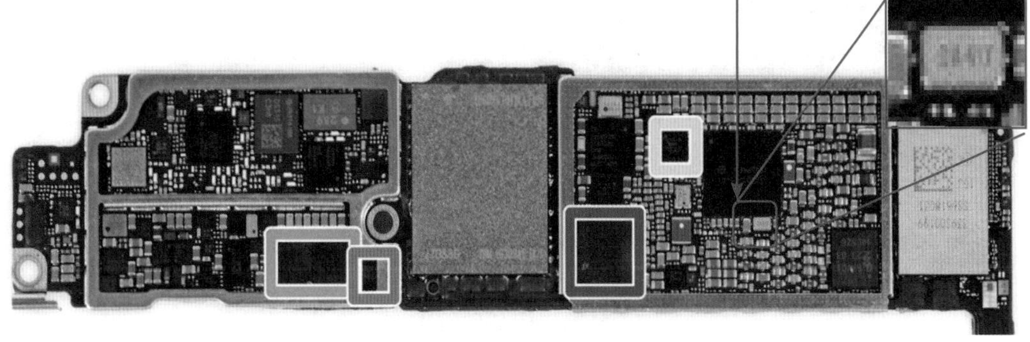

（a）检测智能手机时钟信号

检测复位信号时，将万用表调到直流电压 5V 挡，黑表笔接地，红表笔接电源控制芯片的复位信号引脚，在开机瞬间测量复位信号。

（b）检测智能手机复位信号

图 11-4　检测时钟信号和复位信号

11.1.5　逻辑电路不正常引起的不开机故障分析

针对智能手机逻辑电路问题，我们重点检测 CPU 对各存储器的片选信号 CE 和许可信号 OE，这些信号很重要，但关键是必须会寻找这些信号，由于越来越多的手机逻辑电路采用了 BGA 封装的集成电路，给查找这些信号带来了很大的困难，如图 11-5 所示。

有条件的话最好对照图纸来查找这些信号及其测量点。CE 信号是一些上下跳变的脉冲信号，OE 信号通常为低电平信号。如果各存储器 CE 和 OE 信号都没有，说明 CPU 没有工作，应重点检查 CPU 是否虚焊或损坏。如果某个存储器没有 CE 和 OE 信号，多为该存储器损坏。如果 CE 和 OE 信号都有，说明 CPU 工作正常，故障可能是软件故障或总线故障。

将示波器的接地夹接到接地端，将示波器的探头搭在 I^2C 总线信号测试点上。

图 11-5　检测总线信号

11.1.6　软件不正常引起的不开机故障分析

手机在开机过程中，若手机操作系统软件（Android 系统、OS 系统等）出现问题，在手机开机时就会出现不开机故障。操作系统软件出错主要是存储器资料调用不正常引起。当线路没有明显断线时，可以先重新刷写 ROM 芯片的程序。如果芯片内电路有损坏，重写程序时不能通过，这时应更换 ROM 芯片。

注意：重写程序时应将原来资料保存，以备应急修复。

11.2　智能手机开机类故障通用维修方法

在维修智能手机无法开机过程中，要遵循先软件后硬件的原则，确认软件无问题的前提下，注意观察主板元器件是否有损坏、击穿、进液等，在具体测量时，按开机时序先后顺序依次测量。

11.2.1　不开机电流恒定故障通用维修方法

智能手机无法开机，但接外接稳压电源按开机键后，电流停留不动（恒流），此故障一般是由于手机软件问题，或电源管理芯片问题，或 CPU 问题等引起。维修分析思路如图 11-6 所示。

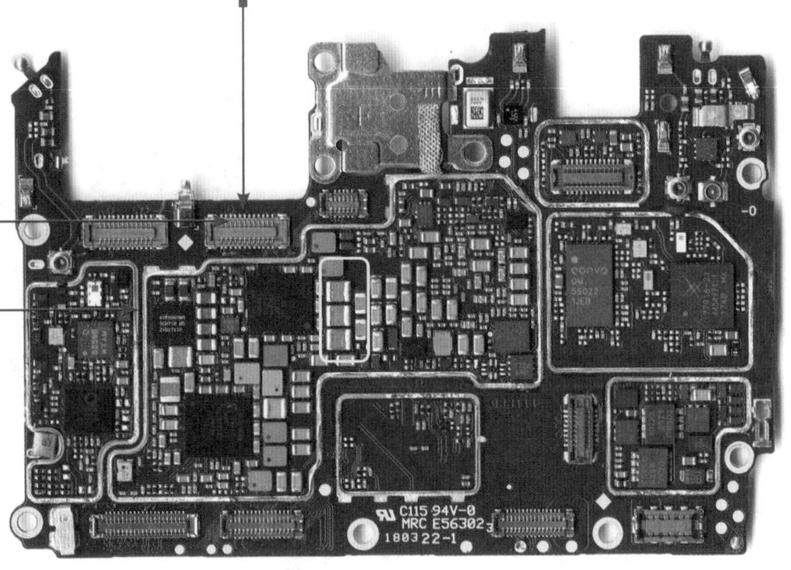

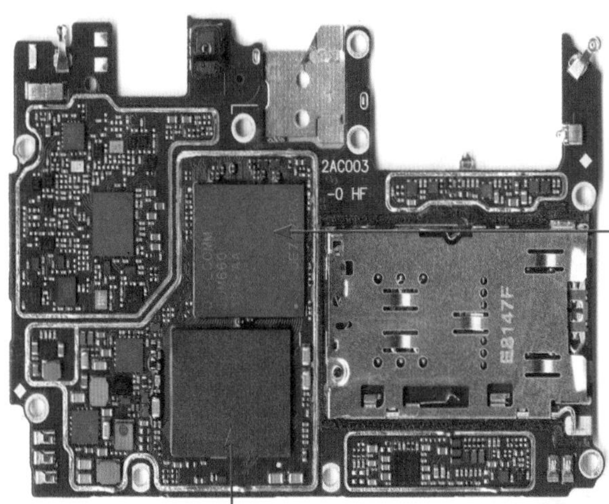

第 2 步：重新刷写手机软件，排除软件故障。若刷机报错，一般是存储器问题引起的。测量手机存储器的工作电压等工作条件是否正常（一般存储器芯片损坏容易引起此故障）。
2AC003
-0 HF
第 3 步：若刷机提示 COM 口后报错，则可能是 CPU 问题引起的。先测量 CPU 工作条件是否正常（供电、时钟、复位），如果正常，再加焊 CPU 芯片。

图 11-6　恒流不开机故障维修分析

11.2.2 开机电流不维持故障通用维修方法

开机电流不维持故障是指故障手机接稳压电源，然后按下开机键后，有 100MA 左右的开机电流，但开机电流不能维持，电流马上变为很小的电流。此类故障一般由手机软件、电源管理芯片、CPU、USB 信号线路等问题引起。

维修分析思路和具体方法如图 11-7 所示。

第 1 步：测量电源管理芯片和 CPU 的开机工作电压是否正常。一般根据电路图测量电源管理芯片和 CPU 的工作电压引脚连接的电容端的电压即可。图中标出的都是根据电路图查找的电源管理芯片电压输出端连接的电容器等元器件。测量时测量这些元器件的电压即可。

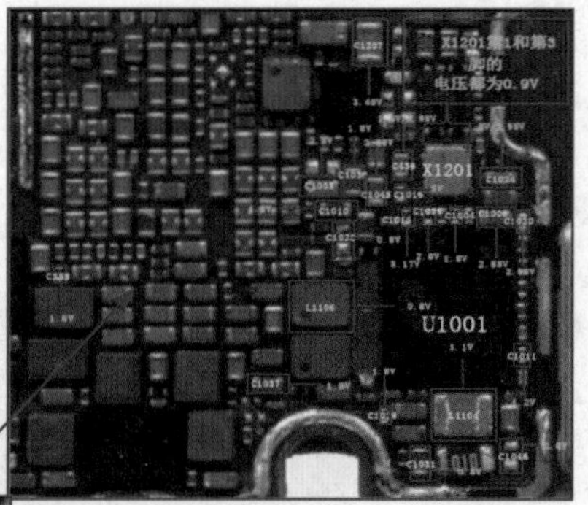

第 2 步：测量 USB 信号线路中 USB_ID、USB_DM、USB_DP 信号线引脚对地阻值（测量这几个信号的测试点即可），如果阻值为 0，或无穷大，则 CPU 有问题（需要加焊或更换）。

图 11-7　开机电流不维持故障维修分析

11.2.3 开机无电流故障通用维修方法

开机无电流故障是指故障手机接稳压电源，然后按下开机键后，没有开机电流。此类故障一般由电池连接接口、电源开关连接接口、电源管理芯片问题等引起。

维修分析思路和具体方法如图 11-8 所示。

第 1 步：在不通电的情况下，检查主板电池连接接口和电源开关连接接口是否接触不良，或腐蚀。拆下连接线，用放大镜仔细检查。

图 11-8　开机无电流故障维修分析

第 2 步：如果没有问题，则测量主板电池连接接口供电引脚（VBATT）对地阻值是否正常，如果阻值为 0，则说明电池供电电路有短路情况，需要测量线路中连接的电容器等元件（一般在插座周边）。

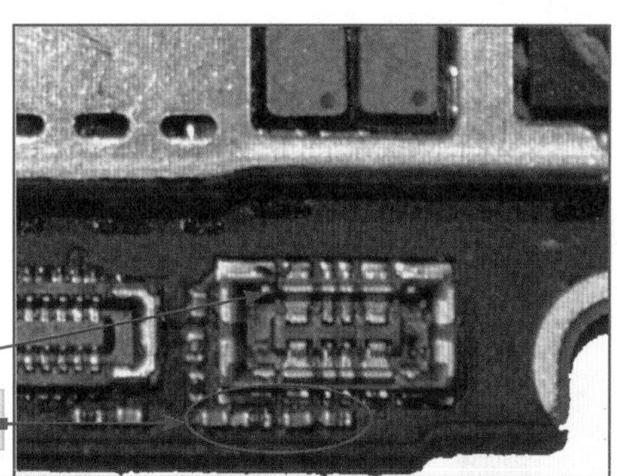

电池接口连接的电容器等

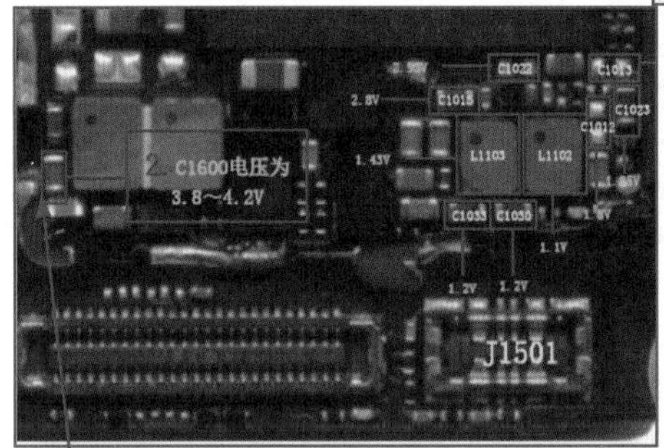

第 3 步：测量电源管理芯片输出的主供电电压（VPH_PWR 或 VBATT_SYS 等）是否正常（正常为 4V 左右电压）。图中电容 C1600 既是主供电端连接的电容器。如果不正常，加焊后更换连接电池的电源管理芯片。

第 4 步：测量电源开关连接接口输出的开机信号 PHONE_ON（一般为 1.8V 左右），是否正常（测量开机线路中连接的电容端电压即可）。不正常，检查开机信号线路中是否有短路元器件。

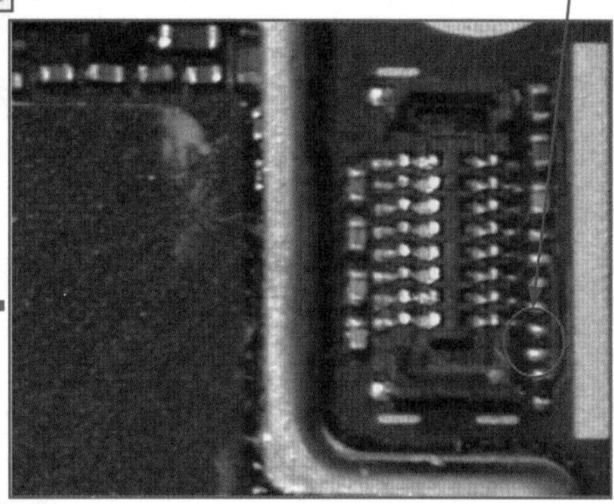

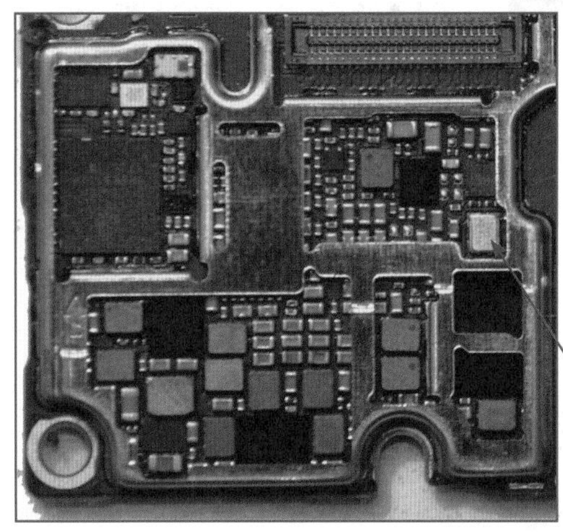

第 5 步：如果上述检查无损坏元器件，则可能是电源管理芯片有问题。加焊此芯片，若故障无法排除，更换此芯片。

图 11-8　开机无电流故障维修分析（续）

11.2.4 漏电不开机故障通用维修方法

漏电不开机故障是指将故障手机接上稳压电源，在不按开机键时即有漏电现象，或按开机键后，有漏电现象。此故障一般由主板短路、电源管理芯片输出线路故障、元器件短路等问题引起。

维修分析思路和具体方法如图 11-9 所示。

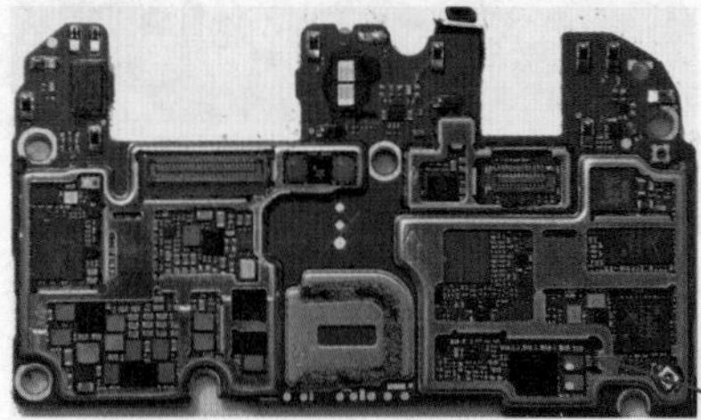

（1）首先目检主板外观是否有元器件破裂、击穿、进液腐蚀、变色等情况。

（2）在断电的情况下，测量电池连接接口的供电引脚（VBATT）对地阻值是否正常（正常为 0.3~0.8V），如果偏小，则检查电源管理芯片有问题或线路有短路。

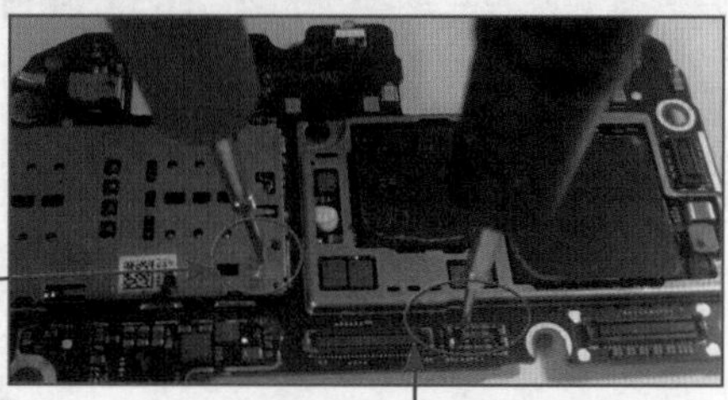

测量对地阻值时，红表笔接地，黑表笔接被测引脚。

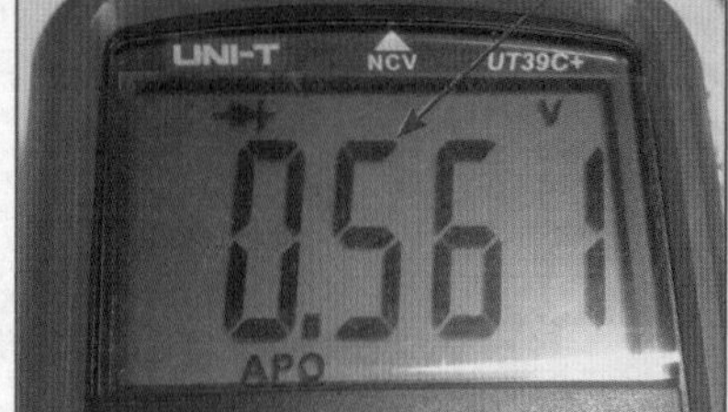

（3）测量电源管理芯片输出的主供电（VPH_PWR 或 VBATT_SYS）对地值是否正常（测量主供电连接的电容器即可，正常为 0.3~0.8V），如果阻值偏小或不正常，检查电源管理芯片有问题或线路有短路。

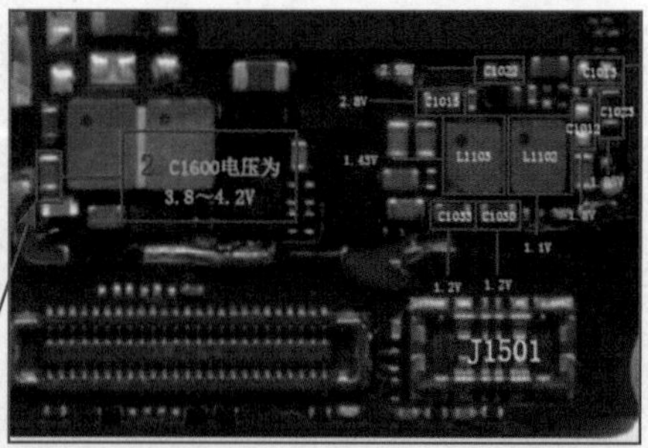

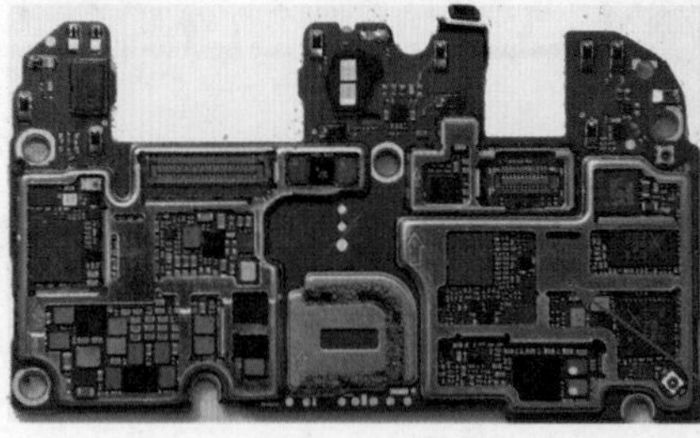

（4）上述步骤若对地值正常，则加电查找发热元件。

图 11-9 漏电不开机故障维修分析

（5）测量电源管理芯片输出电压信号线路是否正常（测量电源管理芯片周围电压输出端连接的电容器的电压即可）。如果不正常，排除电容器故障后，加焊或更换电源管理芯片。

图 11-9　漏电不开机故障维修分析（续）

11.3 重启故障通用维修方法

重启故障一般由 I²C 线路问题、Wi-Fi/ 蓝牙芯片工作条件异常、电源管理芯片问题、CPU 供电及时钟问题、存储器芯片问题等引起。

维修分析思路和具体方法如图 11-10 所示。

第 1 步：给主板通电，测量电源开关接口的开关信号引脚端电压是否被拉低（正常为 1.8V 左右，测量开机线路中连接的电容端电压即可）。如果被拉低，则可能是开机线路上有元器件短路（如电容短路）。

图 11-10　重启故障维修分析

第 2 步：测量主板的 I^2C 信号是否正常（测量 I^2C 信号线上连接的上拉电阻的电压即可，一般电压为 1.8V 左右）。如果不正常，则检查 I^2C 线路上拉电阻是否损坏，否则就是 CPU 问题，加焊或更换 CPU。

第 3 步：测量 WiFi 芯片的工作电压及时钟信号是否正常。如果不正常，则检查供电电路及晶振芯片；如果 Wi-Fi 芯片工作条件正常，则加焊或更换 Wi-Fi 芯片。

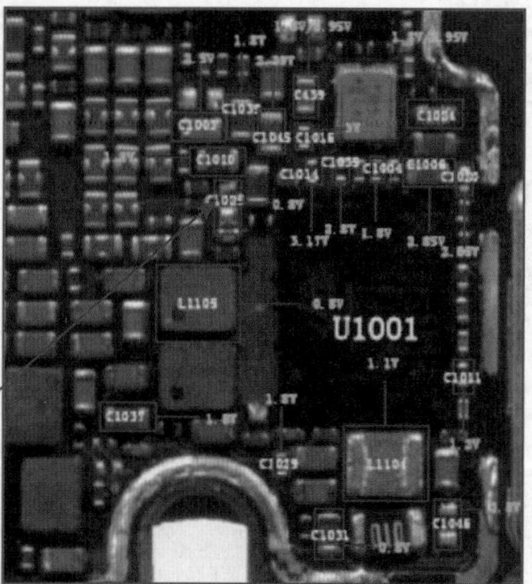

第 4 步：测量 CPU 的工作电压是否正常，时钟信号是否正常，如果不正常，检查相应电路的元器件。如果正常，加焊 CPU。

第 5 步：加焊或更换存储器芯片及电源管理芯片。

图 11-10　重启故障维修分析（续）

11.4 死机故障通用维修方法

死机故障一般由手机软件问题、电池问题、存储器芯片问题、CPU 问题等引起。维修分析思路和具体方法如图 11-11 所示。

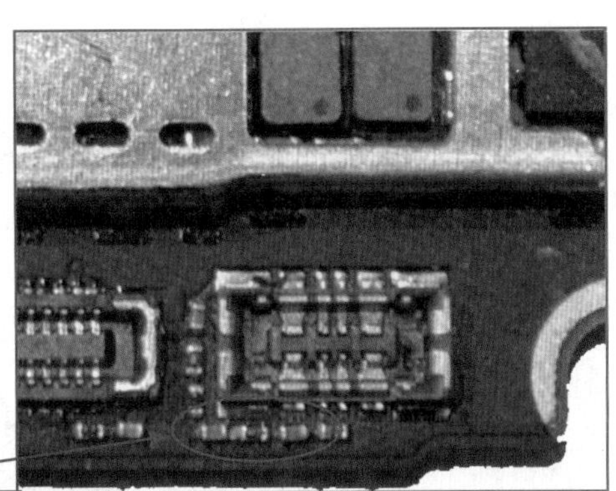

第 1 步：测量电池参数及温度引脚（BAT_ID 和 BAT_THERM）电压是否正常（通过测量引脚连接的电容器来判断），如果不正常更换电池。

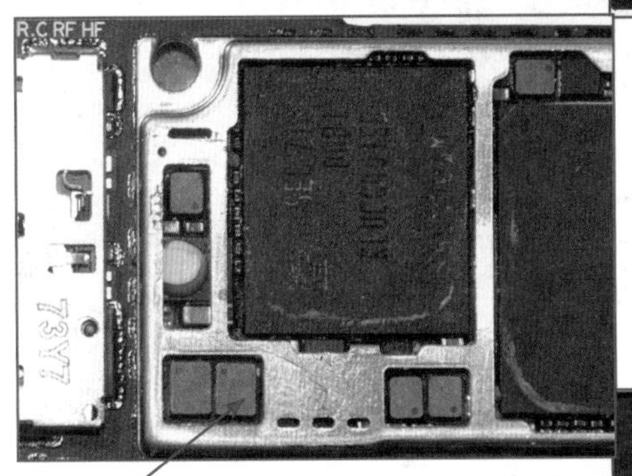

第 2 步：检查存储器芯片的工作条件是否正常（供电电压、时钟信号等，测量这些信号引脚连接的电容器等元器件电压），如果正常，则加焊或更换存储器芯片。

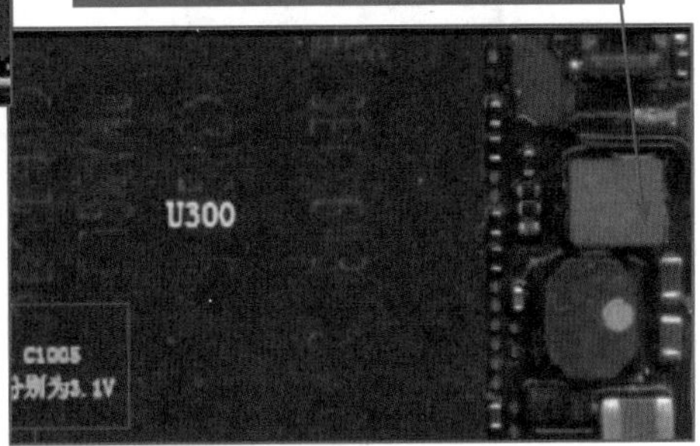

第 3 步：测量 CPU 的供电电压是否正常（参考电路图测量供电引脚连接的电容的电压），如果不正常，通常是供电电路连接电容器、电感器或电源管理芯片问题引起的。如果正常，加焊或更换 CPU。

图 11-11　死机故障维修分析

11.5 智能手机无法开机故障检测维修实操

造成智能手机不开机故障的原因有很多，前面章节已经做了分析。接下来我们通过几个实战案例来讲解手机不开机故障的检测维修步骤，使维修人员通过实战案例掌握手机不开机故障的维修技巧，积累维修经验。

11.5.1 华为荣耀 10 无法开机故障维修实操

一台华为荣耀 10 手机无法开机，客户描述手机无缘无故就不开机了，插充电器没反应，也无法开机。由于按电源开关后，没有开机迹象，说明不是软件方面的问题。在排除充电线方面的问题后，重点排查手机电池及内部元器件的问题，如图 11-12 所示。

❶ 将手机外壳拆开。并接上稳压电源进线供电，测试其电流，发现电流很大，估计电路板有短路。

❷ 仔细检查电路板外观，未发现明显损坏的元器件。用万用表测量电源管理芯片周围的电容器等元器件，发现一个短路的电容器。将短路电容器拆下，再次测试，发现依旧有短路现象。

❹ 拆下损坏的电容器，然后再次测试电流，发现开机电流依旧很大，看来还是有短路，但没有发现其他损坏的元器件。怀疑视频功率放大器芯片有问题，于是把 RF5422 芯片拆下来，然后测试，发现短路消失，看来功率放大器芯片损坏。

❸ 对照点位图和电路原理图发现，损坏的电容器属于给射频电路供电的电路。怀疑射频电路也有问题，然后重点检查射频电路中的元器件。发现在射频功率放大器 RF5422 芯片边上有两个电容器也短路了。而且根据图纸来看，是给该芯片供电的。

图 11-12 华为荣耀 10 不开机故障维修

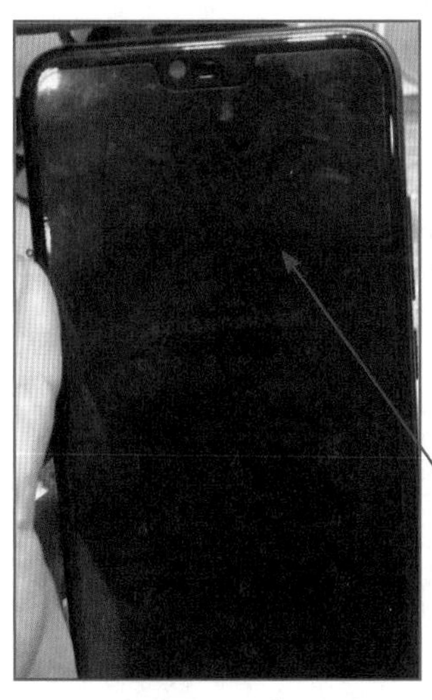

图 11-12　华为荣耀 10 不开机故障维修（续）

11.5.2　iPhone X 电源损坏导致不开机故障维修实操

一台 iPhone X 无法开机，经过观察未发现进水迹象，怀疑内部元器件可能有损坏。检修方法如图 11-13 所示。

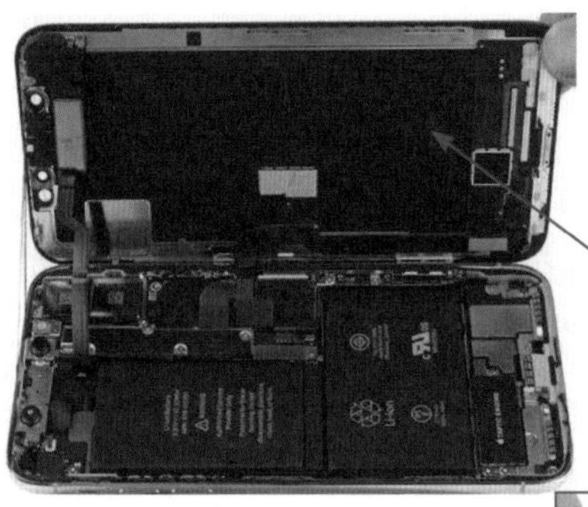

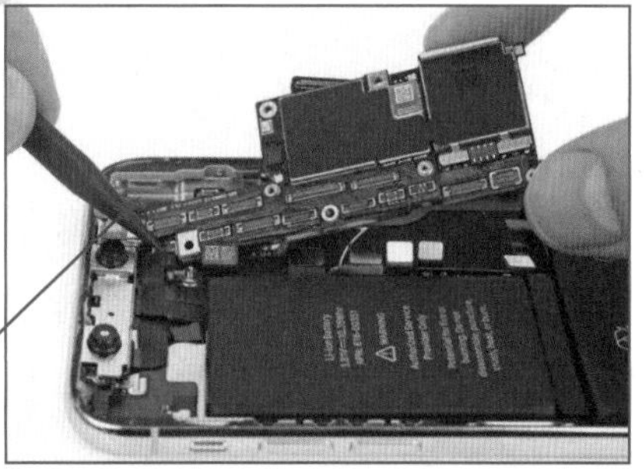

❷ 拆下主板，然后给主板接稳压调压电源，发现依然短路。并且用手摸主板并未发现发烫的地方，将主板分层，上层单板接电，还是有短路问题。

图 11-13　iPhone X 无法开机故障维修

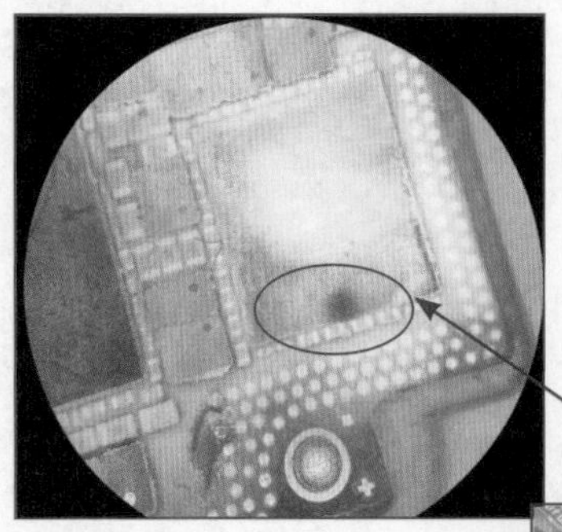

❸ 在主板主供电处熏了一遍松香，然后接上电观察主板，发现主电源管理芯片一处瞬间有熔化的迹象，说明主电源管理芯片有短路问题。

❹ 将主电源管理芯片更换掉，然后再通电检查，已经不漏电了，按开机键上电电流能上到 500 多毫安后重启，把 iPhone X 显示屏接上测试，上电正常开机，故障排除。

图 11-13　iPhone X 无法开机故障维修（续）

11.5.3　小米 9 手机无法开机故障维修实操

客户一台小米 9 手机无法开机，充电没任何反应，向客户了解手机使用情况，客户说没摔过，也没进水；怀疑是电源管理芯片接触不良引起。此故障维修方法如图 11-14 所示。

❶ 拆开手机外壳，然后检查手机内部电路，未发现明显损坏的地方。

图 11-14　小米 9 手机无法开机故障维修

❷ 将手机直接接直流稳压电源，然后开机检测，发现稳压电源显示的电流到 4.3mA 就掉下来，怀疑供电电路有问题。

❸ 根据维修经验，首先判断电源芯片出现虚焊故障，拆下手机主板准备进行加焊处理。

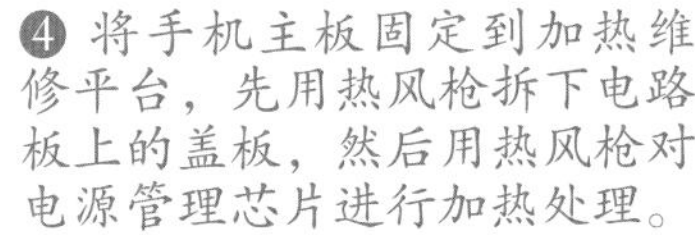

❹ 将手机主板固定到加热维修平台，先用热风枪拆下电路板上的盖板，然后用热风枪对电源管理芯片进行加热处理。

❺ 加焊处理后，将主板装好，并连接稳压电源测试，发现开机电流变正常了，手机可以正常开机。最后将手机外壳装好，在此开机测试，开机正常，故障排除。

图 11-14　小米 9 手机无法开机故障维修（续）

11.5.4 iPhone 13 不开机故障维修实操

一台 iPhone 13 手机无法开机，向客户询问情况，了解到该手机之前不慎落地摔过，因此怀疑是手机内部电路被挤压导致电子元器件损坏，就无法开机了。初步判定是手机内部电子元器件被磕碰发生断路；检修方法如图 11-15 所示。

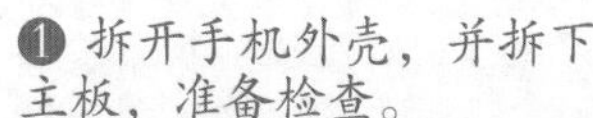

❶ 拆开手机外壳，并拆下主板，准备检查。

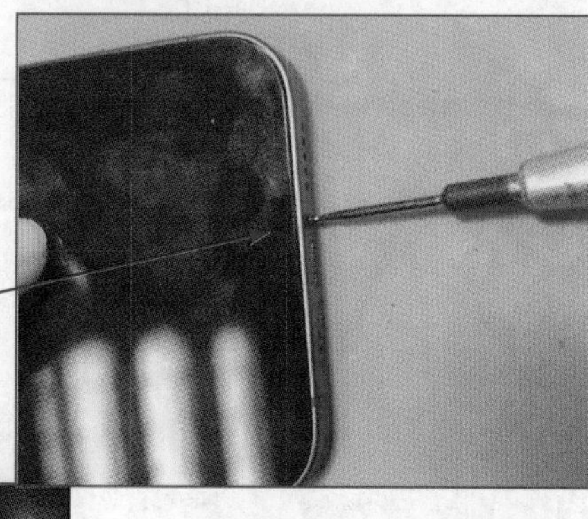

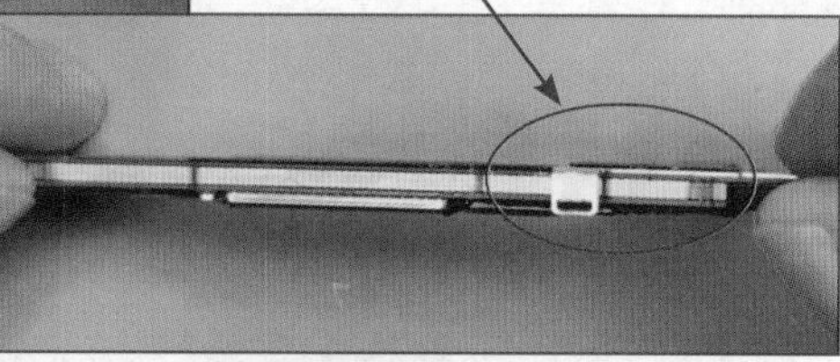

❷ 检查手机主板两块电路板的接缝有无明显裂开。经检查有轻微裂开，说明手机被摔时，主板被挤压。

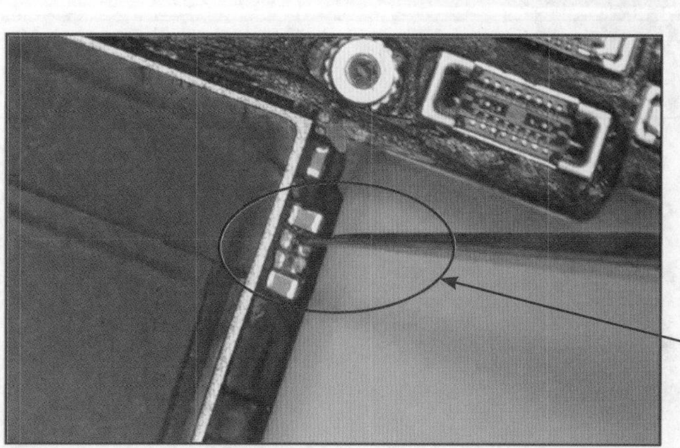

❸ 将电路板放在加热平台进行加热，加热后将主板两块电路板分开；然后检查，发现主板存储器边上两个电容器明显损坏，将损坏的电容器更换。

图 11-15 iPhone 13 被摔后不开机故障维修

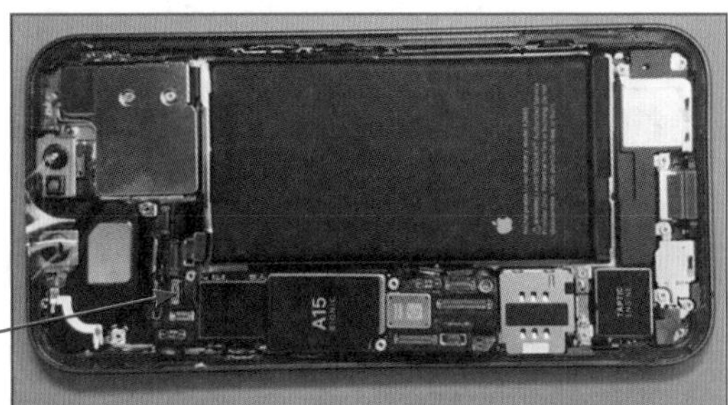
A15
❹ 将电路板焊接好，然后装回手机，准备测试。

❺ 将手机装好，然后开机测试。可以正常开机了，故障排除。

图 11–15　iPhone 13 被摔后不开机故障维修（续）

11.5.5　小米 8 手机不开机故障维修实操

一台小米 8 手机无法开机，经观察，机身有些变形。经了解此手机被摔，之后就无法开机了，怀疑内部元器件有损坏。检修方法如图 11-16 所示。

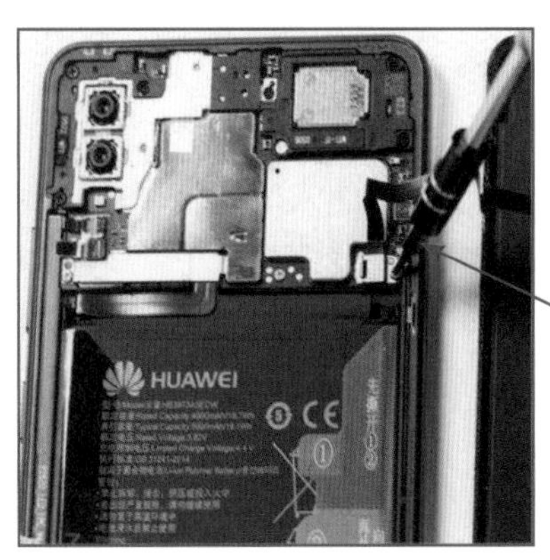
HUAWEI
❶ 拆开手机，观察手机主板等元器件，发现主板屏蔽罩有变形。

❷ 将主板接可调稳压电源，开机电流只有十几毫安，看来电路有问题。

图 11–16　小米 8 手机不开机故障维修

❸ 仔细观察主板发现 CPU 和字库所在位置变形最严重，判断 CPU 和字库可能接触不良。于是将 CPU 和字库拆下，重新植锡焊好。

❹ 焊好后，接电测试，这次开机电流正常了。装好液晶屏，然后开机测试，可以正常开机了，故障排除。

图 11-16　小米 8 手机不开机故障维修（续）

11.5.6　华为 Nova 5 手机进水屏幕无显示故障维修实操

客户一款华为 Nova 5 手机进水屏幕无显示。客户描述手机屏幕洒上水，然后擦干水晾干后，就无法开机了。此故障的维修方法，如图 11-17 所示。

❶ 开机测试手机，发现按电源开关后，手机黑屏无法显示，但是有开机的震动声，说明已经开机。

图 11-17　华为 Nova 5 手机进水屏幕无显示故障维修

❷将手机拆开，检查手机内部，未发现水渍或被腐蚀的地方。说明手机进水不多，内部几乎没怎么进水。

❸拆卸保护膜等防护层。

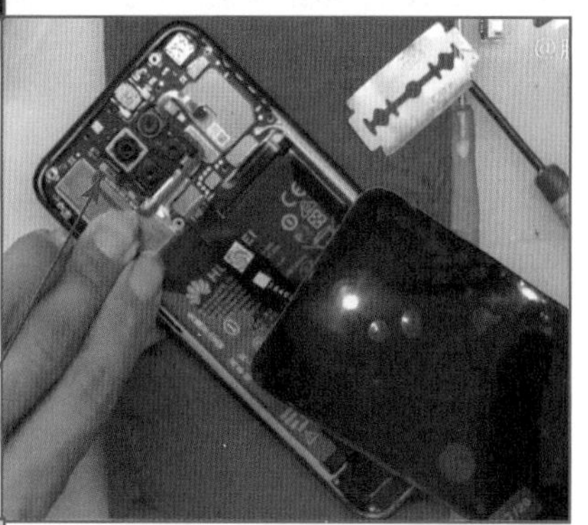

❹由于刚开始开机没有显示但有开机震动，因此怀疑手机的液晶屏可能有问题。拆下原先液晶屏排线接口，然后直接插入测试屏幕的接口。

❺开机进行测试，发现手机可以正常开机，并显示也正常，操作也没有问题，看来原来的液晶屏应该是进水损坏了。

图 11-17　华为 Nova 5 手机进水屏幕无显示故障维修（续）

❻ 准备更换液晶屏。先将手机电池拆下。

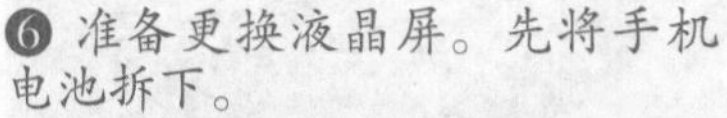

❼ 用吹风机将屏幕吹热，再将屏幕分离开来。

❽ 清理手机液晶屏接缝的胶水，然后涂抹新的胶水，再将新的液晶屏安装好。

图 11-17　华为 Nova 5 手机进水屏幕无显示故障维修（续）

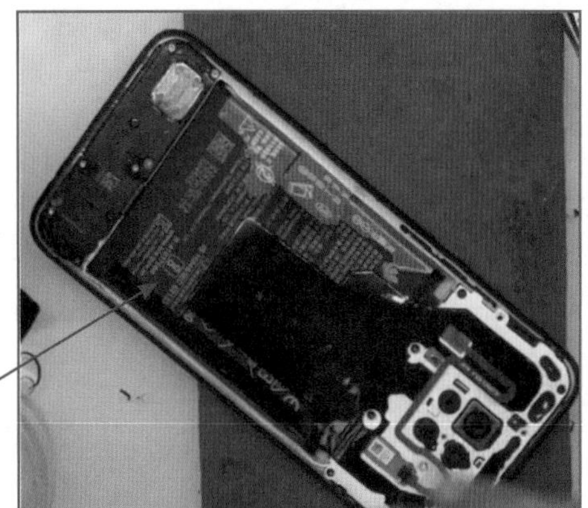

❾ 屏幕安装好后，接下来安装电池和后盖。

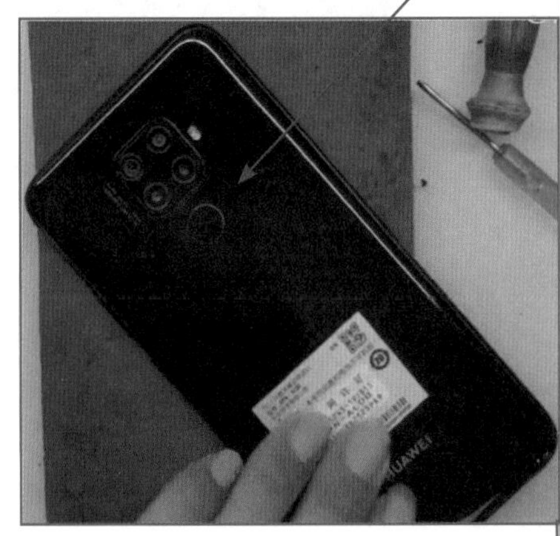

❿ 完全安装好后，开机测试，开机显示正常，功能使用正常，故障排除。

图 11-17　华为 Nova 5 手机进水屏幕无显示故障维修（续）

第12章 智能手机不入网/无信号故障检测维修实操

智能手机不入网故障是手机的常见故障之一，主要表现为手机没有信号或屏幕上显示紧急呼叫的提示。不入网故障涉及较多的电路单元，当射频电路、逻辑音频电路或者软件有问题时，都会造成此类故障。

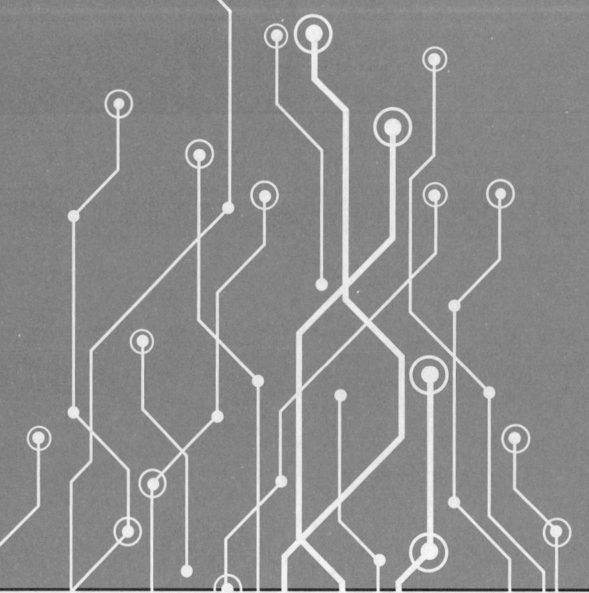

12.1 智能手机不入网 / 无信号故障维修分析

智能手机不入网 / 无信号故障维修比较复杂，会涉及我们前面讲过的射频电路。供电电路与时钟电路；但是复杂也是有章可循的，本节我们来分析不入网 / 无信号故障的原因及维修方法。

12.1.1 不入网 / 无信号故障修哪些地方

下面详细分析不入网 / 无信号故障维修思路。如图 12-1 所示，将此故障的检修分为几个部分。

（1）射频接收电路，包括从射频天线开关到射频收发器芯片之间的电路（包括各种滤波器），从射频收发器芯片到 CPU 之间的电路。

（2）射频发射电路，包括从 CPU 到射频收发器，再到射频功率放大器芯片之间的电路，从射频功率放大器芯片到天线开关之间的电路。重点先检查重点芯片的供电电压。

（3）供电电路及时钟电路，包括射频电路的供电电路和时钟电路。

（1）如果智能手机只有拨打电话时有问题，那么重点检查射频发射信号（TX）是否正常，检查射频发射电路中的射频功率放大器芯片的供电电压等。另外，还需要检查射频发射电路中的滤波器、开关等元器件。

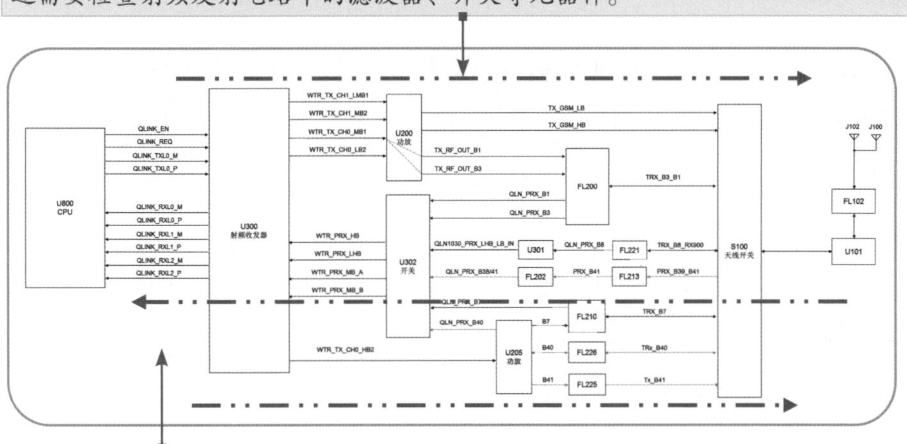

（2）如果智能手机只有接听电话有问题，那么重点检查射频接收信号（RX）及供电电压是否正常。检查射频接收电路中的天线开关、滤波器、射频开关、射频收发器等芯片的供电电压。

图 12-1　不入网 / 无信号故障维修哪些部分

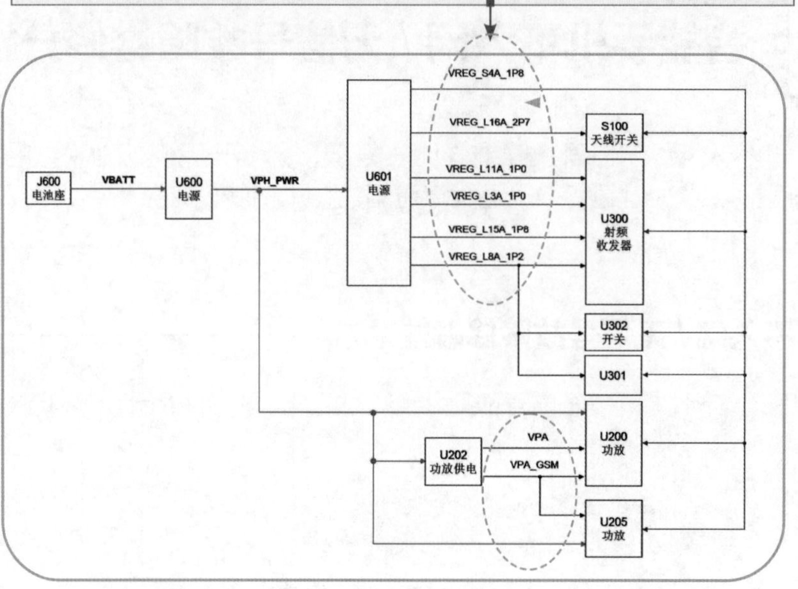

图 12-1　不入网 / 无信号故障维修哪些部分（续）

12.1.2　不入网 / 无信号故障原因分析

智能手机不入网 / 无信号的条件是接收通道必须正常，发射通道也必须正常。引起不入网 / 无信号故障的原因有以下几个方面：一是接收通路不正常引起故障；二是发射通道不正常引起故障；三是射频电路供电电压不正常引起故障。不入网 / 无信号故障是手机维修中的一大故障，该故障检修过程较为复杂，故障具体原因有很多，下面进行详细分析。

1. 检查接收通路

对于手机不入网 / 无网络故障，必须先排除接收通路故障，再排除发送通路故障。这是因为收发通路由共用的锁相环实现。同时，由于手机入网是接收通路正常后，先收到基站的信道分配信息，发射通路才能工作。

接收通路检查判断方法如下：

进入“网络选择”，选择手机搜索网络功能，如果在手机显示屏上显示“中国移动通信”或者“中国联通”，则说明手机的接收通路正常，故障应该在发射通路；如果在手机显示屏上显示“无网络服务”，则说明手机接收通路发生故障。

接收通路故障应检查并测试下列部位的电压信号。

（1）天线及天线与主板的连接，天线开关及其控制；

（2）声表面波滤波器；

（3）射频开关及其供电；

（4）射频收发器及其供电；

（5）射频电源供电电路。

2. 检查发射电路

智能手机若无发射，会导致手机出现不能上网的故障现象。当确定故障在发射机时，可以拨打“112”号码，按发射键（需要手机在能搜索到网络的前提下），注意观察维修电源上的电流指示，如果有大的电流上升，发射电流在 110mA 左右，说明逻辑电路的控制信号基本正常，故障在频率产生电路；如果看不到明显的电流上升，则说明逻辑电路的控制信号或功率放大器有故障；若一按发射键，手机就关机，或电流上升过大，则多是功放短路。

发射通路的故障涉及的部位较多，如射频收发器、射频功率放大器、滤波器、CPU（基带电路）以及对上述各部件供电的电源等。

12.1.3　不入网 / 无信号故障检修流程

不入网 / 无信号故障是维修界至少有 95% 的人感到头痛不已的故障，况且出现故障的频率较高。在对智能手机的射频电路进行检修时，主要是对射频电路的供电电压、收发状态下的输入和输出信号、时钟信号等进行检测（主要测量电路中关键信号连接的电容、电阻端电压或波形）。图 12-2 所示为不入网 / 无信号故障检测基本流程。

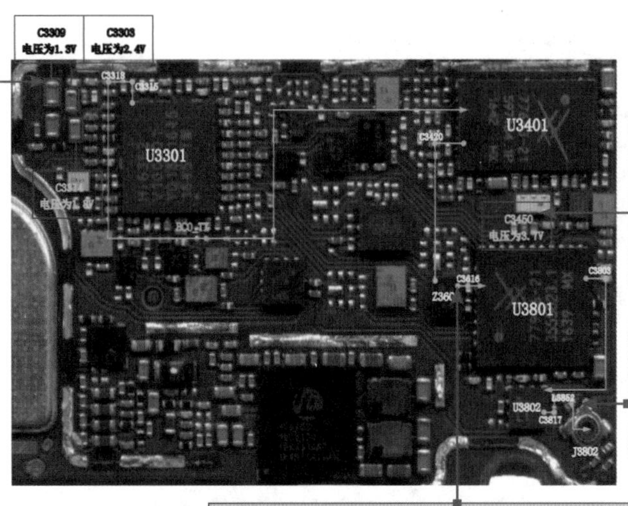

图 12-2　不入网 / 无信号电路故障检测基本流程

12.2 智能手机不入网 / 无信号故障通用维修方法

不入网 / 无信号故障一般由软件故障、射频供电问题、射频芯片问题、SIM 卡电路问题等引起。

维修分析思路和具体方法如图 12-3 所示。

第 1 步：检查插入 SIM 卡是否能识别正常，如果不能，则需要检查 SIM 卡和 SIM 卡插槽是否损坏（重点测量 SIM 卡插槽的各引脚对地阻值、供电电压、时钟信号等）。图中的值为一个大概的参考值。

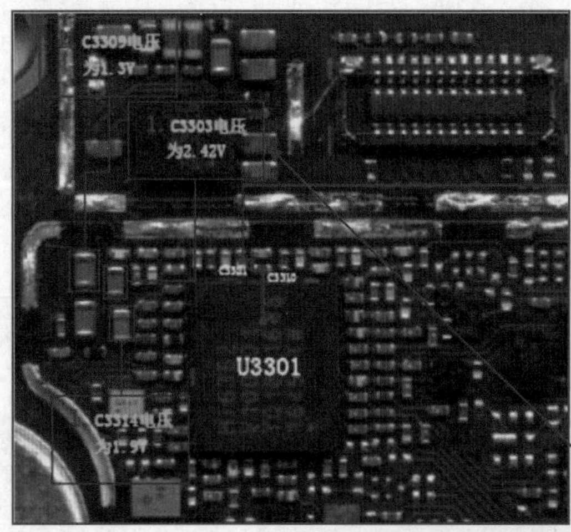

第 2 步：测量射频电路供电是否正常（测量供电引脚连接的电容的电压），如果不正常，则检查电源管理芯片及电路。

图 12-3　信号类故障维修分析

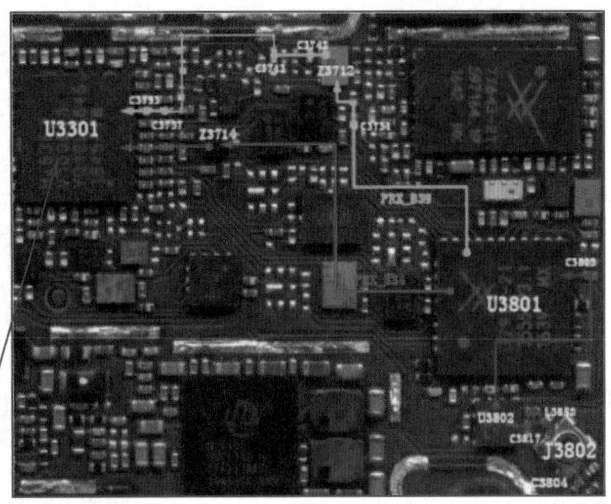

第 3 步：测量射频电路的时钟和数据信号（RF_CLK、RF_DATA）是否正常（直接测量信号线路中的元器件的电压即可），如果不正常，则检查加焊射频收发器芯片和 CPU。

图 12-3　信号类故障维修分析（续）

12.3 智能手机不入网 / 无信号故障检测维修实操

智能手机不入网 / 无信号故障造成的原因很多，前面章节已经做了原理和故障分析；下面将通过几个实战案例来讲解手机不入网 / 无信号故障的检测维修步骤，使维修人员通过实战案例掌握该故障的维修技巧，积累维修经验。

12.3.1　小米 MIX 3 无信号无法打电话故障维修实操

客户一台小米 MIX 3 手机可以正常开机，但是没信号，没有运营商，也没有服务，无法打电话，此故障的维修方法如图 12-4 所示。

❶ 插上 SIM 卡进行测试，一直搜索不到信号，到拨号界面输入“※ # 06 #”，出现串号。

图 12-4　小米 MIX 3 无信号无法打电话故障维修

❷ 准备检查手机电路，拆开手机，检查主板，发现射频电路的散热罩子变形。

❸ 拆下变形的屏蔽罩检查，发现此手机换过射频收发芯片，焊油痕迹明显。继续用放大器仔细检查其他芯片，发现射频功率放大器芯片的芯片脚已经被摔掉。

❹ 更换射频功率放大器芯片后，开机测试，信号恢复正常，故障排除。

图 12-4 小米 MIX 3 无信号无法打电话故障维修（续）

12.3.2　iPhone X Max 开机无服务故障维修实操

客户一台 iPhone X Max 手机可以正常开机，但是没信号，没有运营商，也没有服务，无法打电话。从客户那儿了解，手机进行了刷机，手机有时候会自动重启。此故障的维修方法如图 12-5 所示。

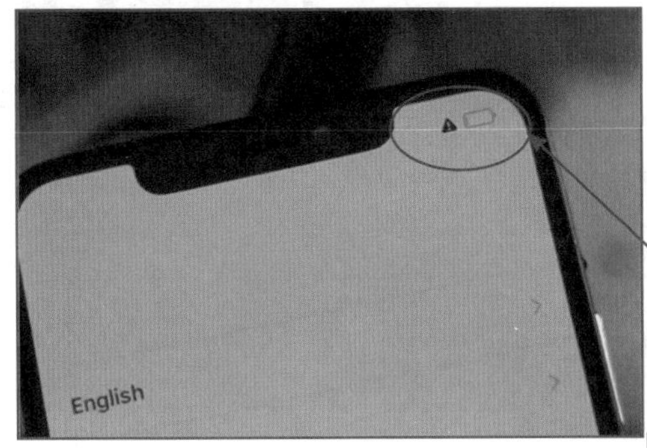

❶ 首先将手机开机，看到手机右上角有一个感叹号，说明没有服务，没有基带。

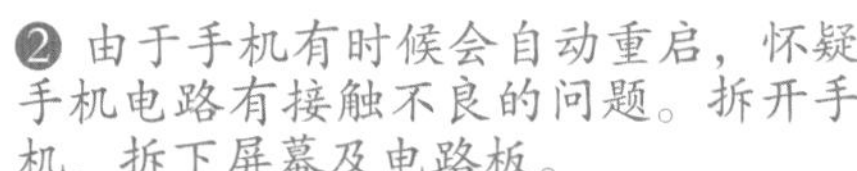

❷ 由于手机有时候会自动重启，怀疑手机电路有接触不良的问题。拆开手机，拆下屏幕及电路板。

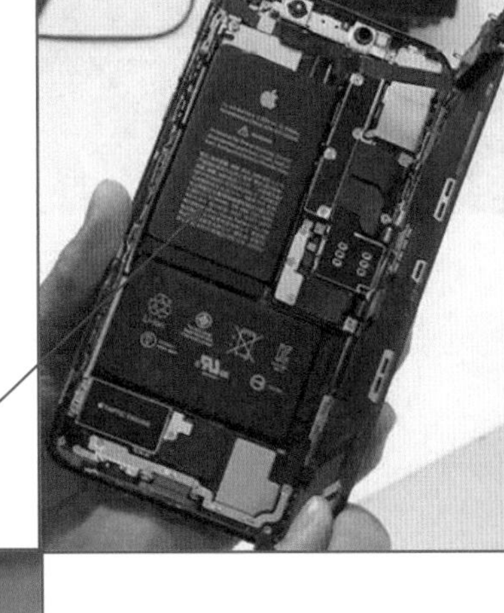

❸ 将主板分层电路板分开，将主板放到加热平台上加热（150℃加热 2 min），然后用刀轻轻分开电路板。

图 12-5　iPhone X Max 开机无服务故障维修

❹ 将分开的电路板放到放大镜下仔细检查焊点，未发现掉点的情况。

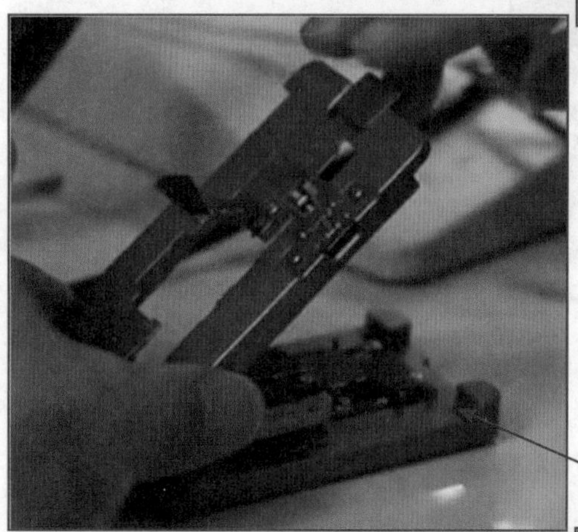

❺ 由于未发现掉点的情况，分析可能是由于两个电路板接触不良引起的故障。接下来将两个电路板放到夹板中，进行测试。

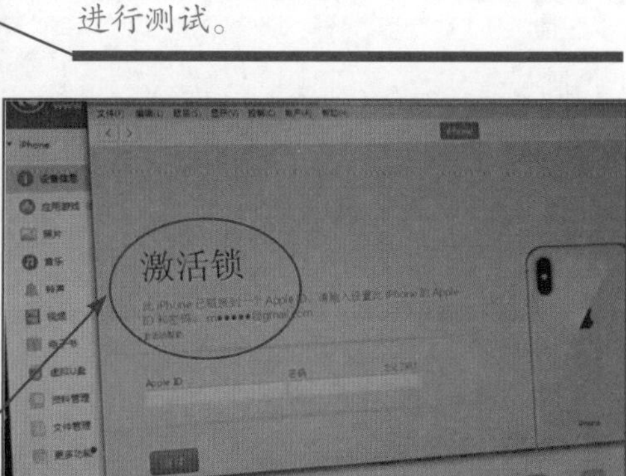

❻ 将电路板装到夹板后，连接上计算机，然后开机，发现出现“激活锁”页面，说明手机的基带正常了，服务正常了。故障是由于电路板接触不良引起的。

❼ 将两个电路板重新焊接到一起，将电路板放到加热平台上，然后在接口处涂上焊液。

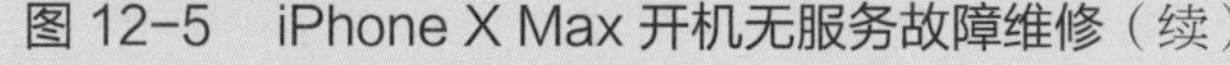

图 12-5　iPhone X Max 开机无服务故障维修（续）

❽ 将另一个电路板装上，并调整好位置。然后用镊子按住，加热 2 min。

❾ 将电路板焊接好后，将其安装。

❿ 开机测试，可以搜到手机信号，故障排除。

图 12-5　iPhone X Max 开机无服务故障维修（续）

12.3.3　iPhone 12 Pro 无服务故障维修实操

客户一台 iPhone 12 Pro 手机可以正常开机，但是没信号，也没有服务。经过向客户了解情况，得知该手机之前被摔过；因此初步判断是被摔后元器件接触不良或者焊点掉点造成无服务故障；此故障的维修方法如图 12-6 所示。

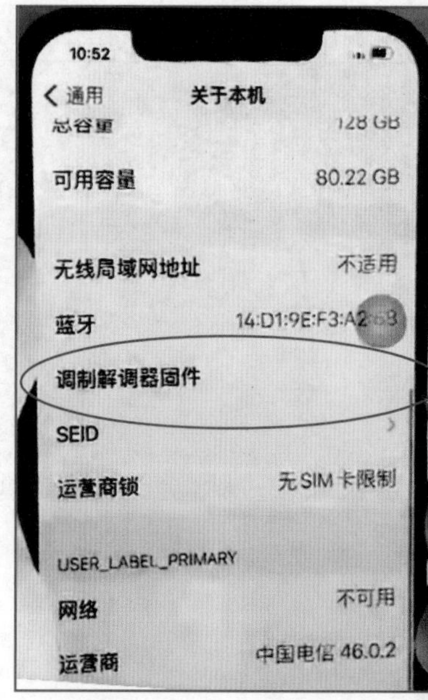

❶ 将手机开机，看到手机右上角确实没有服务，然后打开设置查看“关于本机”下的“调制解调器固件”选项，没有版本信息，说明没有基带。

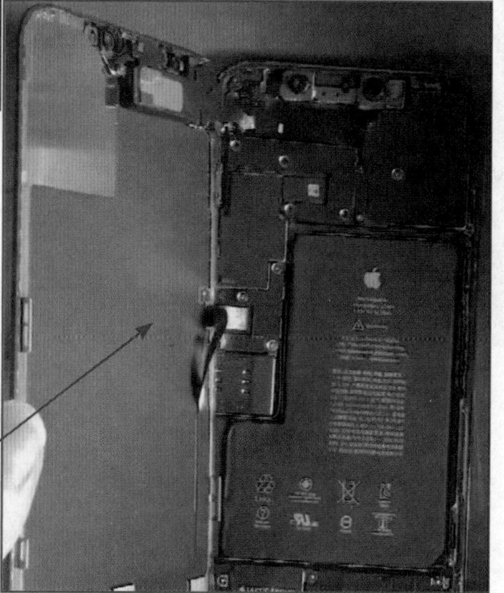

❷ 由于手机之前被摔过，根据维修经验，怀疑手机电路有接触不良的元器件。接着拆开手机，拆下屏幕。

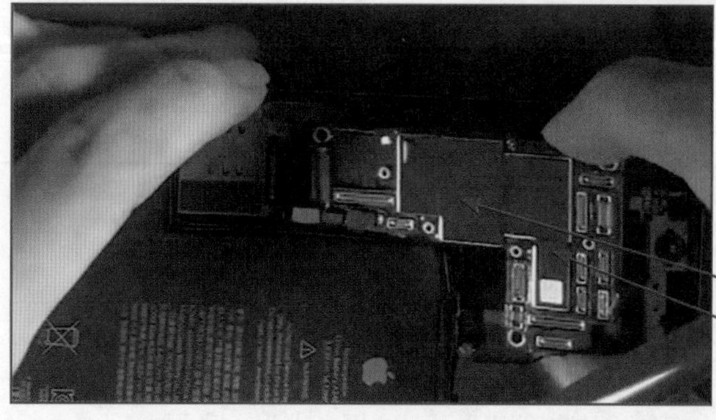

❸ 拆下电路板准备检测。

图 12-6　iPhone 12 Pro 无服务故障维修

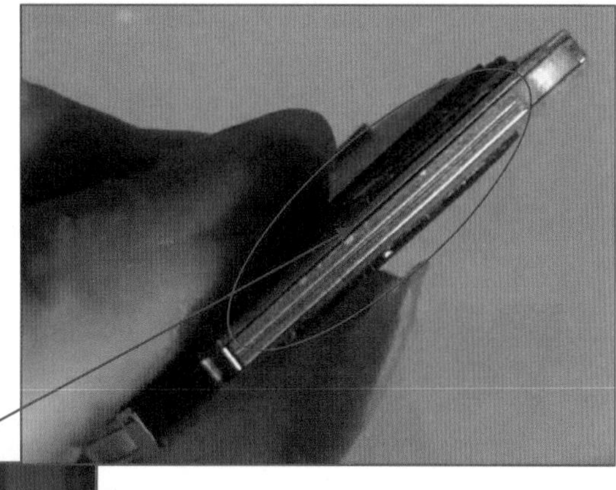

❹ 观察拆下来的主板，发现主板侧面裂开了一条缝，说明在手机被摔时，由于挤压导致主板分层电路板裂开了（正常是焊在一起的，没有缝隙）。

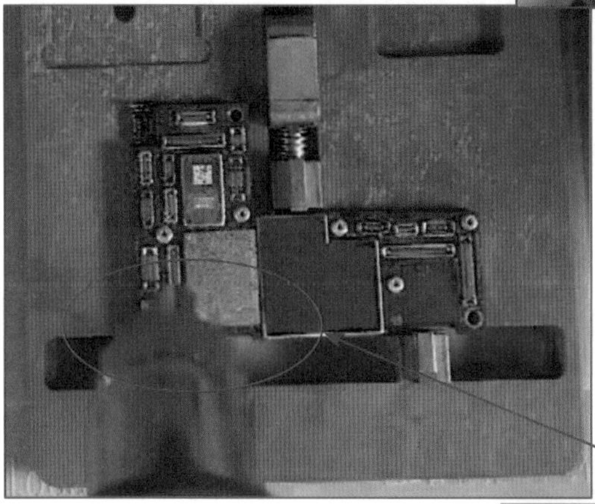

❺ 将主板分层电路板分开。将主板放到加热平台上加热（150 度加热 2 分钟），然后用刀轻轻分开电路板。

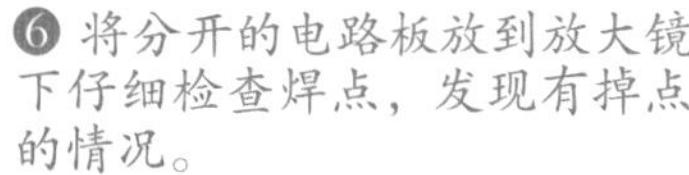

❻ 将分开的电路板放到放大镜下仔细检查焊点，发现有掉点的情况。

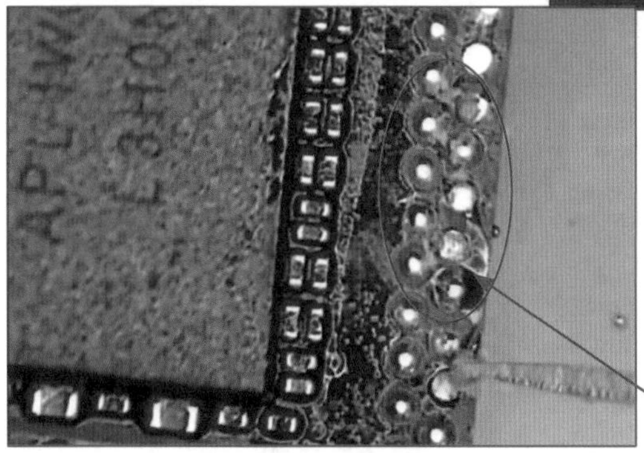

❼ 用电烙铁逐个修复掉点。修复时，先清理掉点的焊盘，然后用焊锡修复。

图 12-6　iPhone 12 Pro 无服务故障维修（续）

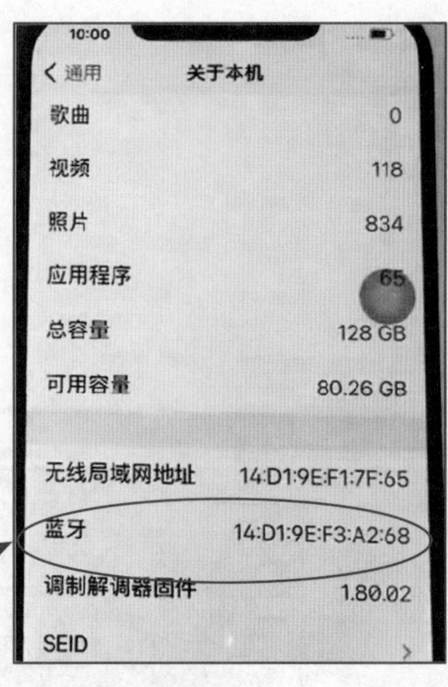

❽ 掉点修复后，将两块主板重新焊到一起，然后装好主板，装好其他部件，最后开机测试，可以搜到手机信号，打开设置中的“关于本机”，可以看到“调制解调器固件”栏出现了，固件信息，说明基带恢复，故障排除。

图 12-6　iPhone 12 Pro 无服务故障维修（续）

12.3.4　华为荣耀 20 手机开机无信号故障维修实操

客户一台华为荣耀 20 手机，可以正常开机，但是没有信号和服务，无法打电话。此故障的维修方法如图 12-7 所示。

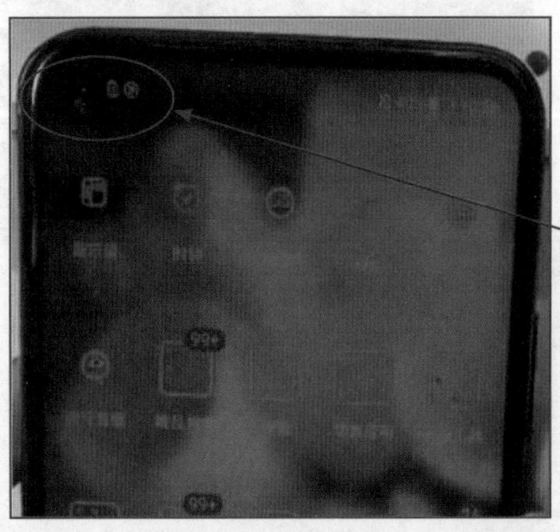

❶ 开机检查手机，发现开机后没有信号。

图 12-7　华为荣耀 20 手机开机无信号故障维修

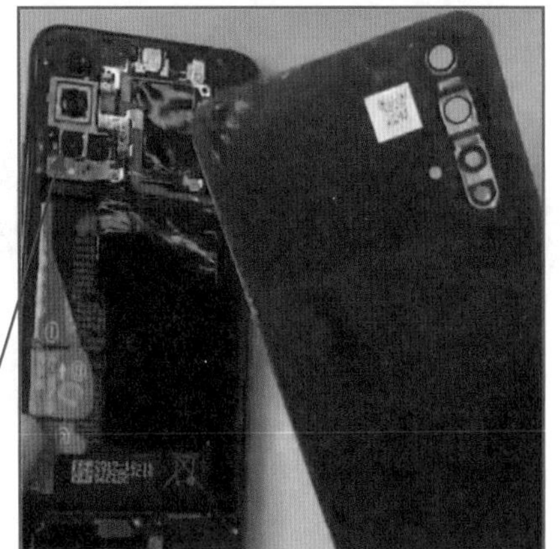

❷ 怀疑手机内部射频电路有接触不良问题，接着拆开手机外壳。

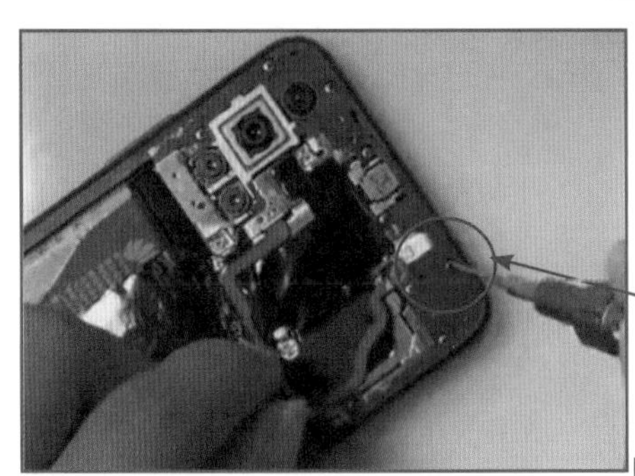

❸ 进一步拆下手机主板。

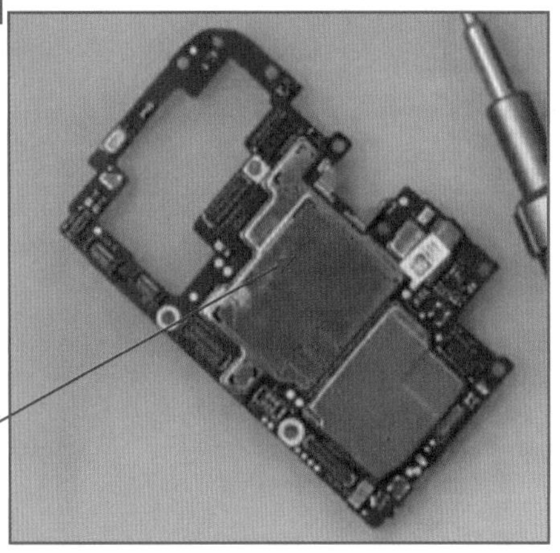

❹ 仔细检查主板，发现射频电路的屏蔽罩，有些变形。

❺ 用热风枪加热射频电路的屏蔽罩，并取下来。然后在放大镜下检查射频电路，发现射频收发器芯片有些虚焊的迹象。用热风枪将其拆下，并检查焊点。焊点都正常，然后植锡重新焊好芯片。

图 12-7　华为荣耀 20 手机开机无信号故障维修（续）

❻ 将主板装到手机，通电进行测试。

❼ 开机检查，发现信号恢复正常。接下来将射频电路的屏蔽罩重新装好，并安装好主板和外壳。最后再次进行拨打电话测试，可以正常拨打电话，故障排除。

图 12-7　华为荣耀 20 手机开机无信号故障维修（续）

12.3.5　OPPO R17 手机开机无 Wi-Fi 无信号故障维修实操

客户一台 OPPO R17 手机，可以正常开机，无 Wi-Fi，无法打电话。此故障的维修方法如图 12-8 所示。

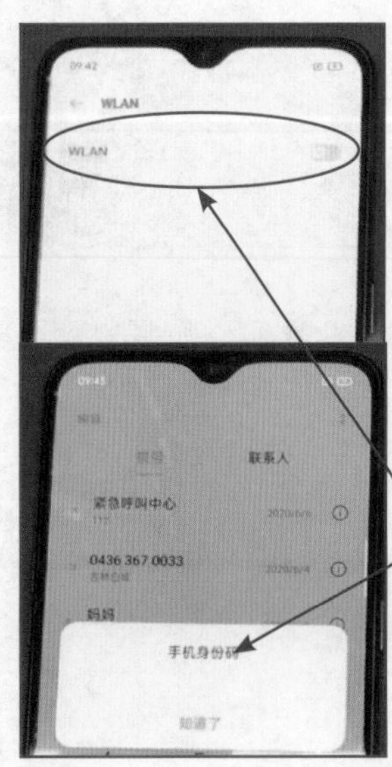

❶ 开机检查手机，发现无法打开 WLAN，并且输入“*#06#”查看手机身份码，无显示。怀疑手机射频芯片有虚焊的情况。

图 12-8　OPPO R17 手机开机无 Wi-Fi 无信号故障维修

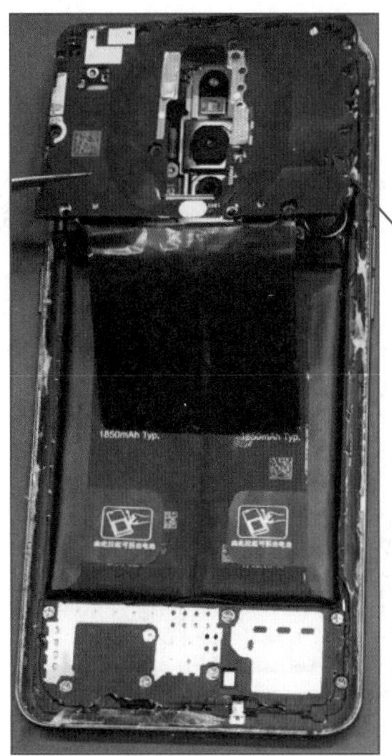

❷ 拆开手机外壳，拆下保护膜。

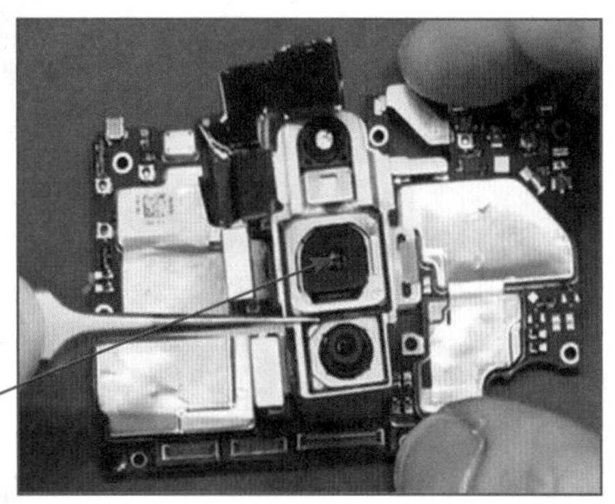

❸ 拆下主板，然后拆下摄像头。

❹ 用热风枪加热射频电路的屏蔽壳，将其拆下。

图 12-8　OPPO R17 手机开机无 Wi-Fi 无信号故障维修（续）

❺ 在 WTR 射频芯片周围涂一些焊油，有助于均匀加热。

❻ 用热风枪均匀加热 WTR 射频芯片，对齐进行加焊处理。

❼ 加焊处理后，将主板安装到手机中进行测试，看故障消失没有。

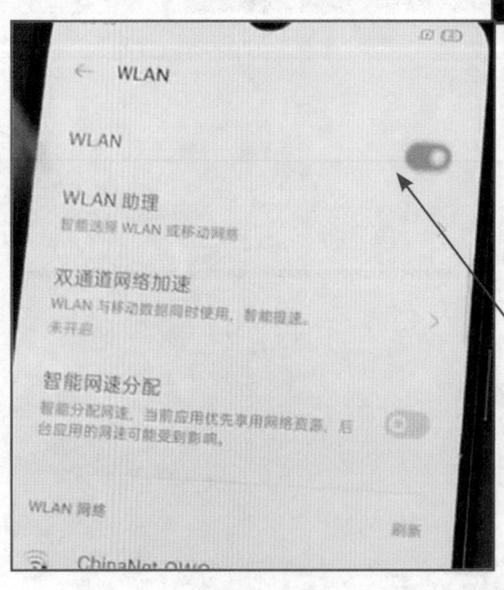

❽ 打开手机电源，然后打开 WLAN 开关，发现可以搜到无线网络了。连网看视频测试，上网正常。再输入“*#06#”也可以正常显示手机身份码，故障已经排除。将主板重新拆下，安装好屏蔽壳，再安装好手机各种部件，最后再次测试，一切运行正常，故障排除。

图 12-8　OPPO R17 手机开机无 Wi-Fi 无信号故障维修（续）

智能手机液晶屏与触摸屏故障检测维修实操

智能手机液晶屏与触摸屏故障是智能手机常见故障之一，主要表现为手机屏幕显示不正常，或不显示；手机无法触摸操控，或触摸操控不灵敏等。本章将详细分析液晶屏与触摸屏故障的维修方法，并通过一些实战案例来总结液晶屏与触摸屏故障维修经验。

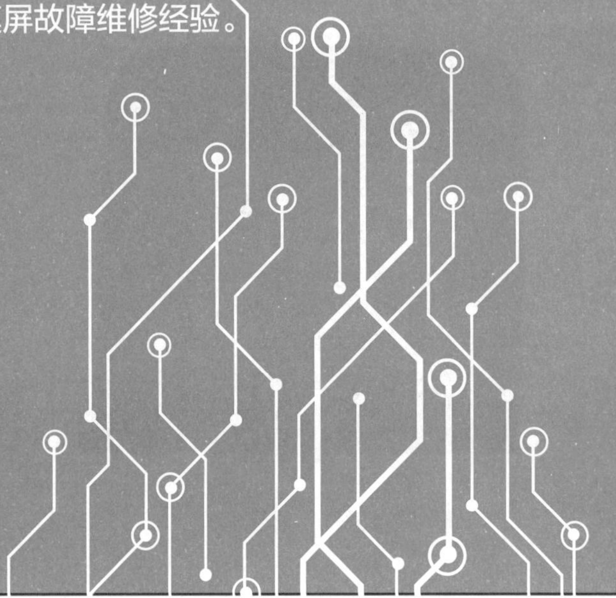

13.1 液晶屏与触摸屏故障分析及维修方法

智能手机的液晶屏主要用来显示当前手机工作状态，而触摸屏则是输入人工指令的重要部件。智能手机的液晶屏和触摸屏出现故障的概率较大，由于手机进水或被摔的情况较多，而这些情况会直接引起液晶屏和触摸屏电路出现问题，进而出现显示问题或操作问题。下面对液晶屏和触摸屏故障进行分析。

13.1.1 液晶屏和触摸屏故障分析

智能手机显示故障的原因一般包括：

（1）液晶屏损坏或显示排线断裂；

（2）显示排线内联座接触不良或显示接口导电橡胶接触不良；

（3）液晶屏接口各脚电压不正常；

（4）屏显外围电路不正常；

（5）电源控制芯片、处理器等虚焊或损坏；

（6）软件故障。

对于智能手机显示屏显示故障，首先应区分是显示屏与显示屏接口不良还是显示电路不良，抑或是背光灯问题。一般来说，显示电路的故障率相对较低，显示不良多为显示屏导电橡胶接触不良引起。对于摔过的机器或进水的手机，出现无显示故障则大多为显示屏损坏，如图 13-1 所示。

图 13-1　显示异常

13.1.2　液晶屏故障维修方法

液晶屏部分的故障主要有：不显示、显示淡、白屏、黑屏、缺笔画、显示颠倒、阴阳屏等。若出现不显示、显示不正常等故障时，可通过测显示数据的有无来判断故障的部位。如果显示数据不正常，说明故障在主板控制电路或软件；若显示数据正常，说明故障在显示屏；故障通常是由断线、虚焊、接触不良、显示屏损坏、与显示屏有关的元件变质损坏、软件等原因引起。可具体情况所测数据情况，分别检修予以排除。

智能手机液晶屏故障维修方法如图 13-2 所示。

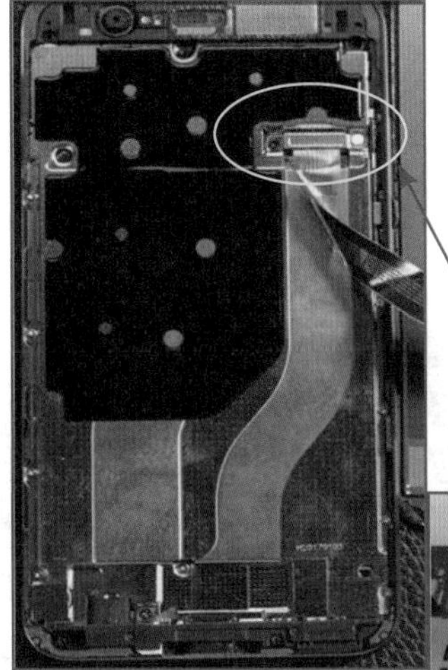

第 1 步：检查显示屏排线的连接是否松动、接触不良、腐蚀或接口有损坏。然后在放大镜下检查接口的针脚是否有损坏，特别是摔过的手机。

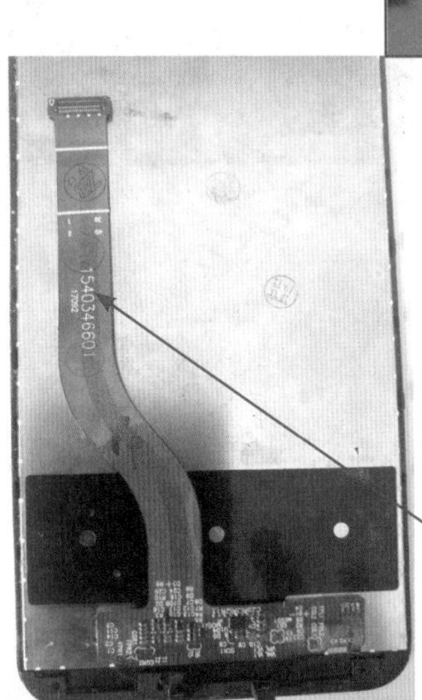

第 2 步：检查液晶显示屏的软排线是否有破损，折断或小孔等问题，如果有，更换排线。

图 13-2　智能手机液晶屏故障维修方法

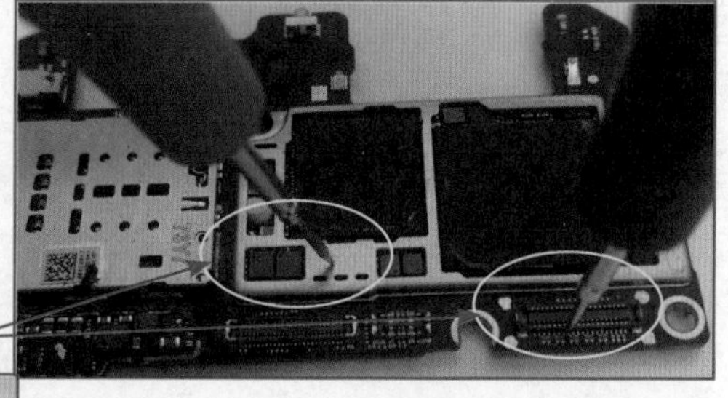

第 3 步：用万用表检测液晶显示屏接口针脚的对地阻值。测量时，将万用表调到二极管挡，红表笔接地，黑表笔接接口引脚。

第 4 步：如果对地阻值为 0 或很小（如几十），或无穷大，则说明此引脚连接的电路有问题。对地阻值正常为几百（如图中为 450），对地阻值读数时，通常只读右边三位数字。

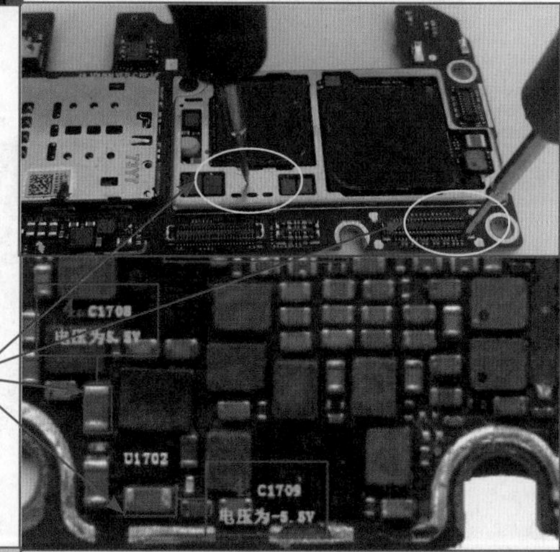

第 5 步：若接口的对地阻值均正常，接着测量液晶显示屏电路的供电电压是否正常［一般直接测量供电电路中的滤波电感和滤波电容端的电压即可，显示屏信号有 20V 左右电压（WLED）、5.5V 电压（VSP）、−5.5V 电压（VSN）、1.8V 电压等］。若供电电压不正常，检查供电电路中的滤波电容及电感等是否虚焊或损坏。

第 6 步：检测处理器与显示器间控制线上的电阻等元件是否正常，如果不正常，更换即可。

第 7 步：若上述检测均正常，更换液晶显示屏，看故障是否排除，若故障依旧，估计是 CPU 有问题，可以加焊 CPU 或更换 CPU 芯片。

图 13-2 智能手机液晶屏故障维修方法（续）

13.1.3　触摸屏故障通用维修方法

触摸屏故障一般由软件问题、触摸屏线连接问题、触摸屏供电问题、CPU 问题等引起。

维修分析思路和具体方法如图 13-3 所示。

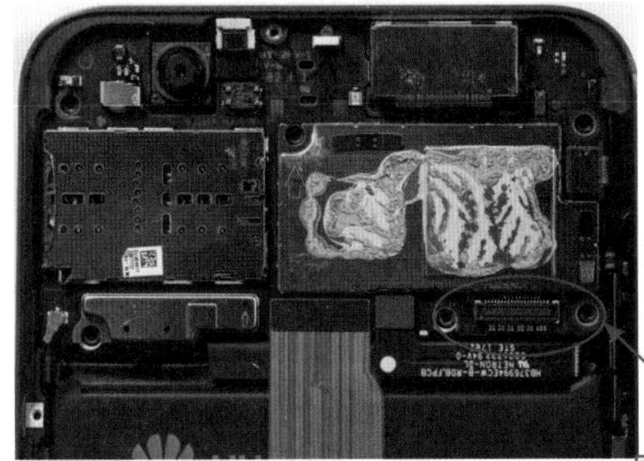

第 1 步：目检触摸屏接口及周边元器件是否损坏或虚焊，如果有损坏的元器件，直接更换。有些手机的液晶屏和触摸屏接口在一起，有些手机是分开的。

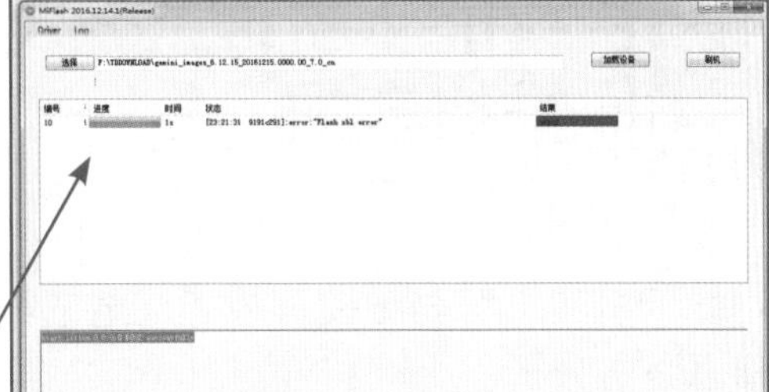

第 2 步：刷写手机的软件，排除软件问题引起的故障。

第 3 步：断电情况下，用万用表二极管档测量触摸屏插座各脚的对地值是否正常，如果有对地阻值低的，说明此引脚连接的元器件有短路的情况（重点检查线路中的电容、电阻、电感）。

第 4 步：若对地值正常，通电测量触摸屏插座中的供电和控制信号是否正常［测量这些信号线路中的电容等元器件的电压。一般触摸屏信号有 5.5V 电压（VSP）、3V 电压（VDD）、1.8V 电压等］。

图 13-3　触摸屏故障维修分析

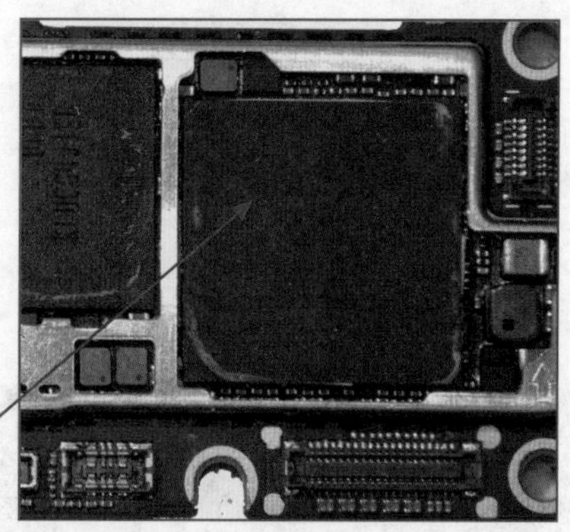

第 5 步：若触摸屏插座供电和控制信号正常，则检查触摸屏排线和触摸屏。否则，加焊 CPU。

图 13-3　触摸屏故障维修分析（续）

13.2 智能手机液晶屏与触摸屏故障检测维修实操

智能手机液晶屏与触摸屏故障造成的原因很多，前面章节已经做了故障原因和基本维修思路的分析。下面将通过几个实战案例来讲解智能手机该类型故障的检测维修步骤，使维修人员通过实战案例掌握该故障的维修技巧，积累维修经验。

13.2.1 iPhone X 不显示故障维修实操

客户送来一台 iPhone X 手机，开机黑屏无法显示。此故障的维修实践步骤如图 13-4 所示。

❶ 首先按电源开关检查手机，可以看到液晶屏黑屏不显示。

图 13-4　iPhone X 不显示故障维修

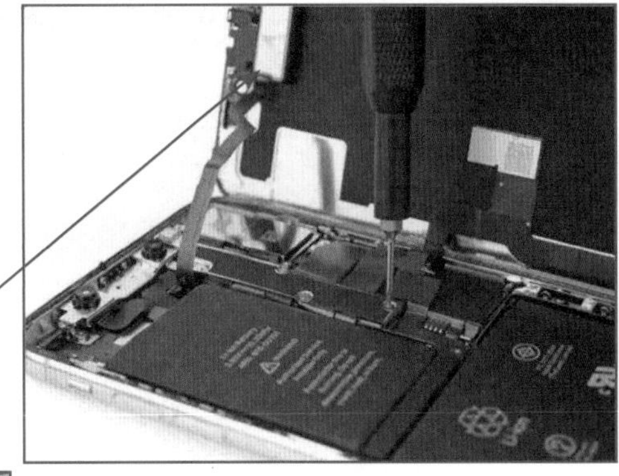

❷ 将手机屏幕拆下，然后用测试屏幕进行测试。依旧没有显示，看来不是液晶屏的问题，可能是液晶屏电路方面问题（如 CPU、LCD 接口等）。

❸ 将电路板拆下检查。

❹ 用万用表测量 LCD 接口引脚的对地阻值。发现图中这两个引脚的对地阻值为无穷大，正常应该为 400 左右。看来此引脚连接的元器件有损坏的。

❺ 经过测量发现问题，引脚旁边的电感器断路损坏。

❻ 拆下问题电感器，从一个故障手机主板上拆下一个相同的电感器进行更换后，将主板安装好，开机测试，发现可以正常显示了，故障排除。

图 13-4　iPhone X 不显示故障维修（续）

13.2.2 小米 9 手机开机不显示故障维修实操

一台小米 9 手机开机不显示，排除电池没电等问题后，准备拆机检查；该故障的维修实践步骤如图 13-5 所示。

❶ 将手机屏幕拆下，然后用测试屏幕进行测试。依旧没有显示，看来不是液晶屏的问题，可能是液晶屏电路方面问题（如 CPU、LCD 接口等）。接下来将电路板拆下检查。

❷ 用万用表测量 LCD 接口引脚的供电引脚的对地阻值。发现供电引脚阻值只有几十，正常应该为 400 左右。看来 LCD 的供电电路有损坏的元器件。

❸ 检查 LCD 的供电电路。先将主板供电电路的屏蔽罩拆除。

图 13-5 小米 9 手机开机不显示故障维修

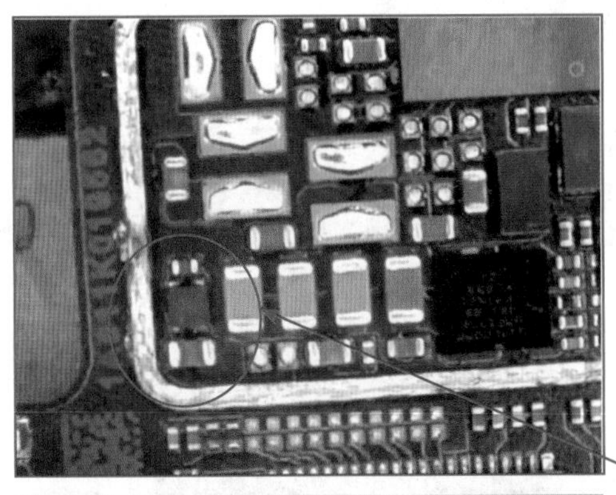

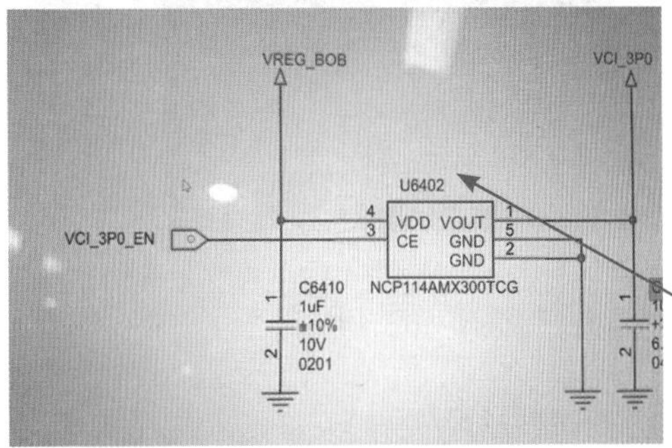

❹ 经查电路图发现问题，引脚连接的是 3.0V 供电电压。此供电电压中包括图中的一个稳压器和滤波电容。接下来给主板通电，检测电容 C6410 的电压，有 3.8V 的供电电压，但输出端的电容电压为 0，怀疑稳压器芯片损坏。

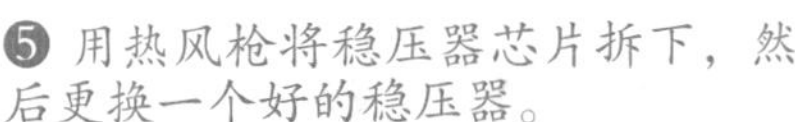

❺ 用热风枪将稳压器芯片拆下，然后更换一个好的稳压器。

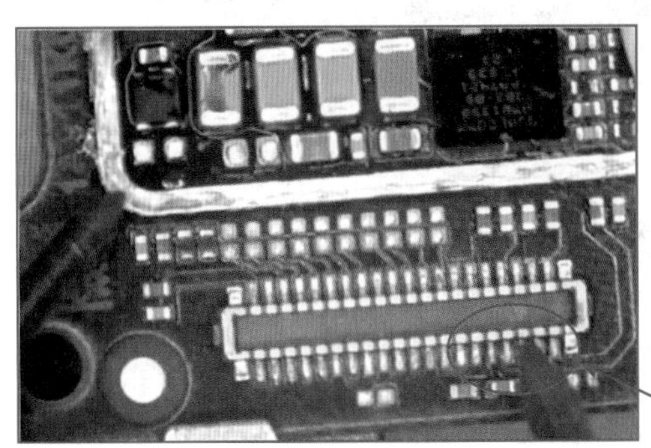

❻ 换好稳压器后，再次用万用表测量 LCD 接口供电引脚对地阻值。阻值变为 360，阻值正常了。

图 13-5 小米 9 手机开机不显示故障维修（续）

❼ 将手机液晶屏安装上再次进行测试，出现开机画面，可以正常显示了。

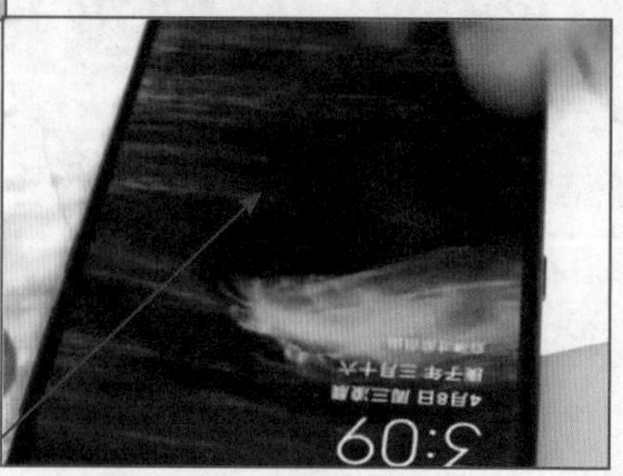

❽ 拆下主板，将屏蔽罩重新焊好，然后将手机各个部件重新安装好，然后按电源开关试机，显示正常，故障排除。

图 13-5　小米 9 手机开机不显示故障维修（续）

13.2.3　华为 Mate40 Pro 手机开机不显示故障维修实操

一台华为 Mate40 Pro 手机开机不显示，但长按开机键会有震动，且有时按压手机后壳屏幕会显示一下。根据故障现象判断是电路板问题导致的故障，该故障的维修步骤如图 13-6 所示。

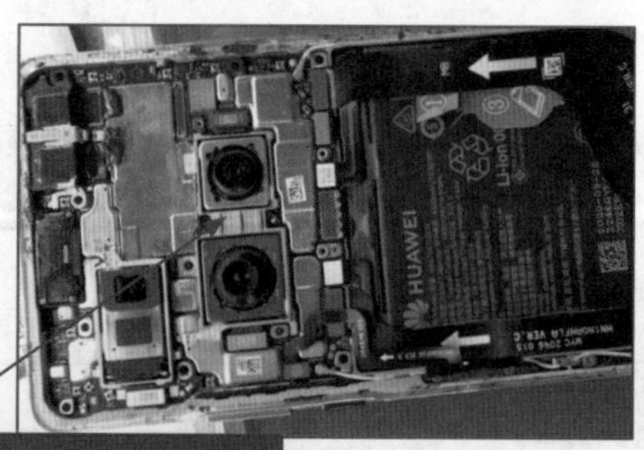

❶ 将手机外壳拆下，然后按下电路板，发现可以显示，松开后又黑屏。说明故障是由主板问题引起的，可以排除显示屏的问题。

❷ 关机，拆下显示屏的排线，准备检测排线引脚对地阻值，看是否有短路或断路故障。

图 13-6　华为 Mate40 Pro 手机开机不显示故障维修

❸ 将数字万用表调到蜂鸣挡，然后红表笔接地，黑表笔依次接显示屏接口各个引脚测量其对地阻值。测量时发现有多个引脚的对地阻值为无穷大，说明电路中有断路的故障。

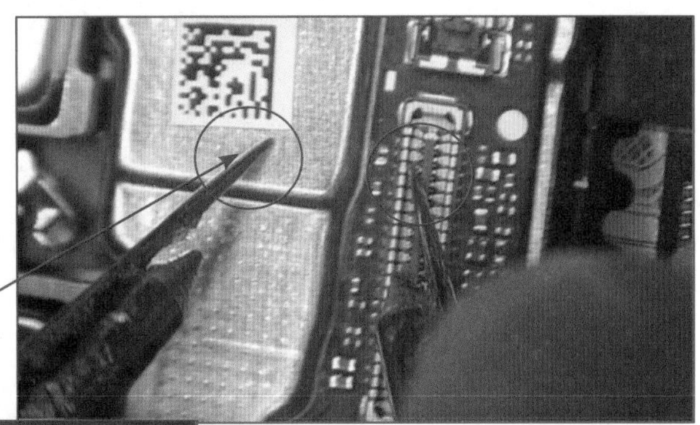

❹ 准备检查主板，先拆下主板，然后安装到加热平台工具中，用热风枪加热主板中的小电路板（注意要充分加热轻轻取下，否则会造成掉点的问题）。

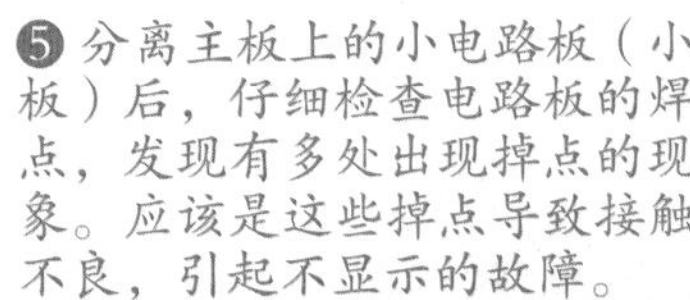

❺ 分离主板上的小电路板（小板）后，仔细检查电路板的焊点，发现有多处出现掉点的现象。应该是这些掉点导致接触不良，引起不显示的故障。

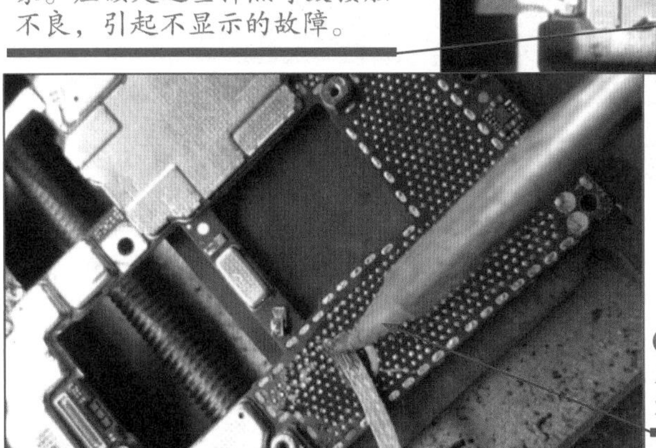

❻ 准备处理掉点问题（补点）。先用吸锡条吸除焊盘上多余的焊锡。

图 13-6　华为 Mate40 Pro 手机开机不显示故障维修（续）

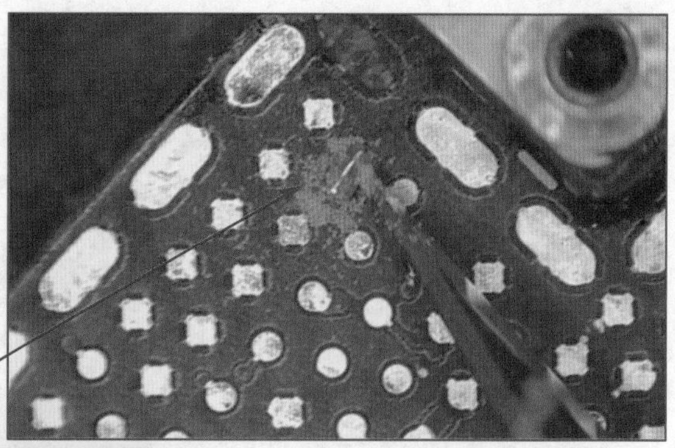

❼ 对掉点的地方重新“补点”。之后用绿漆涂抹，并用刀轻轻刮出焊点。

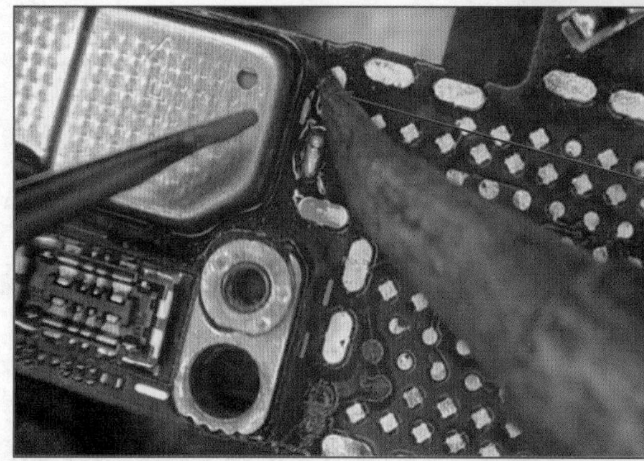

❽ 处理一下被氧化的焊点。用电烙铁加热一下氧化的焊点即可。

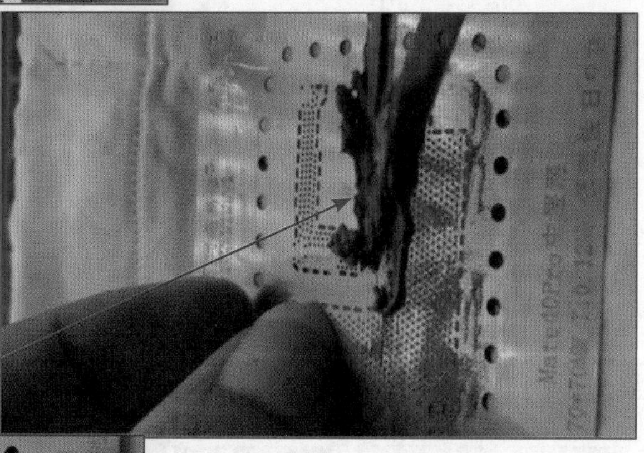

❾ 在处理完掉点后，准备装回小板。先清理小板焊盘上多余的焊锡，并涂抹焊油，然后用植锡板开始给小板植锡（注意最好用低温焊锡膏）。

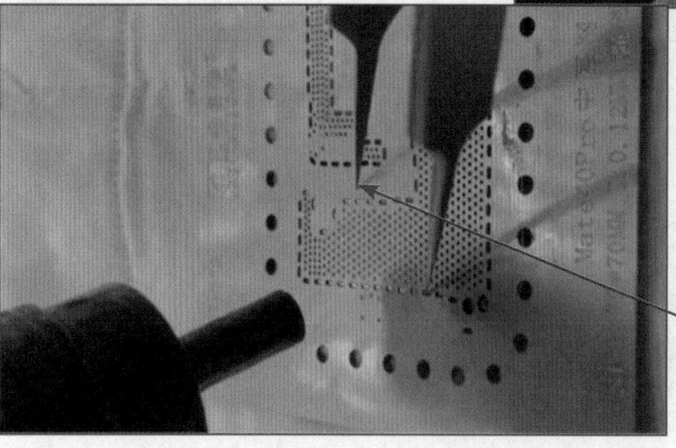

❿ 用热风枪加热植锡板，使锡膏融化变成锡球。

图 13-6　华为 Mate40 Pro 手机开机不显示故障维修（续）

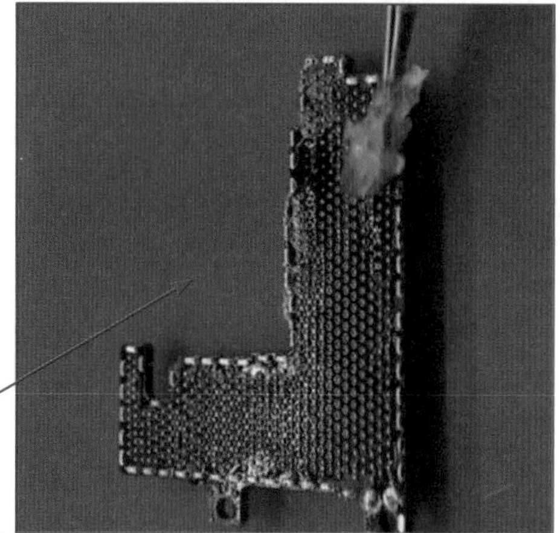

⑪ 在植锡完成后，接着再用焊油涂抹小板的焊盘，准备焊接。

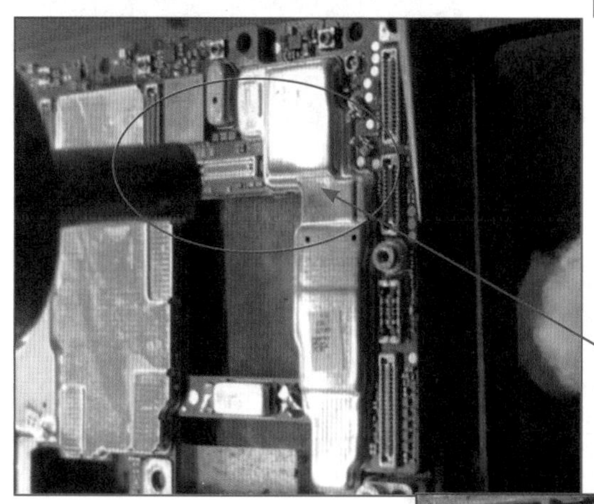

⑫ 将小板放到主板上，并用热风枪加热，将两个电路板焊接到一起。

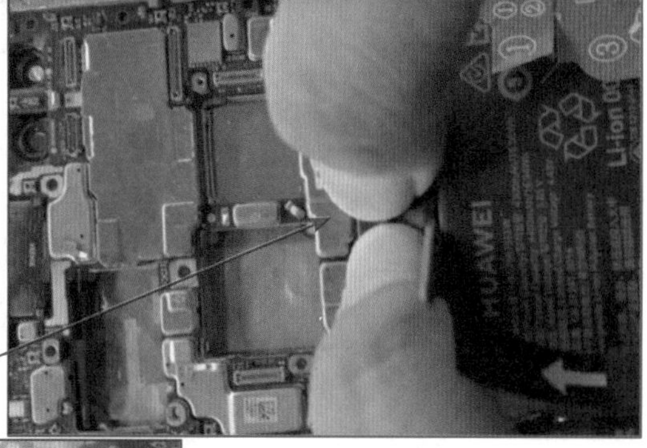

⑬ 将主板安装回手机，准备测试。

⑭ 开机测试，发现手机可以正常显示了，故障排除（注意很多的维修案例中发现，掉点是手机不显示的一个通病）。

图 13-6　华为 Mate40 Pro 手机开机不显示故障维修（续）

13.2.4 iPhone X触摸屏失灵故障维修实操

客户送来一台 iPhone X 手机，开机可以正常显示，但是触摸屏无法使用。此故障的维修具体步骤如图 13-7 所示。

❶ 开机检查手机确认故障，看到手机显示正常，触摸屏确实无法使用，且手机屏幕有磕碰痕迹，应该被摔过。

❷ 拆开手机进行检查，未发现显示接口损坏或接触不良。

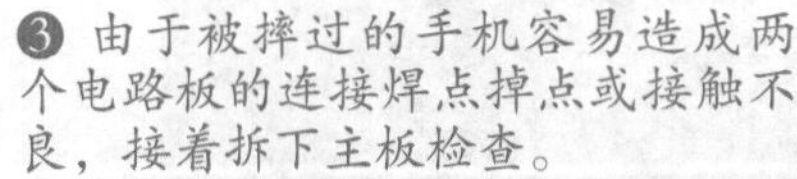

❸ 由于被摔过的手机容易造成两个电路板的连接焊点掉点或接触不良，接着拆下主板检查。

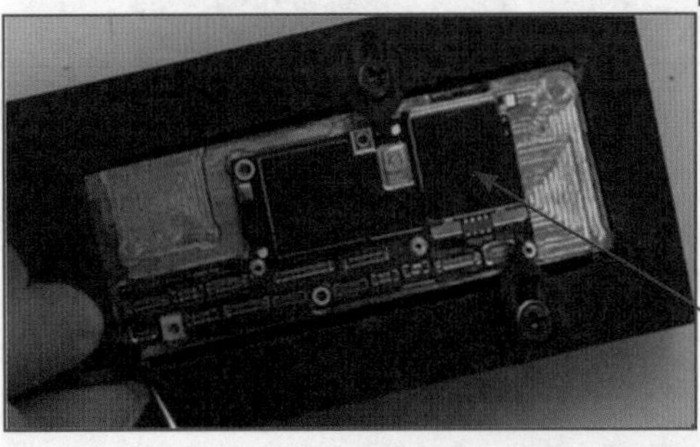

❹ 将主板放到加热平台进行分离，一般为 150℃，加热 2 分钟左右就可以分开。

图 13-7 iPhone X 触摸屏失灵故障维修

❺ 仔细检查主板的焊点，未发现掉点的情况，但是有些焊点需要清理一下。

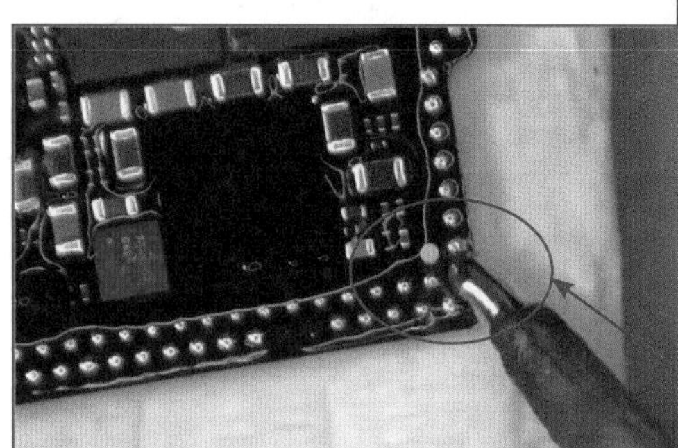

❻ 涂一些焊油到主板焊点，然后用电烙铁进行清理。

❼ 整理好焊点后，将电路板放到加热平台进行连接，连接时用镊子按住 2 分钟。

❽ 将主板装入手机，然后开机测试，可以正常操控手机，故障排除。

图 13-7　iPhone X 触摸屏失灵故障维修（续）

第14章 智能手机声音故障检测维修实操

智能手机的声音信号主要由音频处理电路来完成，音频处理电路主要负责接收和发射音频信号，是实现手机听见对方声音的关键电路。如果此电路出现故障，将会导致手机声音异常。

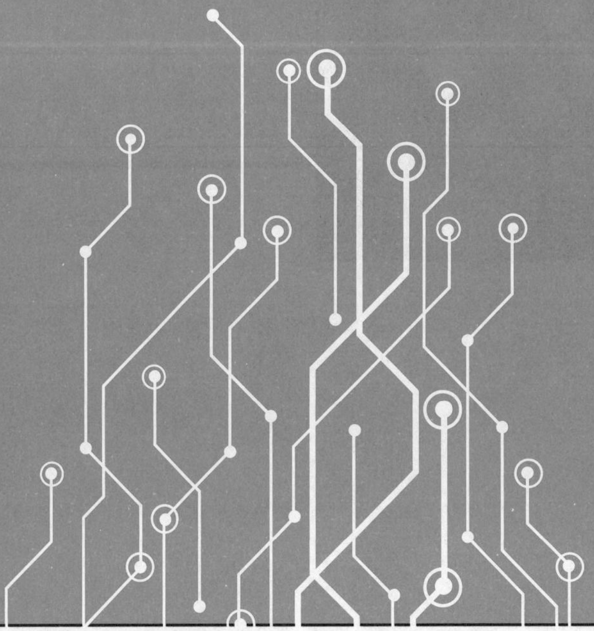

14.1 智能手机声音故障分析及维修方法

智能手机声音故障涉及的电路和部件都比较多，比如扬声器、听筒、话筒等；下面本节将详细讲解智能手机各种声音故障的原因分析和常用的维修方法。

14.1.1 音频处理电路常见故障分析

一般来说，音频处理电路主要由音频信号处理芯片、耳机信号放大器、音频功率放大器等组成。

智能手机的音频处理电路若出现故障，将会引起智能手机受话器无声音、对方听不到声音、扬声器声音异常、耳机声音异常、受话器无声耳机有声等故障，如图 14-1 所示。

（1）受话器电路出现故障将会导致通话时受话器无声、声音小、声音沙哑等故障。重点检查受话器是否虚焊，滤波电容和滤波电感是否虚焊或损坏等。

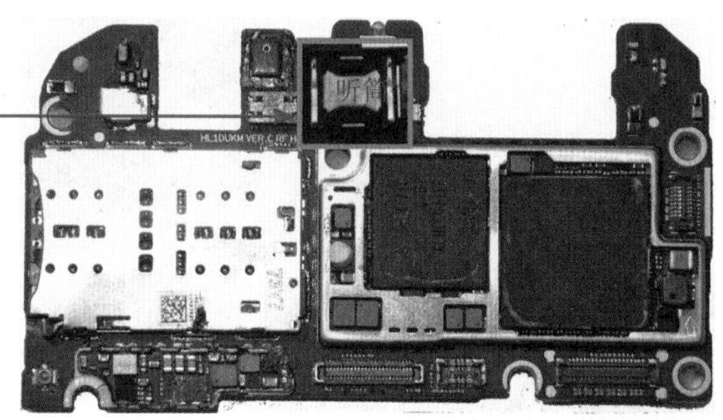

（4）扬声器电路出现故障将会导致智能手机播放音乐无声、免提无声、免提有杂音、声音沙哑等故障。重点检查扬声器是否接触不良、音频功率放大器是否虚焊、音频功率放大器的供电电压是否正常、滤波电容及滤波电感是否虚焊或损坏、语音处理电路是否虚焊及供电是否正常等。

（2）耳机电路出现故障将会导致耳机受话器无声、耳机不送话、耳机无法接听、声音小等故障、重点检查耳机电路中的电阻、滤波电容、滤波电感、耳机信号放大器等是否虚焊或损坏。

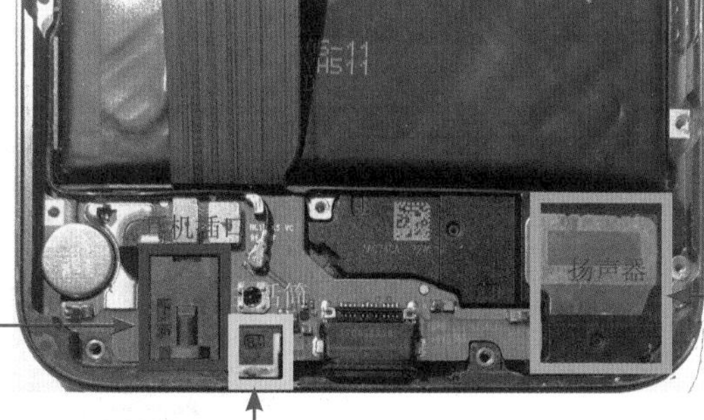

（3）送话器电路出现故障将会引起智能手机不送话、送话声音小、送话有杂音等故障。重点检查送话器是否虚焊、送话器连接的滤波电容是否损坏、偏压电路是否正常、语音处理电路是否虚焊及供电是否正常等。

图 14-1　音频处理电路故障分析

（1）若智能手机在拨打电话时，受话器无声音，对方也听不到声音，则应重点检查音频信号处理电路。

（2）若智能手机收音正常，但对方听不到电话声音，则应重点检测送话器及送话器连接的元件、耳机接口、耳机信号放大器等部件。

（3）若智能手机收音异常，但对方能听到电话声音，则应重点检查受话器、扬声器、耳麦接口、音频功率放大器、耳机信号放大器等部件。

扬声器电路故障主要有：播放 MP3 无声、免提无声、有杂音、声音沙哑等。引起的原因很多，一般包括：扬声器接触不良或损坏、音频功率放大器接触不良或工作供电不正常、滤波电容或滤波电感虚焊或损坏、语音处理电路或基带处理器不正常等。具体检修方法，如图 14-2 所示。

第 1 步：检查尾插接口连接（连接扬声器）是否正常，是否腐蚀、损坏、接触不良。

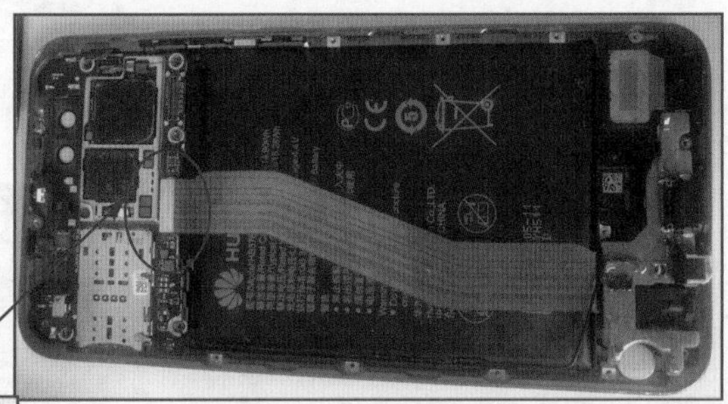

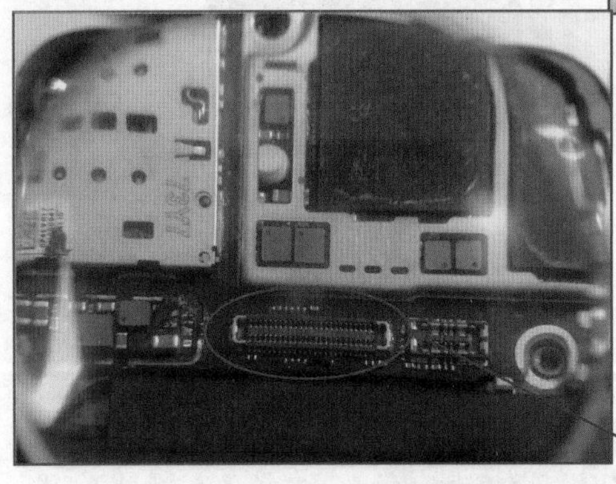

第 2 步：将主板放到放大镜下仔细观察尾插接口，看看接口有没有损坏，接口引脚有无问题，接口周围元器件有无损坏。

第 3 步：用万用表检测尾插接口中扬声器相关针脚的对地阻值。测量时，将万用表调到二极管挡，红表笔接地，黑表笔接接口引脚。如果测量的对地阻值较小或无穷大，则不正常，说明扬声器电路中有损坏的元器件。重点检查尾插接口连接的元器件，以及扬声器电路中的电容器等元器件。

图 14-2　扬声器电路故障维修方法

第 4 步：如果尾插接口扬声器相关引脚对地阻值正常，接着用万用表测量扬声器电路中功率放大器的供电电压等是否正常。如果不正常，则检查供电电路。如果正常，则可以更换功率放大器芯片。

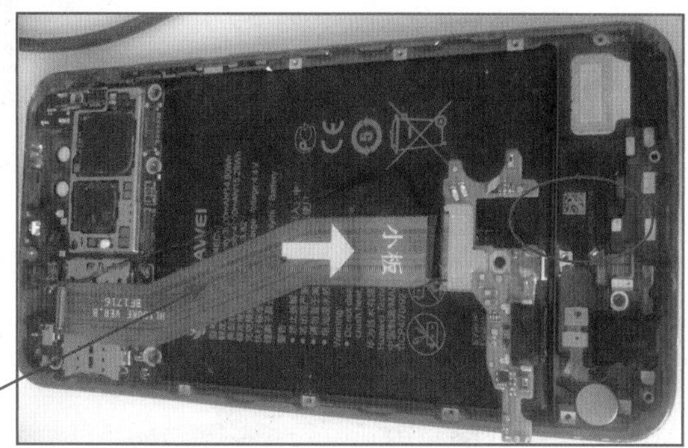

第 5 步：若功率放大器正常，接着检查尾插排线及扬声器相关的小板是否损坏或扬声器接触不良甚至损坏（通过测量扬声器引脚阻值来判断，正常阻值为 8Ω 左右）。

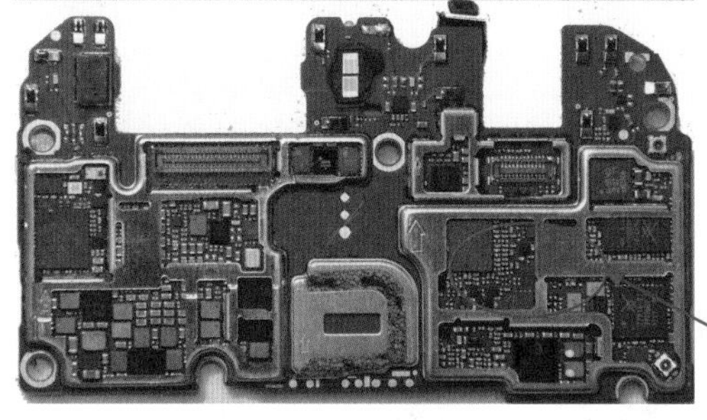

第 6 步：若上述检查都没有问题，则可能是音频处理芯片输出的 SPK 信号线路中的上拉电阻问题或音频处理器芯片问题引起的。先测量输出信号线路中连接的电阻是否正常，上拉电压是否正常。若正常，试着重新焊接音频处理芯片，若不行，更换音频处理芯片。

图 14-2　扬声器电路故障维修方法（续）

另外，当 CPU 出现虚焊时，也会出现扬声器故障，所以 CPU 也要进行检查。

一般此类故障扬声器损坏、音频小功率放大器损坏较多。其中，音频小功率放大器损坏和虚焊的故障占 90% 以上。

14.1.2　受话器电路的维修方法

根据维修经验，受话器电路故障多发生于受话器损坏或接触不良。另外，软件故障也可能造成手机无受话故障。若受话噪声大，则大多为受话器接触不良或受话电路虚焊或损坏。维修方法如图 14-3 所示。

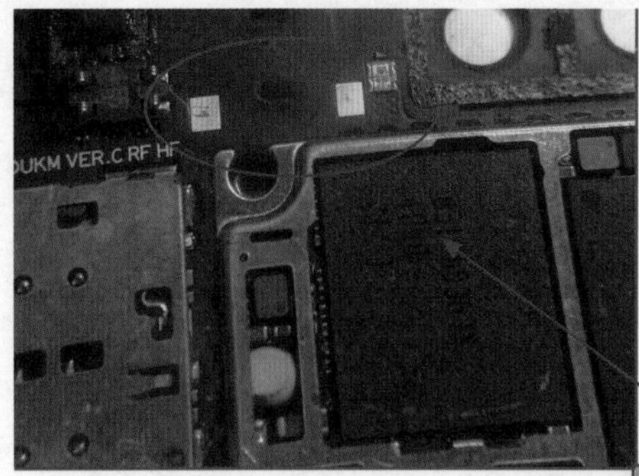

第 1 步：检查受话器触点是否正常，是否腐蚀、损坏、脏污（脏污可以用橡皮擦）。如果是，修复问题。

第 2 步：检查受话器的弹簧针脚是否正常，是否被腐蚀、损坏、脏污。如果是，修复问题。

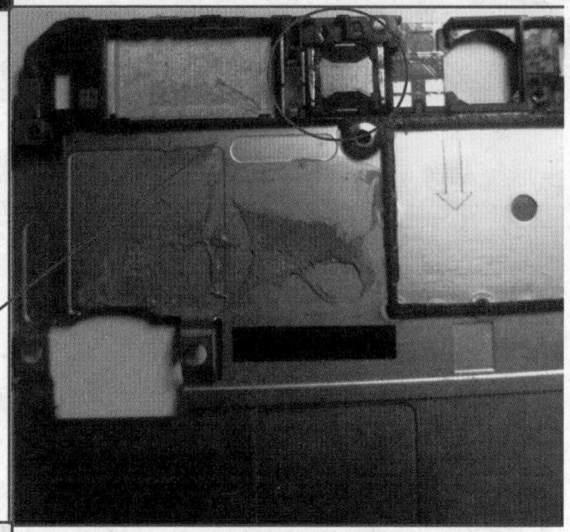

第 3 步：用万用表检测受话器触点的对地阻值。测量时，将万用表调到二极管挡，红表笔接地，黑表笔接其中一个触点。如果测量的对地阻值较小或无穷大，则不正常，说明受话器电路中有损坏的元器件。重点检查受话器电路中的电容等元器件。

第 4 步：检测另一个触点的对地阻值。

图 14-3　受话器电路的维修方法

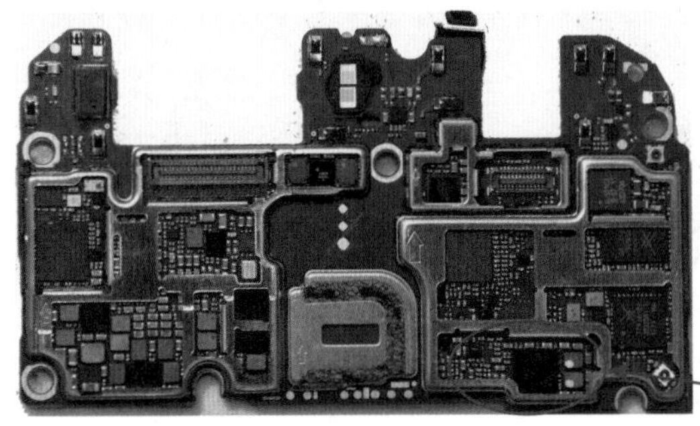

第 5 步：若上述检查都没有问题，则可能是音频处理芯片问题引起的。试着重新焊接音频处理芯片，若不行，更换音频处理芯片。

图 14-3　受话器电路的维修方法（续）

14.1.3　送话器电路故障维修方法

送话器电路故障主要是对方听不到机主的声音。引起该故障的原因很多，一般包括：送话器损坏或接触不良、送话器无工作偏压、语音处理电路或基带处理器不正常。另外，软件故障也会造成送话不良。具体检修方法如图 14-4 所示。

第 1 步：检查尾插接口连接（连接扬声器）是否正常，是否腐蚀、损坏、接触不良。

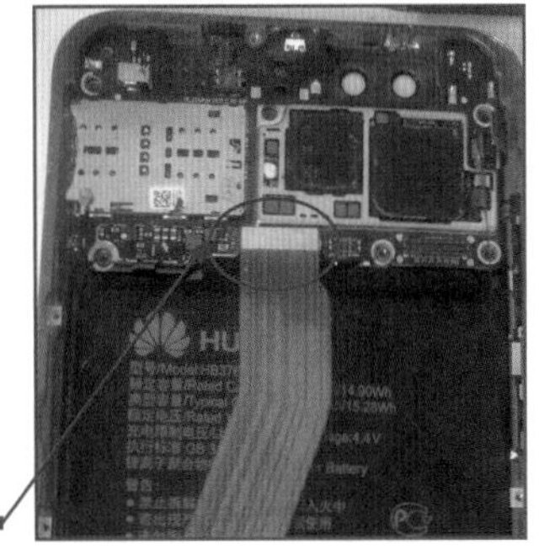

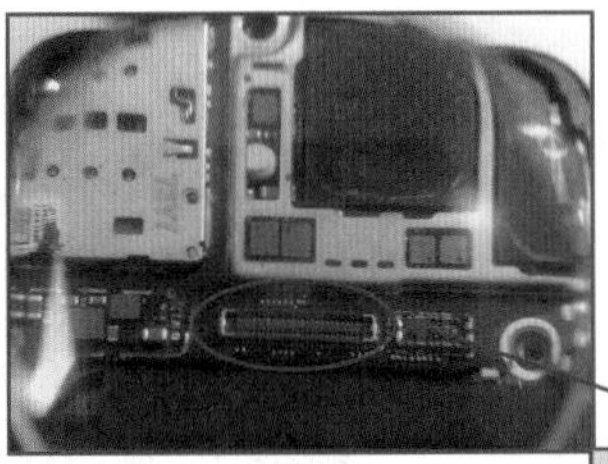

第 2 步：将主板放到放大镜下仔细观察尾插接口，看看接口有没有损坏，接口引脚有无问题，接口周围元器件有无损坏。

第 3 步：用万用表检测尾插接口中送话器有关针脚的对地阻值。测量时，将万用表调到二极管挡，红表笔接地，黑表笔接接口引脚。如果测量的对地阻值较小或无穷大，则不正常。说明送话器电路中有损坏的元器件。重点检查尾插接口连接的元器件，以及送话器电路中的电容器等元器件。

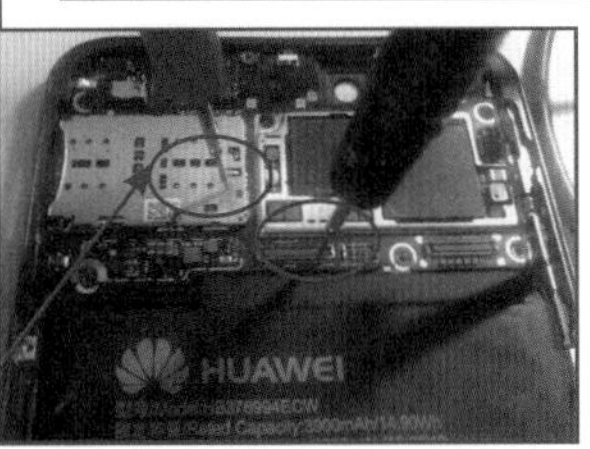

图 14-4　送话器电路故障维修方法

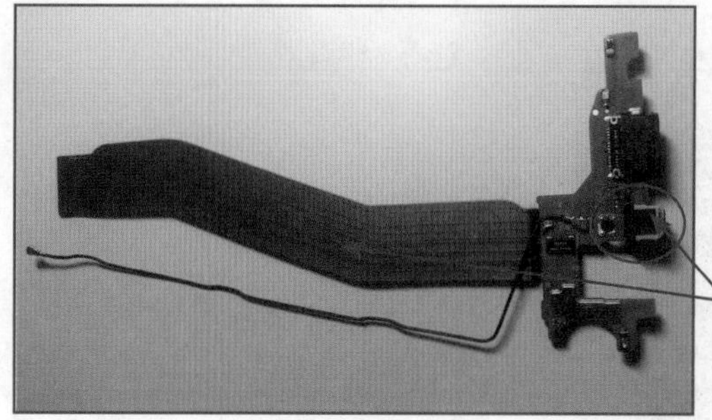

第 4 步：若尾插接口送话器引脚对地阻值正常，接着检查尾插排线及送话器是否损坏。

第 5 步：若上述检查都没有问题，则可能是音频处理芯片问题引起的。试着重新焊接音频处理芯片，若不行，更换音频处理芯片。

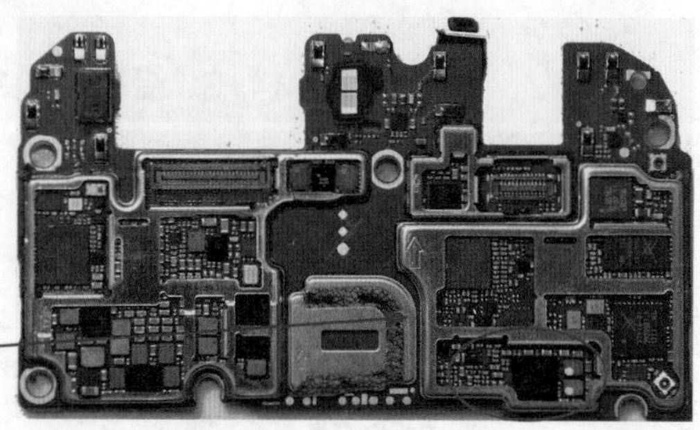

图 14-4　送话器电路故障维修方法（续）

14.1.4　耳机故障通用维修方法

耳机故障一般由尾插接口问题（连接耳机的接口）、音频处理器芯片问题、CPU 问题等引起的。

维修分析思路与具体方法如图 14-5 所示。

第 1 步：检查尾插接口（连接耳机的接口）是否接触不良，是否变形，接口内是否有异物。

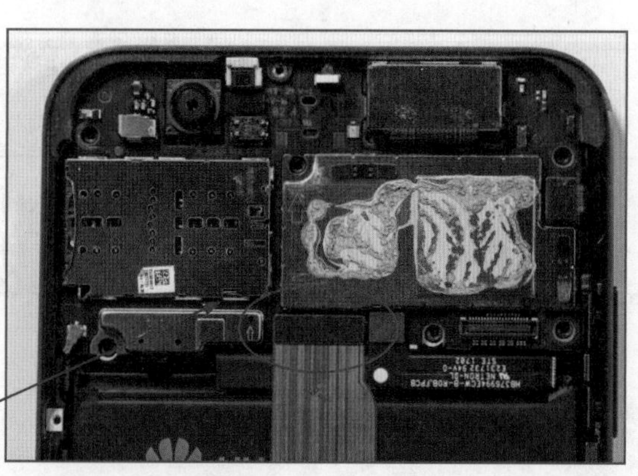

图 14-5　耳机故障维修分析

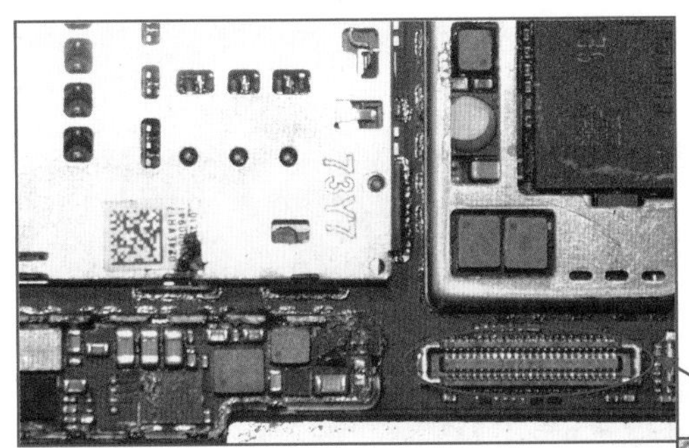

第 2 步：测量耳机接口对地值是否正常，开机不插入耳机，测量耳机插入识别信号(DET-L)是否有 1.8V 电压。如果没有，检查此 1.8V 供电电路中的元器件。
第 3 步：检查耳机通路中的元器件(电阻、电容)，若都正常，则检查音频处理芯片的供电电压是否正常。如果供电电压不正常，则检查供电电路中的元器件。

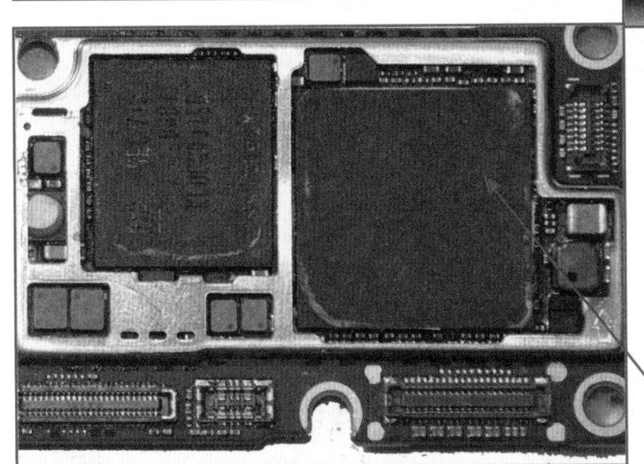

第 4 步：如果音频处理芯片供电电压正常，加焊或更换音频处理芯片和 CPU。

图 14-5　耳机故障维修分析（续）

14.2 智能手机声音故障检测维修实操

智能手机声音故障造成的原因很多，前面章节已经做了故障原因和基本维修思路的分析。下面将通过几个实战案例来讲解手机声音故障的检测维修步骤，使维修人员通过实战案例掌握该故障的维修技巧，积累维修经验。

14.2.1 华为 Nova7 手机听筒无声但可正常开机使用故障的维修实操

客户描述一台华为 Nova7 手机可以正常开机但打电话听筒无声音。打开故障手机进行测试，拨打电话时，可以正常接通，但无法听到声音。根据故障现象分析，估计是电路板中的电子元器件有损坏或接触不良导致的。此故障维修具体步骤如图 14-6 所示。

❶ 拆下手机主板，重点检查听筒，未发现明显损坏。

❷ 将数字万用表调到欧姆挡 200 量程，将两只表笔分别接听筒两端的引脚测量其阻值，测量值为 43，说明听筒正常。

❸ 测量主板中连接听筒的引脚的对地阻值。将数字万用表调到蜂鸣挡，将红表笔接主板的接地端，黑表笔接主板连接听筒的引脚，测量值为 567，说明此引脚线路正常。

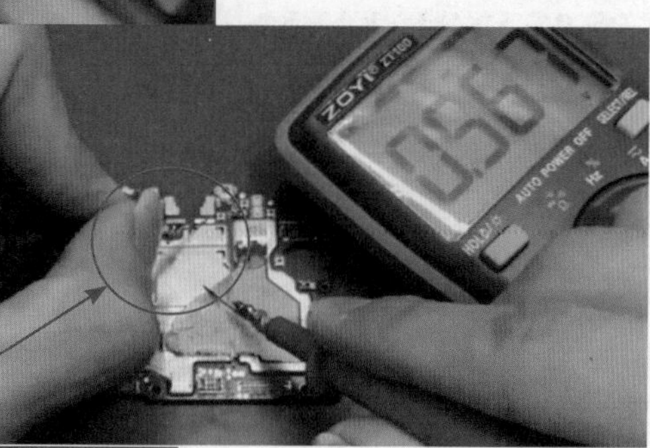

❹ 用同样的方法连接听筒另一只引脚的对地阻值。测量值为无穷大，说明此引脚连接的线路有断路故障。

❺ 查看手机电路图，找出与此引脚连接的元器件。发现与右图中的这几个元器件连接。

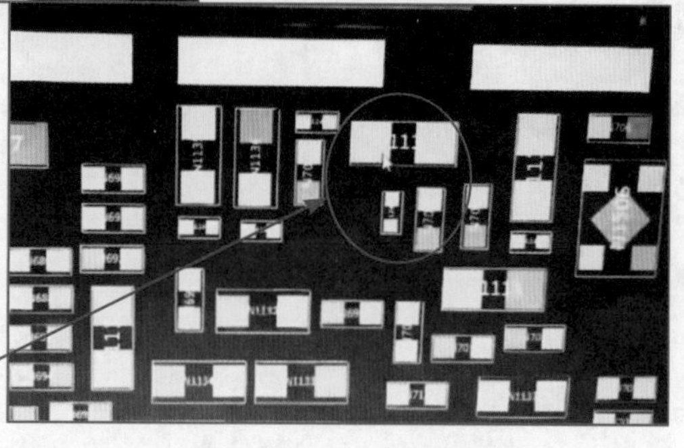

图 14-6　华为 Nova7 手机听筒无声故障的维修

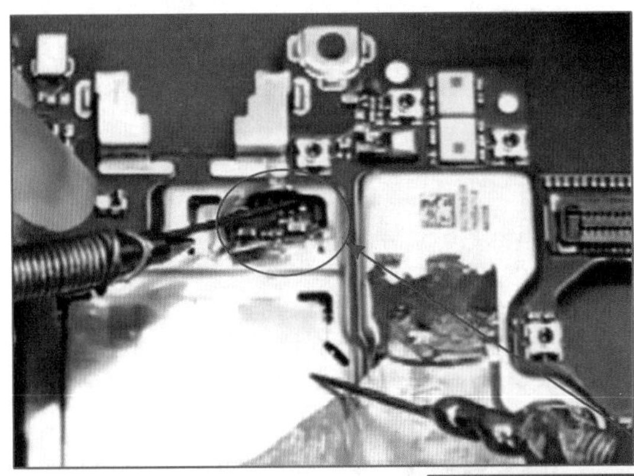

❻ 在主板上检测连接的元器件，发现连接的电感器断路损坏，接着找到一个大小相同的电感器将其替换。

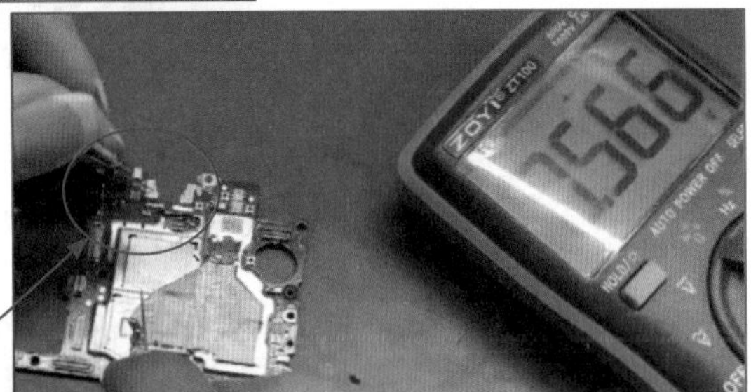

❼ 更换损坏的电感器后，用万用表测量连接听筒的问题引脚的对地阻值。发现阻值为 566，说明更换电感器后，线路正常了。

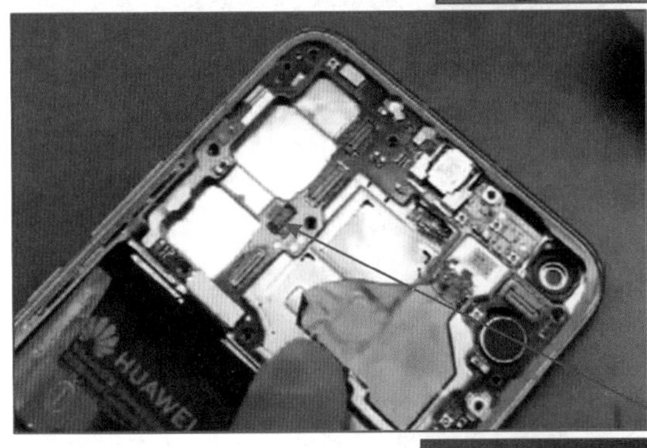

❽ 将主板装好，并装好外壳，准备测试。

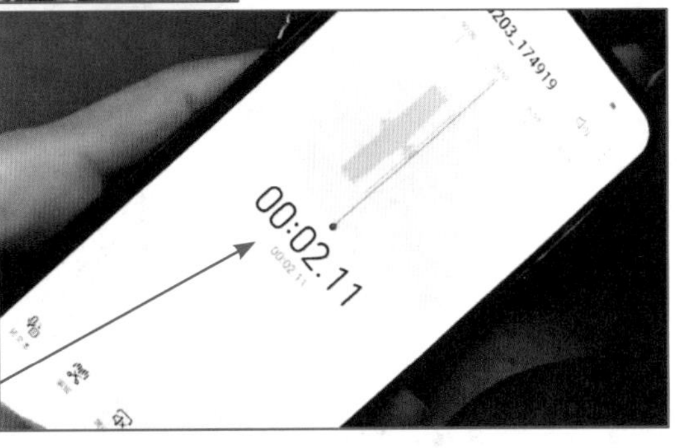

❾ 经测试发现听筒可以听见声音了，故障排除。

图 14-6　华为 Nova7 手机听筒无声故障的维修（续）

14.2.2　华为荣耀 PLAY 手机尾插损坏导致扬声器无声故障维修实操

一台华为荣耀 PLAY 手机，可以正常开机，但扬声器无声音。此故障维修方法如图 14-7 所示。

❶ 打开故障手机进行测试，播放录音时，扬声器无声。根据故障现象分析，估计是电路板中的元器件有损坏导致。

❷ 将故障手机拆机，并检查电路板。

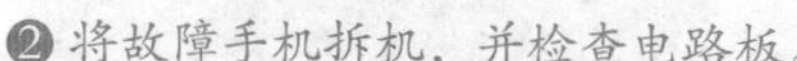

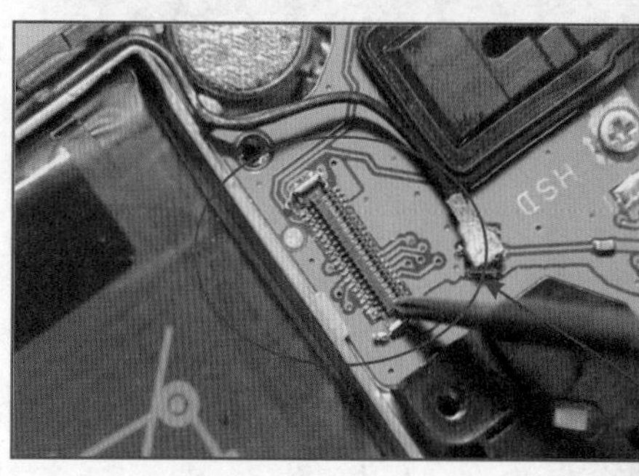

❸ 经检查，发现主板尾插接口（连接扬声器的接口）针脚有明显损坏的地方。

❹ 用热风枪加热尾插接口，将尾插接口拆下。

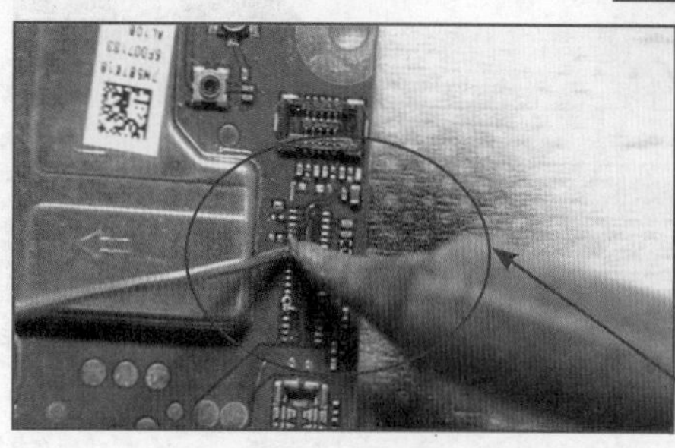

❺ 拆下尾插接口后，用焊锡给接口针脚补焊，并清洁接口。

图 14-7　华为荣耀 PLAY 手机扬声器无声故障的维修

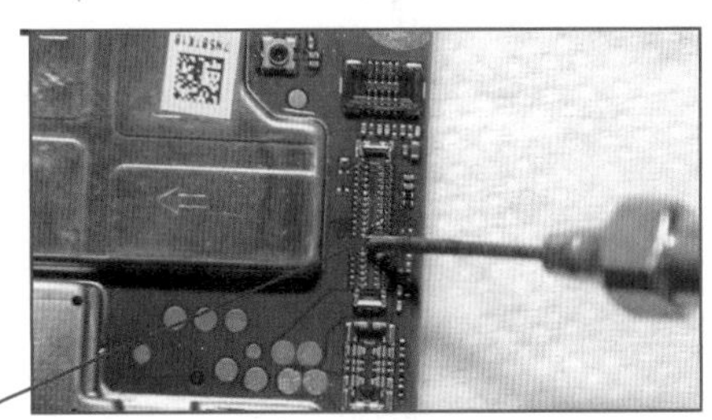

❻ 将新的尾插接口放到主板上，然后涂抹一些焊油(可以使加热更加均匀)。

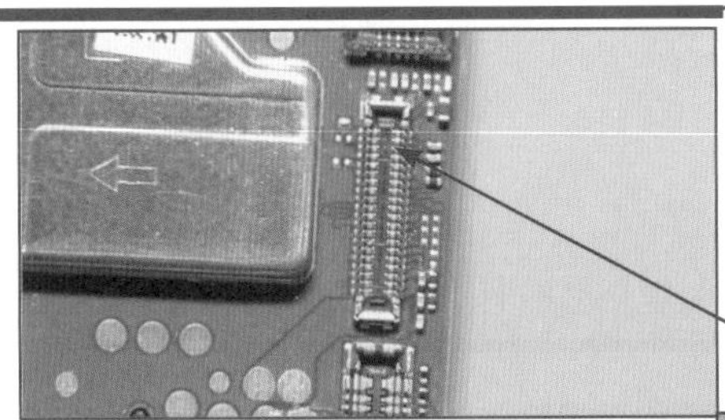

❼ 用热风枪加热尾插接口，使接口焊锡熔化，将接口焊接到主板上。

❽ 焊接好尾插接口后，将主板安装到手机进行测试。

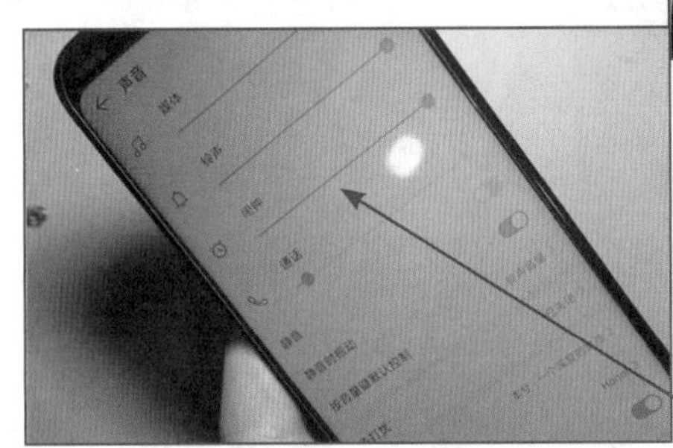

❾ 按手机电源按钮开机，然后打开设置中的铃声设置，可以听到扬声器播放铃声的声音，扬声器恢复正常，故障排除。

图 14-7　荣耀 PLAY 手机扬声器无声故障的维修（续）

14.2.3　iPhone X 手机扬声器无声故障维修实操

一台 iPhone X 手机，可以正常开机打电话，但扬声器无声音。此故障维修方法如图 14-8 所示。

❶ 打开故障手机进行测试，拨打电话时，开免提，扬声器无声。根据故障现象分析，估计是电路板中的元器件有损坏或接触不良导致的。

图 14-8　iPhone X 手机扬声器无声故障的维修

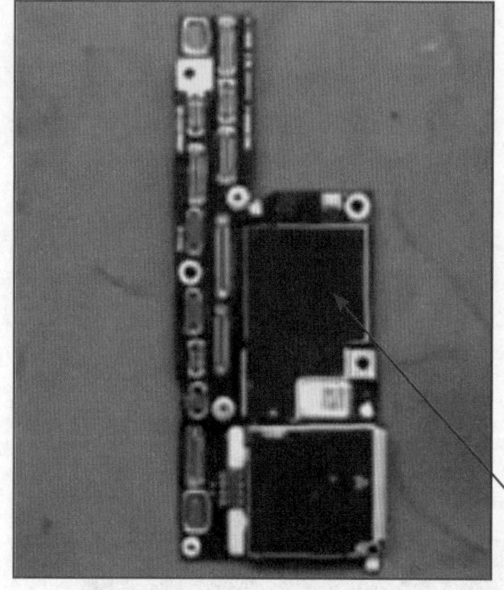

❷ 能怀疑是由两个电路板接触不良引起的，故先检查电路板的连接焊点。

❸ 将主板放到加热平台进行加热分离。分离后，用万用表测量扬声器相关焊点的对地阻值，发现阻值都正常，没有特别小或无穷大的情况。说明相关扬声器的电路都正常。

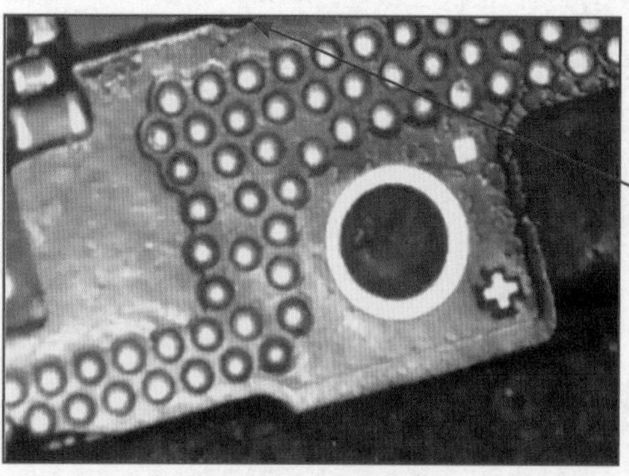

❹ 将主板放到放大镜下观察主板是否有掉点的情况。

图 14-8　iPhone X 手机扬声器无声故障的维修（续）

❺ 用电烙铁对电路板焊点进行清洁加焊处理。

❻ 将电路板放到加热平台进行连接操作。

❼ 将主板安装到手机进行测试。

❽ 然后开机，打开视频软件，播放视频，可以听到视频的声音，扬声器正常了，故障排除。

图 14-8　iPhone X 手机扬声器无声故障的维修（续）

14.2.4 iPhone X 手机打电话无声故障维修实操

一台 iPhone X 手机，可以正常开机但打电话无声音，此故障维修方法如图 14-9 所示。

❶ 打开故障手机进行测试，拨打 10086 时，可以正常接通，但无法听到，电话无声。根据故障现象分析，估计是电路板中的元器件有损坏或接触不良导致的。

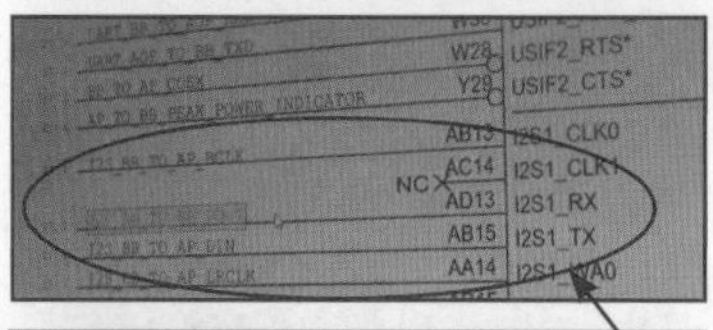

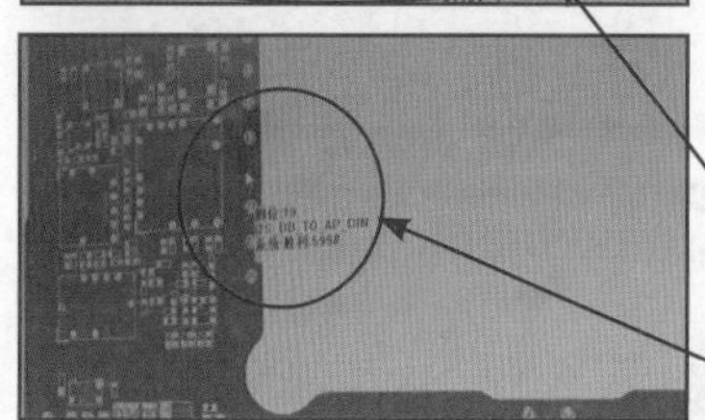

❷ 查看手机电路图，找出与声音有关的引脚。看到与声音有关的总线为 I^2S，即图中的 AB13、AD13、AB15、AA14 等引脚。同时对照电路板点位图，找到这几个引脚的连接点。

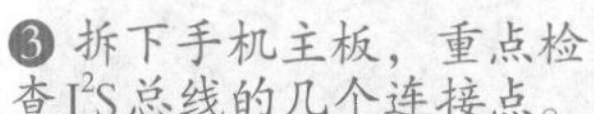

❸ 拆下手机主板，重点检查 I^2S 总线的几个连接点。

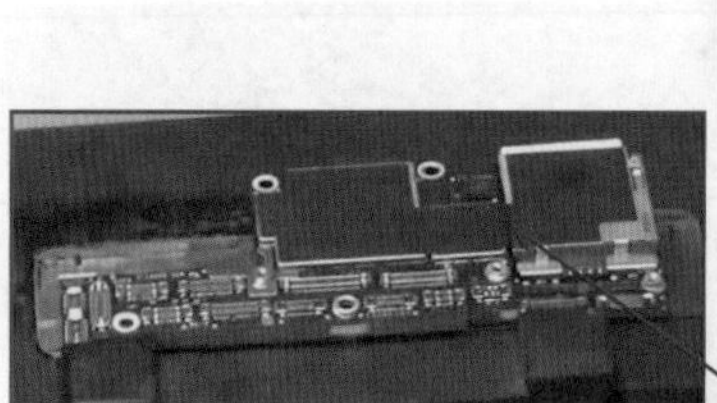

❹ 将主板放到加热台上，将主板分离。

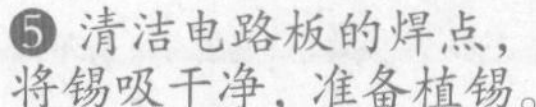

❺ 清洁电路板的焊点，将锡吸干净，准备植锡。

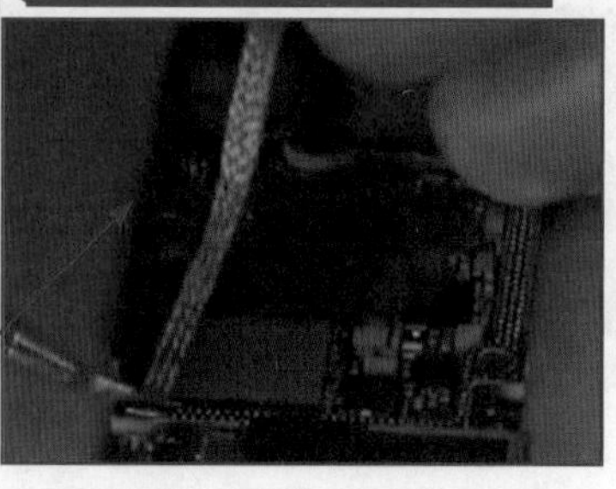

图 14-9 iPhone X 手机打电话无声故障的维修

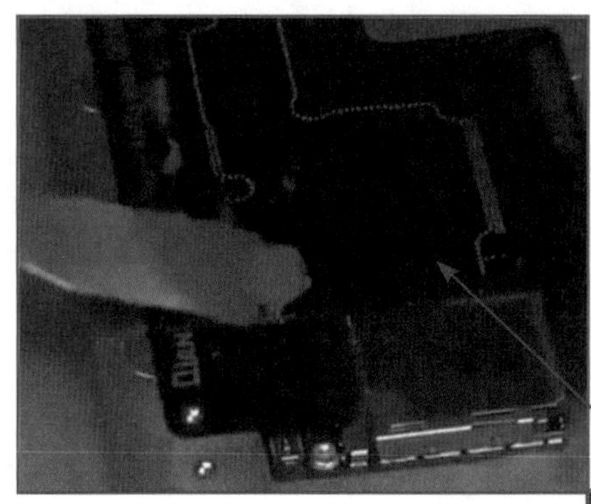

❻ 用植锡板给主板植锡，刮上锡膏。

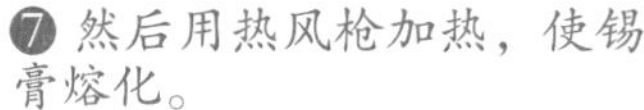

❼ 然后用热风枪加热，使锡膏熔化。

❽ 用热风枪加热焊点，整理新植的锡膏。

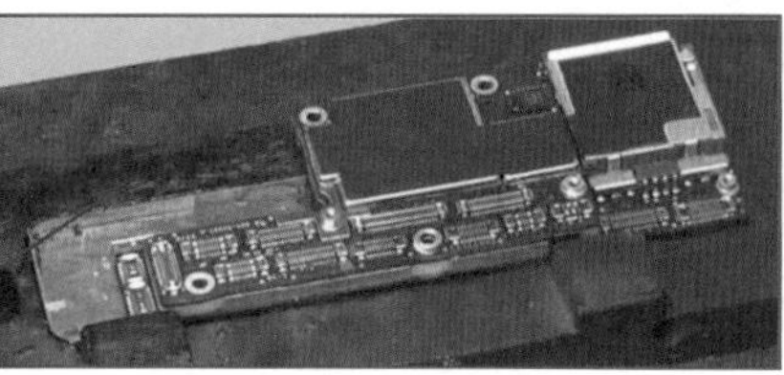

❾ 将两个主板放到加热台加热，将两个主板连接好。

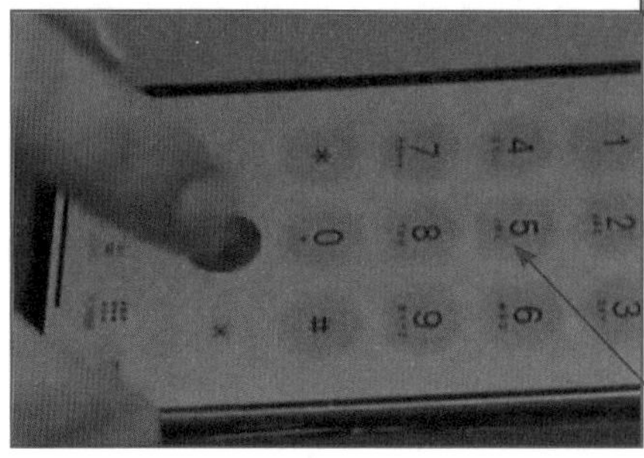

❿ 将主板安装到手机上，然后开机测试，可以正常打电话了，声音也正常，故障排除。

图 14-9　iPhone X 手机打电话无声故障的维修（续）

第15章 智能手机充电电路及其他功能模块故障检测维修实操

智能手机充电电路的功能主要是控制管理电池的充电工作，充电电路出现故障将会导致手机无法充电。另外，手机上还有无线网络电路、指纹系统、指南针等，这些功能模块出现问题同样会导致相应的功能模块无法使用。下面详细分析充电电路及其他功能模块故障的检修方法。

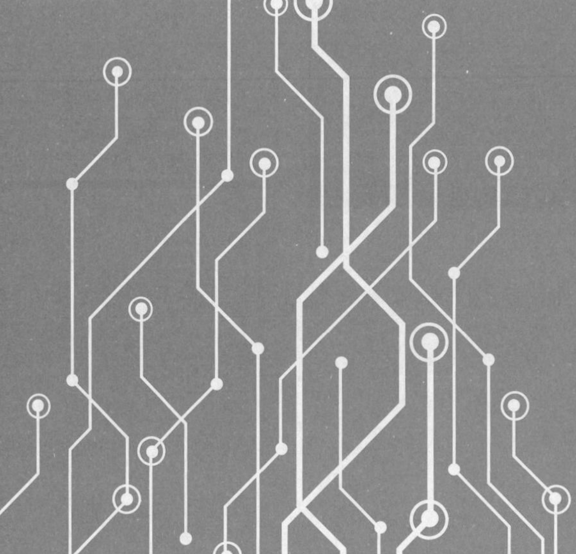

15.1 智能手机电池充电电路故障维修方法

充电电路一般采用两个充电管理芯片并行充电原理，当快速充电管理芯片不工作时，所有的充电任务都由普通充电管理芯片承担，此时温度会比两个并行充电高，当温度升高到一定程度时充电电流会降低。

充电类故障一般由软件故障、尾插接口是否正常（连接 USB 等的排线）、电池排线接口、充电管理芯片问题等引起。

智能手机电池充电电路常见的故障，主要包括：

（1）连接充电器后，手机无任何反应；

（2）刚接上充电器时，手机可以充电，但充一会儿又没有任何反应了。把充电器拿下再重插上后又可以充了，但过一会儿又出现同样的情况了；

（3）接上充电器后，手机显示充电，可是拿下充电器后，手机还是一样显示正在充电，要过一会儿才会消失；

（4）手机只要一装上电池就显示“正在充电”；

（5）用原装电池充电不能充电，而用非原装电池充电却是正常充电；

（6）刚接充电器后手机显示“正在充电”，但过了一会儿，就显示“未能充电”了；

（7）接上充电器后，手机直接显示“未能充电”；

（8）电池显示总是满格，充电则显示“未能充电”，伴随有用电池不开机，用稳压电源却可以开机的故障，但不是那种短路电池对地的人为情况。

各种手机的充电电路虽然各不相同，但工作原理却基本一致，即充电电路一般由三部分电路组成。一是充电检测电路，用来检测充电器是否插入手机充电座；二是充电控制电路，用来控制外接电源向手机电池进行充电；三是电池电量检测电路，用以检测充电电量的多少，当电池充满电时，向逻辑电路提供“充电已好”的信号，于是，逻辑电路控制充电电路断开，停止充电。

一般来说，当充电检测电路出现问题时，会出现开机就显示充电符号、不充电等故障，当充电控制电路出现问题时，一般会出现不充电故障；当电池电量检测电路出现故障时，一般会出现充电时始终充电或显示充电符号但不能充电的故障。

电池充电电路检修方法如图 15-1 所示。

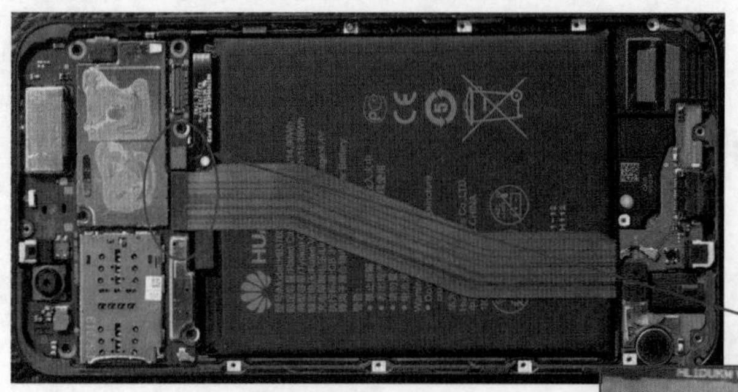

第 1 步：检查尾插接口连接（连接 USB 接口）和电池接口是否正常，是否腐蚀、损坏、接触不良。

第 2 步：将主板放到放大镜下仔细观察尾插接口和电池接口，看看接口有没有损坏，接口引脚有无问题，接口周围元器件有无损坏。

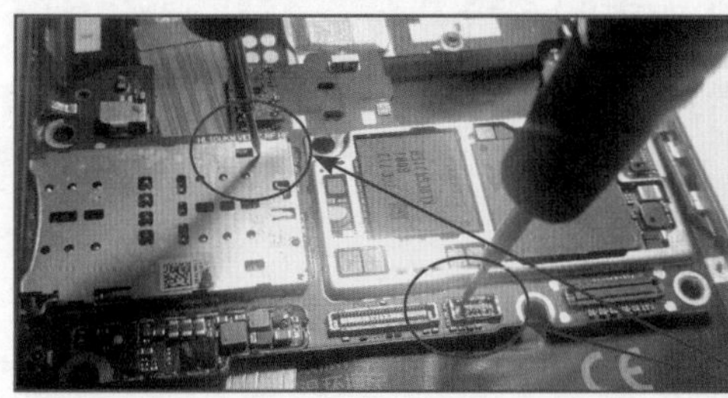

第 3 步：用万用表检测电池接口针脚的对地阻值，主要测量电池供电（VBATT）、电池参数（BAT_ID）、电池温度（BAT_THERM）。测量时，将万用表调到二极管挡，红表笔接地，黑表笔接接口引脚。如果测量的对地阻值较小或无穷大，则不正常。重点检查电池接口连接的元器件。

第 4 步：用万用表检测尾插接口中 USB 接口有关针脚的对地阻值（主要测量 USB 接口的 USB 供电（VBUS）、USB 数据信号线（USB_DP 和 USB_DM）、USB 信息线（USB_ID）这四组信号）。测量时，将万用表调到二极管挡，红表笔接地，黑表笔接接口引脚。如果测量的对地阻值较小或无穷大，则不正常，说明 USB 供电电路中有损坏的元器件。结合电路图查找并测量 USB 供电电路连接的元器件。

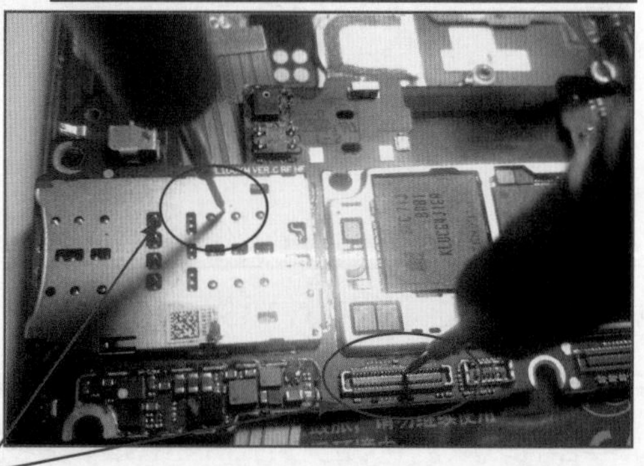

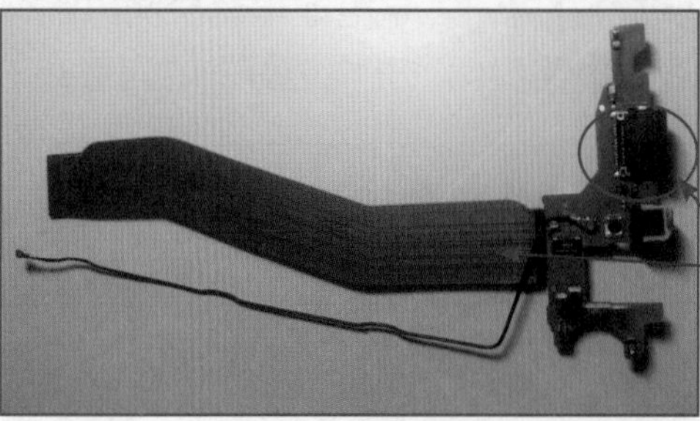

第 5 步：若尾插接口 USB 引脚对地阻值正常，接着检查尾插排线及 USB 接口是否损坏。

图 15-1　电池充电电路故障维修方法

第 6 步：若上述检查都没有问题，则可能是 USB 供电电路中的元器件存在问题。在查找故障元器件时，可以从尾插接口 USB 供电电压开始测量，一直检测到充电管理芯片输出的充电电压；其中若有电压不正常，则重点测量产生此电压的相关电路中的元器件。若无法排除充电管理芯片问题，可以试着重新焊接充电管理芯片，若故障还是无法消除，则更换充电管理芯片。

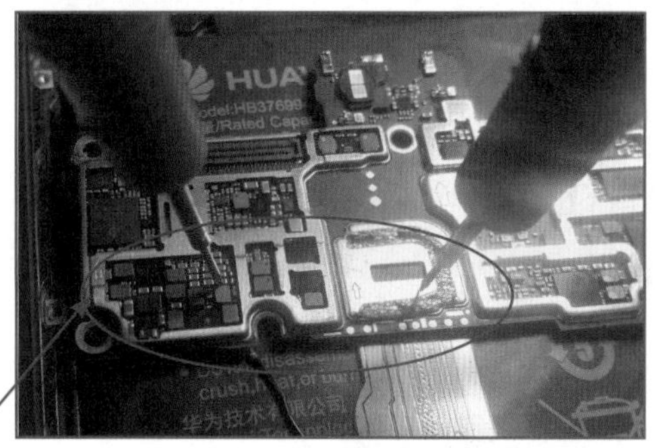

图 15-1　电池充电电路故障维修方法（续）

15.2 智能手机SIM卡电路故障维修方法

SIM 卡类故障一般由 SIM 卡供电问题、SIM 卡插座问题、CPU 问题等引起。维修分析思路与具体方法如图 15-2 所示。

第 1 步：检查 SIM 卡针是否变形、氧化、断针，仔细观察 SIM 卡座焊点是否有虚焊现象。

第 2 步：测量 SIM 卡针对地值是否正常，如果不正常，则检查问题卡针连接的元器件。

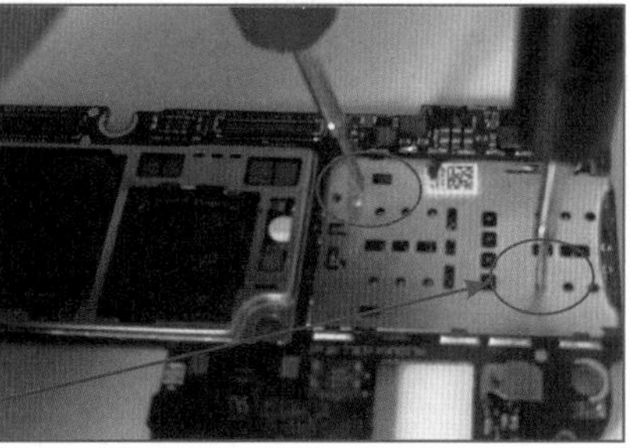

图 15-2　SIM 卡故障维修分析

15.3 智能手机照相电路故障维修方法

照相电路故障维修方法如图 15-3 所示。

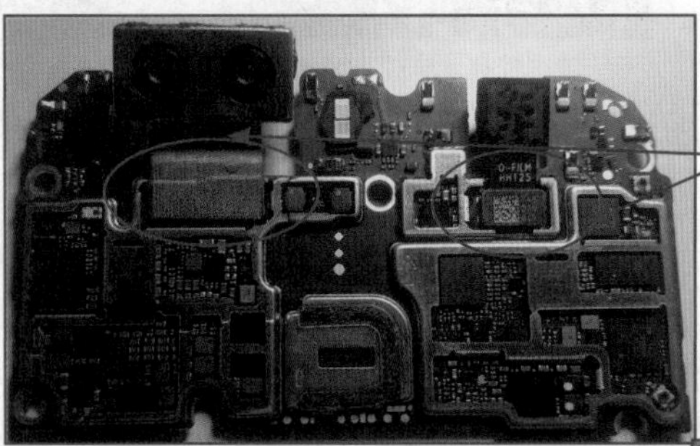

第 1 步：检查摄像头接口连接是否正常，是否腐蚀、损坏、接触不良。

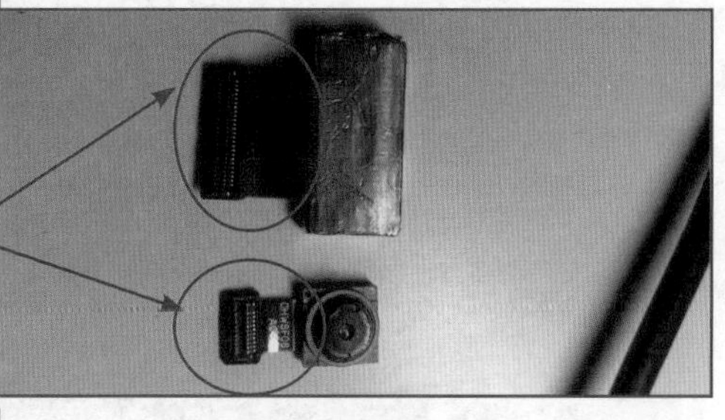

第 2 步：拆下摄像头，检查摄像头的接口和排线是否正常，是否腐蚀、损坏、接触不良。

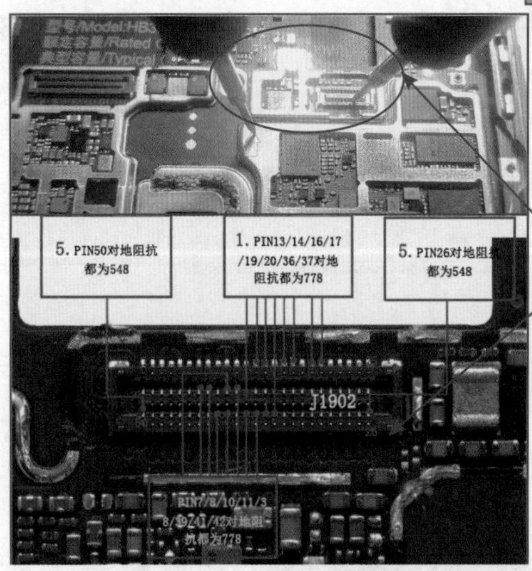

第 3 步：用万用表检测摄像头接口针脚的对地阻值。测量时，将万用表调到二极管挡，红表笔接地，黑表笔接接口引脚。如果测量的对地阻值较小或无穷大，则不正常。重点检查摄像头电路中的元器件。

图 15-3 照相电路故障维修方法

第 4 步：若摄像头接口连接正常，接着测量照相电路的 1.8V、2.8V、3.7V 供电电压是否正常（一般直接测量供电电路中的滤波电感和滤波电容端的电压即可）。若供电电压不正常，检查供电电路中的稳压器、滤波电容及电感等是否虚焊或损坏（对于稳压器无法判断虚焊的情况下，可以直接加焊）。

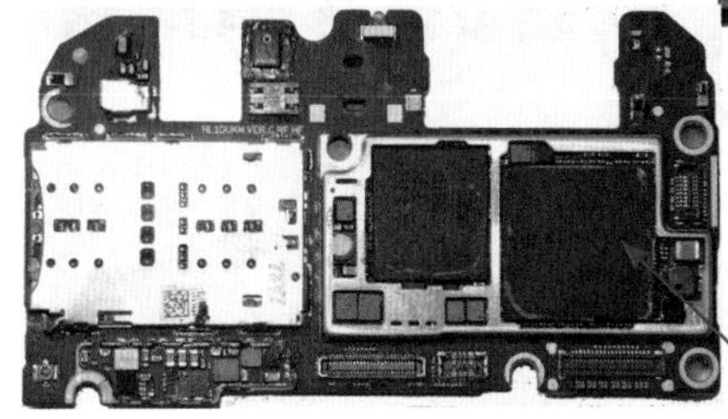

第 5 步：若以上检查均正常，则考虑重新焊接 CPU，若不行就试着更换 CPU。

图 15-3　照相电路故障维修方法（续）

15.4 智能手机指纹类故障通用维修方法

指纹类故障一般由手机软件问题、指纹数据线接口问题、CPU 问题等引起。维修分析思路与具体方法如图 15-4 所示。

第 1 步：检查指纹接口各引脚对地阻值是否正常，如果阻值过低或无穷大，则检查引脚连接的线路中的元器件是否正常。

第 2 步：测量指纹电路的供电电压是否正常，如果不正常，则检查供电电路中元器件及电源管理芯片。

图 15-4　指纹系统故障维修分析

第3步：检查指纹系统的排线、控制芯片是否有损坏。如有损坏，直接更换。

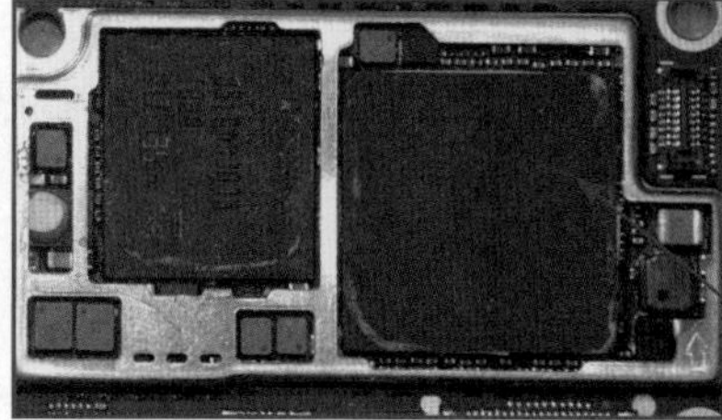

第4步：如果正常，则可能是CPU有问题，加焊CPU或更换CPU。

图 15-4　指纹系统故障维修分析（续）

15.5 Wi-Fi 和蓝牙类故障通用维修方法

Wi-Fi 和蓝牙类故障一般由手机软件问题、晶振问题、Wi-Fi/ 蓝牙供电电路问题、Wi-Fi/ 蓝牙芯片问题、CPU 问题等引起的。

维修分析思路如图 15-5 所示。

第1步：测量Wi-Fi芯片的供电电压、时钟信号和使能信号是否正常（测量这些信号输入端连接的电容、电阻端电压），如果不正常，则查找对应信号线路中的元器件是否损坏。

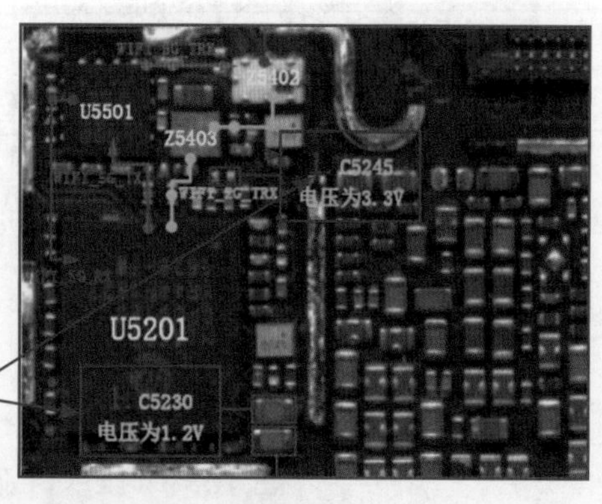

图 15-5　Wi-Fi/ 蓝牙故障维修分析

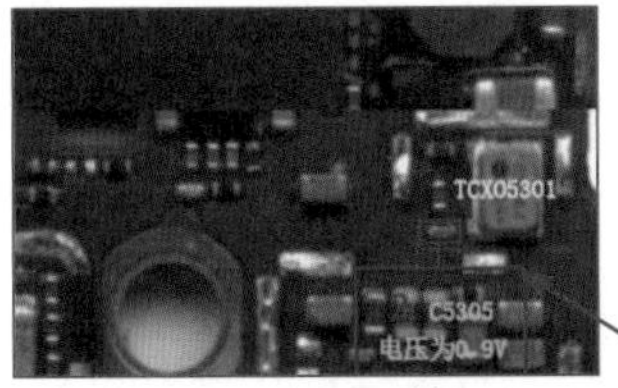

第 2 步：用示波器测量 Wi-Fi 电路中的晶振输出频率是否正常，如果不正常，则测量晶振连接的两个电容是否损坏。

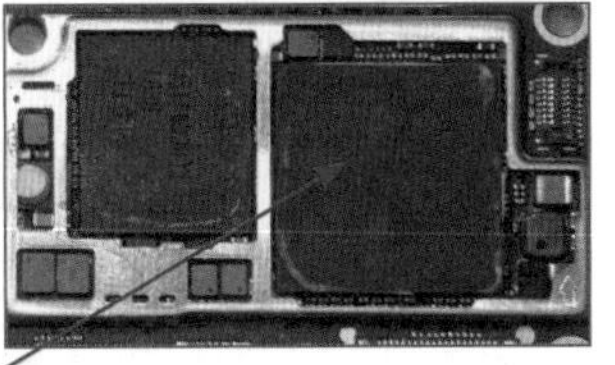

第 3 步：如果这些信号都正常，再测量 Wi-Fi 芯片与 CPU 间的总线信号是否正常，如果总线信号正常，则可能是 Wi-Fi 芯片或 CPU 的问题。加焊或更换 Wi-Fi 芯片或 CPU。

图 15-5　WiFi/ 蓝牙故障维修分析（续）

15.6 智能手机充电电路及其他功能模块故障检测维修实操

智能手机充电及其他故障造成的原因很多，前面章节已经做了故障原因和基本维修思路的分析。下面将通过几个实战案例来讲解智能手机该类型故障的检测维修步骤，使维修人员通过实战案例掌握该故障的维修技巧，积累维修经验。

15.6.1　华为 Mate 30 手机被摔后无法充电故障维修实操

一台 Mate 30 手机被摔后，可以正常开机，打电话，但手机无法充电。据用户描述，此手机之前摔过。根据故障现象分析，可能是手机内部的充电电路有损坏的元器件。此故障维修实践步骤如图 15-6 所示。

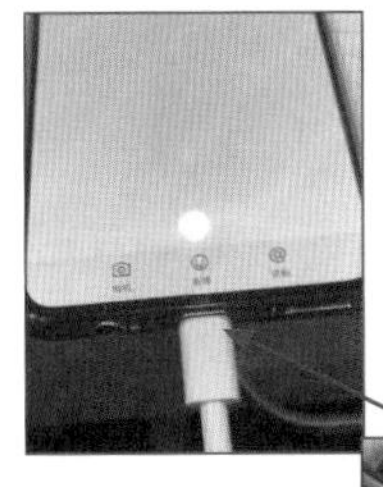

❶ 首先将故障手机连接充电器进行充电测试，发现插入充电线后，手机上没有充电图标，手机没有充电。

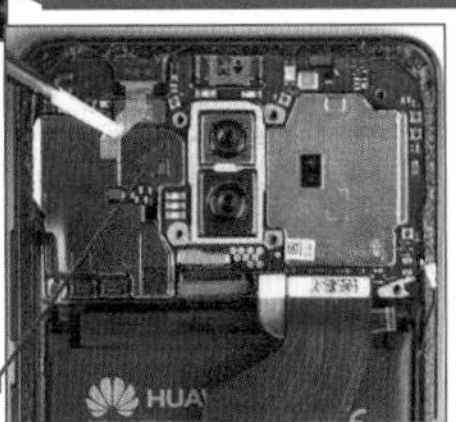

❷ 怀疑是手机被摔后，导致手机电路板中充电元器件损坏导致的故障。接着将手机拆开，然后拆下电路板准备进行测试。

图 15-6　华为 Mate 30 手机被摔后无法充电故障维修

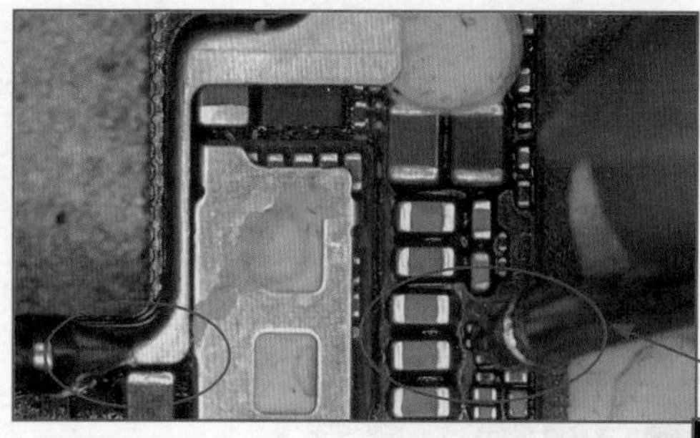

③ 用万用表测量手机充电电路，充电控制信号的对地阻值。发现阻值为 0。

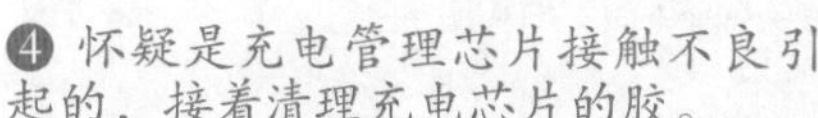

④ 怀疑是充电管理芯片接触不良引起的，接着清理充电芯片的胶。

⑤ 用热风枪加热充电芯片，将其拆下。

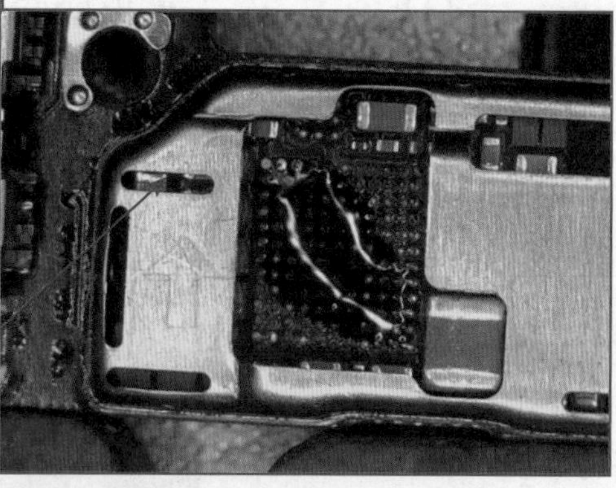

⑥ 拆下后，在焊盘上滴一些焊油，准备清理焊盘。

图 15-6 华为 Mate30 手机被摔后无法充电故障维修（续）

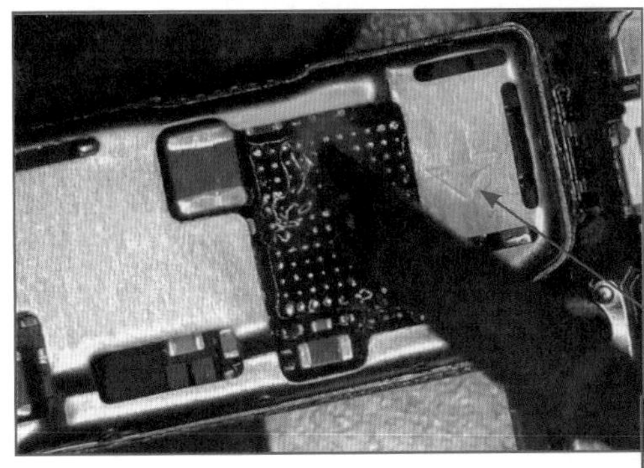

❼ 用电烙铁清理充电芯片的焊盘，并检查是否有掉点，未发现掉点情况。

❽ 将拆下的充电芯片上的焊锡吸干净，然后重新植锡。

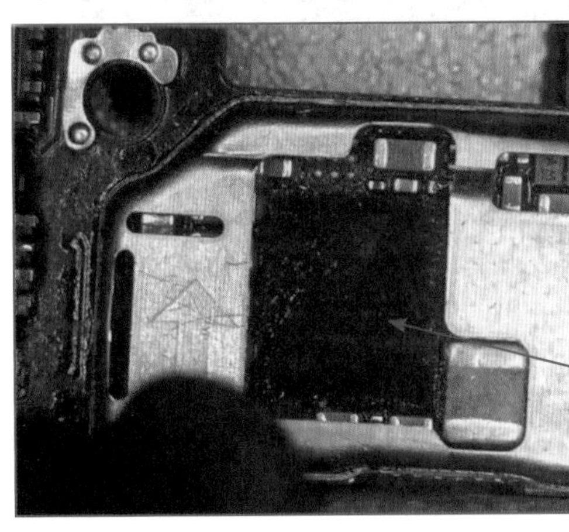

❾ 在焊盘再涂一些焊油，然后将芯片放到焊盘，用热风枪加热使焊点的锡熔化，停止加热，焊接完成。

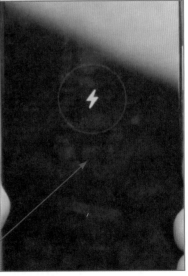

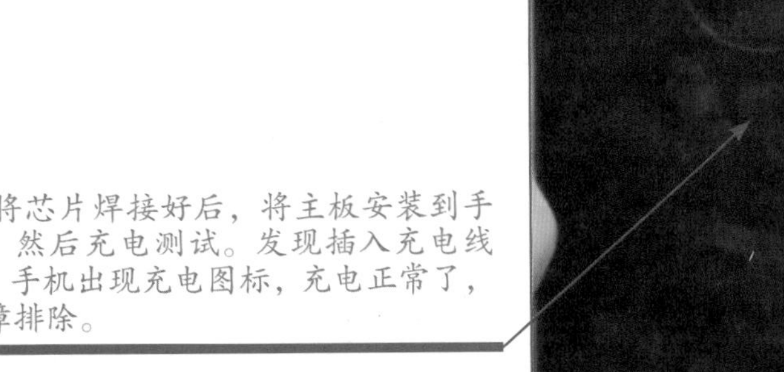

❿ 将芯片焊接好后，将主板安装到手机，然后充电测试。发现插入充电线后，手机出现充电图标，充电正常了，故障排除。

图 15-6　华为 Mate30 手机被摔后无法充电故障维修（续）

15.6.2　iPhone X 手机无法充电故障维修实操

一台 iPhone X 手机可以正常开机，打电话，但手机无法充电。此故障维修实践步骤如图 15-7 所示。

❶ 将故障手机连接充电器进行充电测试，发现插入充电线之后，手机上没有充电图标，手机没有充电。

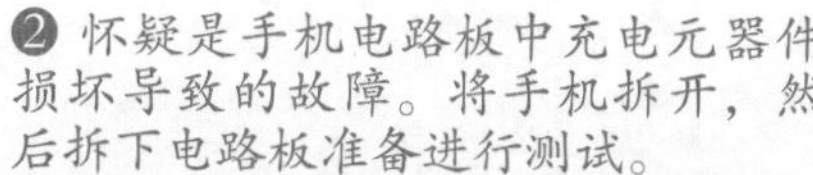

❷ 怀疑是手机电路板中充电元器件损坏导致的故障。将手机拆开，然后拆下电路板准备进行测试。

❸ 拆开手机之后，用万用表测量手机电池插头和插座的对地阻值，均正常。

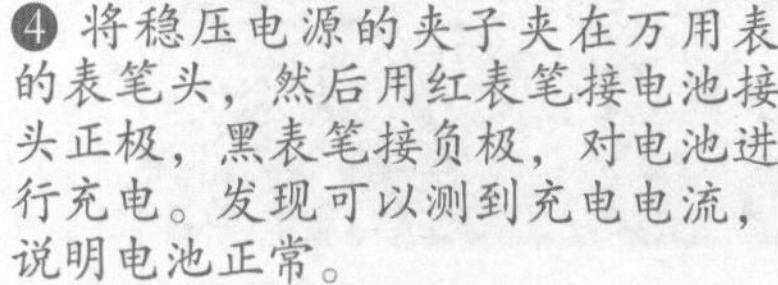

❹ 将稳压电源的夹子夹在万用表的表笔头，然后用红表笔接电池接头正极，黑表笔接负极，对电池进行充电。发现可以测到充电电流，说明电池正常。

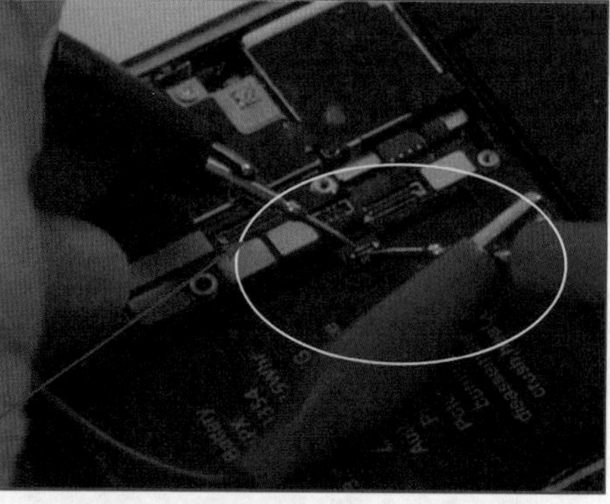

图 15-7　iPhone X 手机无法充电故障维修

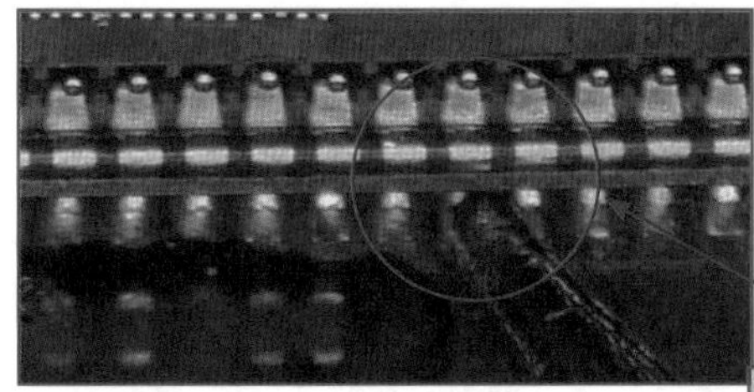

⑤ 用万用表测量尾插接口引脚的对地阻值，未发现异常。

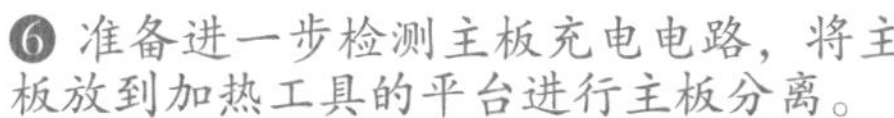

⑥ 准备进一步检测主板充电电路，将主板放到加热工具的平台进行主板分离。

⑦ 将主板放到放大镜下检查，发现充电管理芯片的一角有损坏（怀疑是手机磕碰后引起的损坏）。

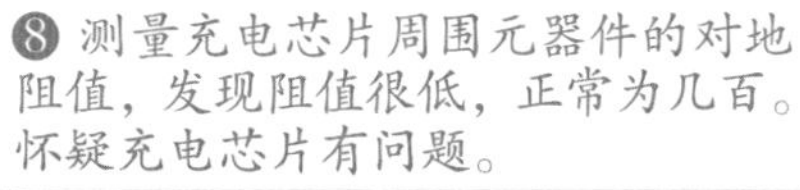

⑧ 测量充电芯片周围元器件的对地阻值，发现阻值很低，正常为几百。怀疑充电芯片有问题。

⑨ 准备重置充电芯片，先在芯片周围涂一些焊油，然后用热风枪加热芯片，将其拆下。

图 15-7　iPhone X 手机无法充电故障维修（续）

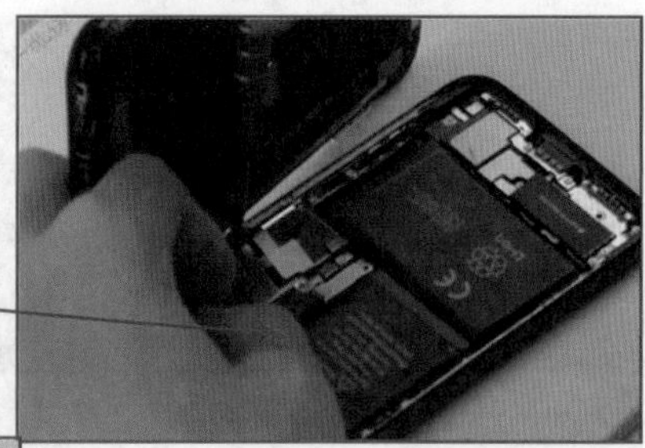

⑩ 将主板安装到手机，准备测试。

⑪ 开机并插入充电线，发现可以正常充电了，故障排除

图 15-7　iPhone X 手机无法充电故障维修（续）

15.6.3　荣耀 V30 手机不充电故障维修实操

一台荣耀 V30 手机连接电源后，可以看到充电图形，但就是充不进去电。此故障维修具体步骤如图 15-8 所示。

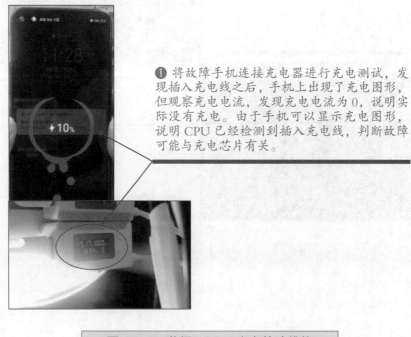

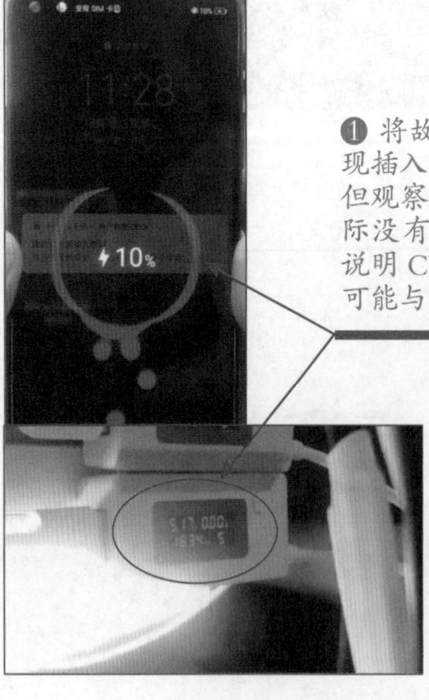

❶ 将故障手机连接充电器进行充电测试，发现插入充电线之后，手机上出现了充电图形，但观察充电电流，发现充电电流为 0，说明实际没有充电。由于手机可以显示充电图形，说明 CPU 已经检测到插入充电线，判断故障可能与充电芯片有关。

图 15-8　荣耀 V30 不充电故障维修

❷ 将手机拆开，然后拆下电路板准备进行测试。

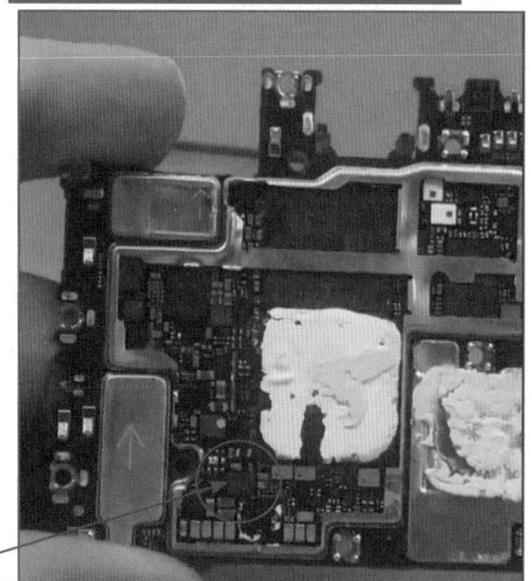

❸ 拆下电路板后，先查看 V30 的维修手册，找到充电芯片的位置，然后仔细观察充电芯片周围的元器件，发现充电芯片上方一个电感器的一角有损坏。怀疑此电感器有问题，考虑拆下电感进行检测。

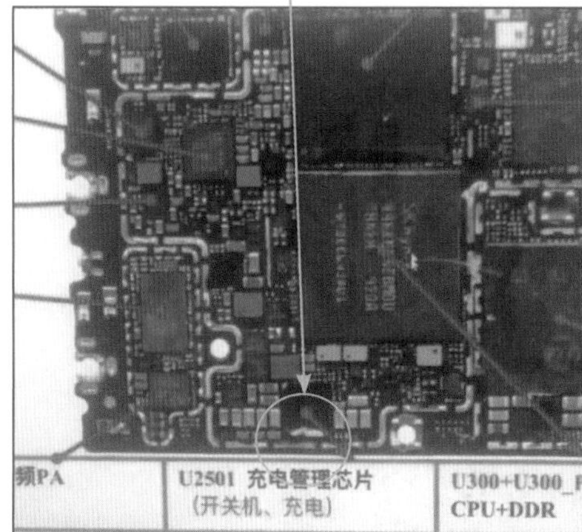

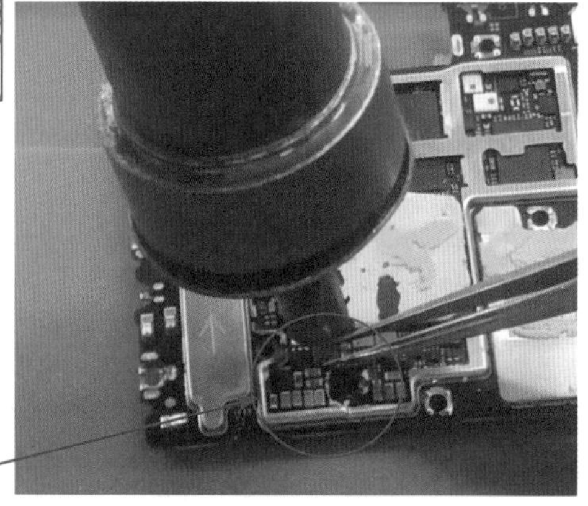

❹ 用热风枪拆下问题电感器，查下后观察此电感器外观已经明显损坏。

图 15-8　荣耀 V30 不充电故障维修（续）

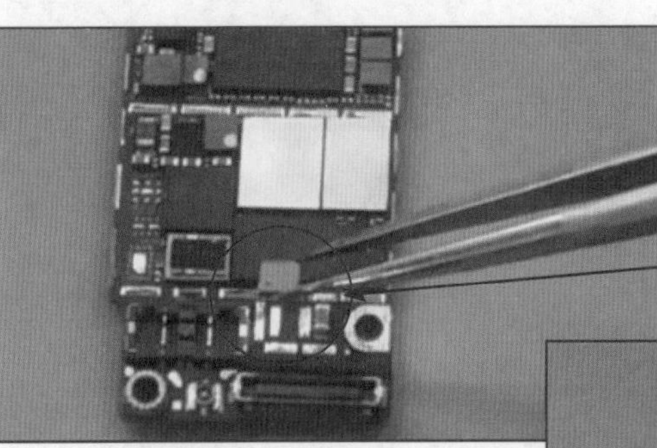

❺ 从其他手机电路板上拆下一颗充电电感器（一般手机的充电电感器型号都一样）。

❻ 准备焊接充电电感器，先用电烙铁将电感器所在的焊盘整理一下（涂点焊油）。

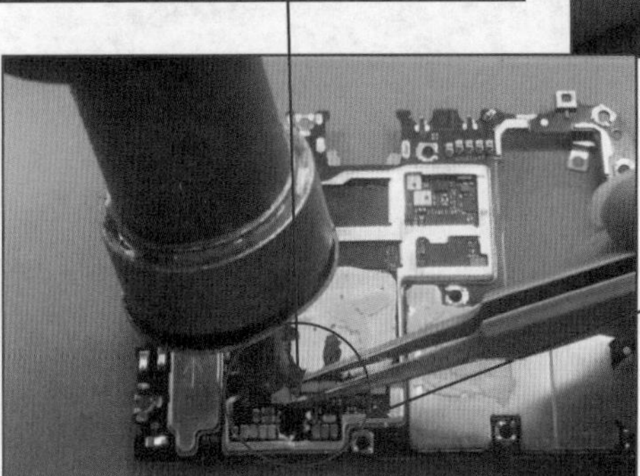

❼ 用热风枪将好的电感器焊到电路板。

❽ 将电路板装回手机，然后测试，发现插入充电线后，可以充电，充电电流正常了，故障排除。

图 15-8　荣耀 V30 不充电故障维修（续）

15.6.4　VIVO NEX 手机开机无 Wi-Fi 信号故障维修实操

客户一台 VIVO NEX 手机，可以正常开机，无法打开 Wi-Fi。此故障的维修实践步骤如图 15-9 所示。

❶ 开机检查手机，发现无法打开 WLAN，怀疑手机射频芯片有虚焊的情况。

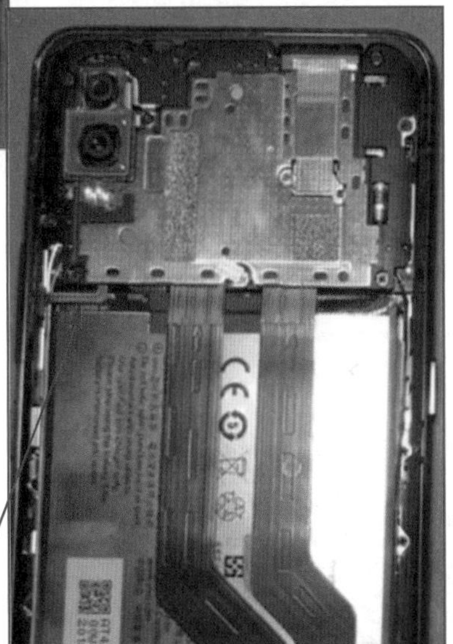

❷ 拆开手机外壳，然后拆下保护膜。

❸ 拆下手机主板。

图 15-9　VIVO NEX 手机开机无 Wi-Fi 信号故障维修

❹ 检查手机主板，发现有轻微变形，但不是很严重，应该不影响运行。

❺ 用热风枪吹屏蔽壳，把屏蔽壳拆下（拆屏蔽壳时温度要稍微高一些）。

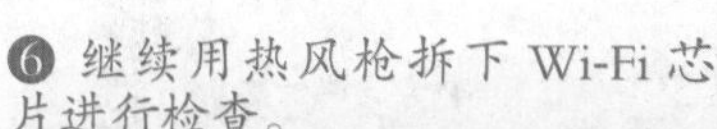

❻ 继续用热风枪拆下 Wi-Fi 芯片进行检查。

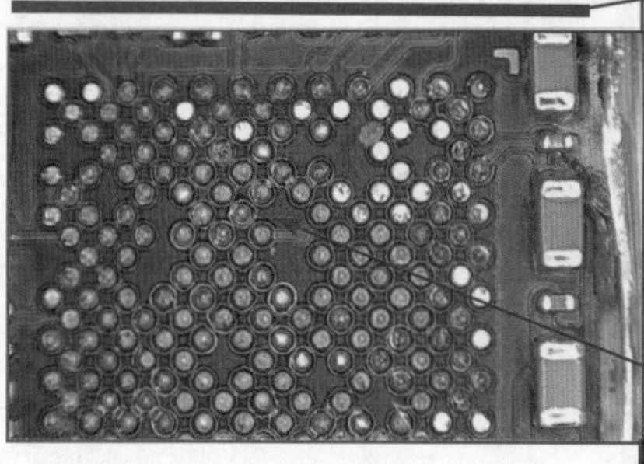

❼ 将主板放到放大镜下进行检查。发现主板焊盘上有些焊点有虚焊情况（发白的焊点是虚焊的焊点）。

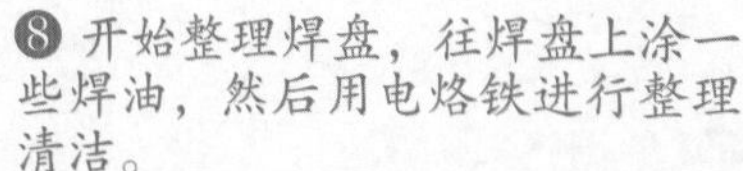

❽ 开始整理焊盘，往焊盘上涂一些焊油，然后用电烙铁进行整理清洁。

图 15-9　VIVO NEX 手机开机无 Wi-Fi 信号故障维修（续）

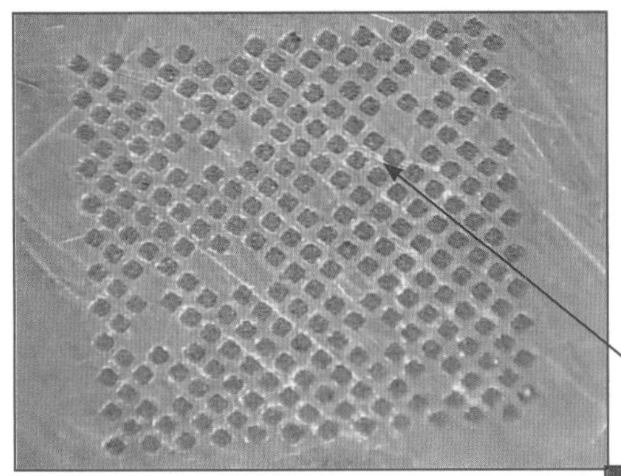

❾ 清理芯片的焊点，再重新进行植锡。

❿ 再涂一些焊油到焊盘，然后用热风枪将 Wi-Fi 芯片焊接到主板。

⓫ 将主板安装到手机进行测试（先不用焊接屏蔽壳）。

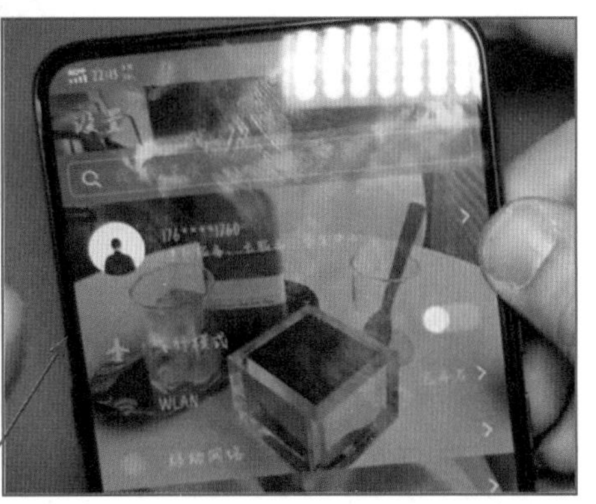

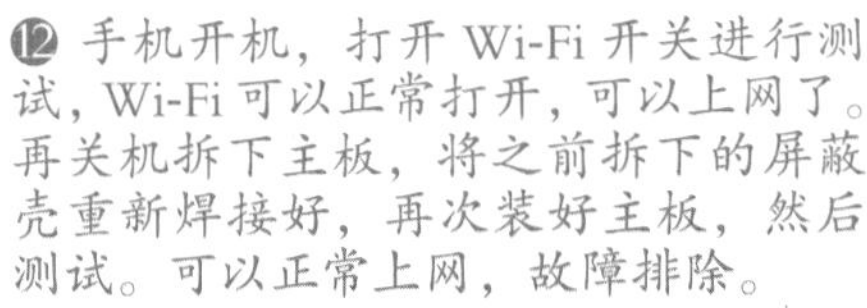

⓬ 手机开机，打开 Wi-Fi 开关进行测试，Wi-Fi 可以正常打开，可以上网了。再关机拆下主板，将之前拆下的屏蔽壳重新焊接好，再次装好主板，然后测试。可以正常上网，故障排除。

图 15-9　VIVO NEX 手机开机无 Wi-Fi 信号故障维修（续）

第16章 智能手机解锁与数据恢复维修实操

目前智能手机的功能不再仅仅局限于通信，它还是随身的重要数据存放装置；因此更安全的加密方式已经成为保障智能手机数据安全的重要设计方向；反言之，手机的解锁方法在维修中也成就为了需要掌握的技能。除此之外，由于手机使用过程中的误操作等原因会导致重要数据的丢失，如何恢复这些资料更是智能手机维修人员的必备技巧。

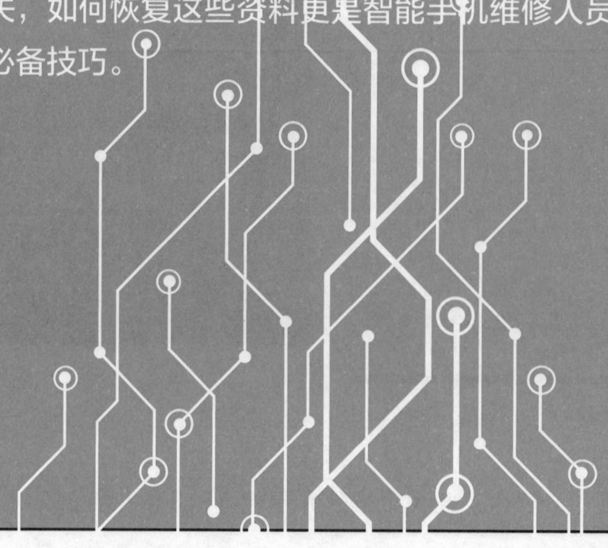

16.1 智能手机加密和解锁方法

对于智能手机而言，常见的安全加密方式主要有：图案锁、数字锁、密码锁、人脸辅助锁等几种方式；除此之外，还有有些第三方软件锁（如 360、腾讯管家等）。

智能手机的加密功能非常实用，不过忘记密码的事情不时会遇到，那么对于忘记密码，无法打开手机的问题如何解决呢：本节将讲解手机解锁的方法，来轻松处理这方面问题。

智能手机的解锁方法有多种，如 Recovery 模式解锁、Fastboot 模式解锁以及云服务解锁等；下面将重点讲解这些解锁方法及 SIM 卡锁死后的解锁方法。

1. 利用 Recovery 模式解锁

Recovery 模式是智能手机的一种恢复模式，在 Recovery 模式中可以进行安装系统、备份系统、恢复系统、清除数据等操作。大部分手机都带有 Recovery 模式。图 16-1 所示为手机的 Recovery 模式界面。

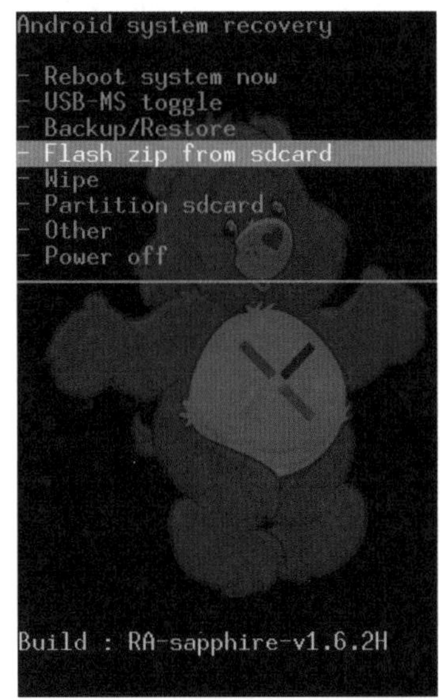

图 16-1　手机的 Recovery 模式

在 Recovery 模式中，可以通过“清空数据”或“Wipe”功能来删除手机中的数据，同时密码也就被删除了。但这种解锁方法最大的弊病就是会清空手机中的数据。

常见的进入 Recovery 模式方法如下：

（1）关机状态下，同时按住音量加 + 音量减 + 开机键；

（2）关机状态下，同时按住音量加（或减）键 + Home 键 + 开机键；

（3）关机状态下，同时按住音量加（或减）键 + 开机键；

（4）关机状态下，同时按住返回键 + 电源键。

小知识：Recovery 模式菜单注解：

- Reboot system now：重新启动手机；
- USB-MS toggle：直接连接 USB 而不需要退出该模式；
- Backup/Restore：备份和还原；
- Flash zip from sdcard：从 SD 卡安装 zip 包；
- Wipe：清空数据；
- Partition sdcard：SD 卡分区；
- Other：其他；
- Power off：关机。

2. 利用 Fastboot 模式解锁

在安卓系统中 Fastboot 模式是一种比 Recovery 模式更底层的系统模式，在此模式下，可以通过 Fastboot 命令对手机进行清除数据等操作，以达到解锁的目的。

常见的进入 Fastboot 模式方法如下：

（1）在关机状态下，同时按住音量加（或减）键 + 开机键；

（2）在关机状态下，同时按住音量加（或减）键 + Home 键 + 开机键。

解锁操作方法如下：

（1）首先在计算机上安装手机驱动程序，然后从网上下载 Google 提供的 ADB 工具并安装。安装完了在计算机上打开“系统”属性下的“设备管理器”，查看是否出现了一个 ADB 驱动的设备，如图 16-2 所示。

（2）将手机关机，并进入 Fastboot 模式，用数据线连接计算机。

（3）双击 ADB 工具中的 shell.bat 程序，输入命令：fastboot erase userdata，按回车键，当出现 OKAY 后，再输入 fastboot erase cache 命令，并按回车键，出现 OKAY，完成解锁，如图 16-3 所示。

（4）拔下数据线，重启手机即可。

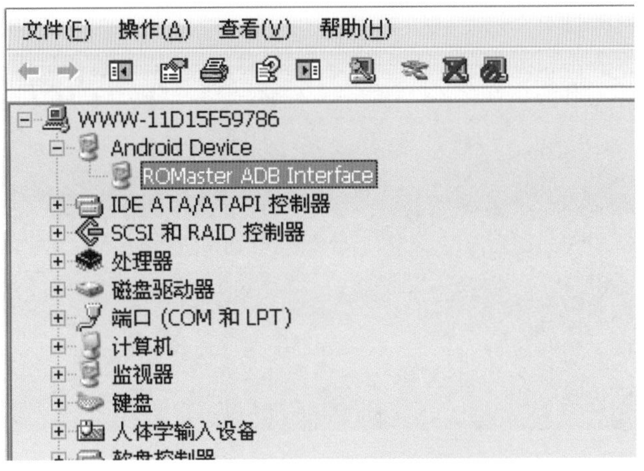

图 16-2　ADB 驱动的设备

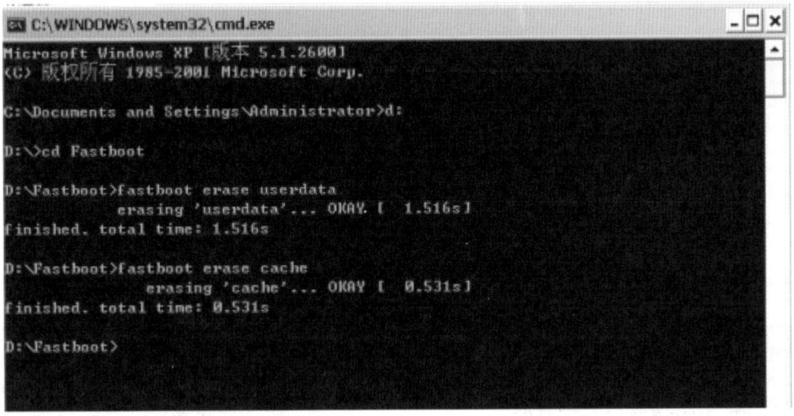

```
C:\WINDOWS\system32\cmd.exe
Microsoft Windows XP [版本 5.1.2600]
(C) 版权所有 1985-2001 Microsoft Corp.

C:\Documents and Settings\Administrator>d:

D:\>cd Fastboot

D:\Fastboot>fastboot erase userdata
            erasing 'userdata'... OKAY [  1.516s]
finished. total time: 1.516s

D:\Fastboot>fastboot erase cache
               erasing 'cache'... OKAY [  0.531s]
finished. total time: 0.531s

D:\Fastboot>
```

图 16-3　fastboot 命令

3. 利用云服务解锁

目前很多手机都开通了云服务，只要注册云服务之后，用户就可以利用云服务进行解锁。

云服务解锁的方法如下：

（1）首先在计算机上，打开浏览器，然后登录手机官网。

（2）登录之后单击“查找手机”（有的云服务是其他的），如图 16-4 所示。

（3）在“查找手机”界面，会自动搜索你“已经打开查找手机功能”的手机位置。

（4）单击“屏幕锁定”按钮，弹出对话框，输入新的屏幕解锁密码，单击“锁定”按钮。

（5）手机云端会发送你设定的指令到你的手机上，等出现发送成功提示后就完成设置了。稍等一会打开手机，输入新的解锁密码就可以解锁手机屏幕了，如果等了一会儿还不行重启手机即可。

图 16-4　云服务

4. SIM 卡锁定解锁方法

PIN 码全称 Personal Identification Number，就是 SIM 卡的个人识别密码。手机的 PIN 码是 SIM 卡的一种安全措施，防止别人盗用 SIM 卡，如果手机启用了开机 PIN 码，那么每次开机后就要输入 4 位数 PIN 码，如图 16-5 所示。

在设置 PIN 码后，在输入 3 次 PIN 码错误时，手机便会自动锁卡，并提示输入 PUK 码解锁，如图 16-6 所示。这时需要网络运营商提供初始的 PUK 码，输入 PUK 码之后就会解锁 PIN 码。

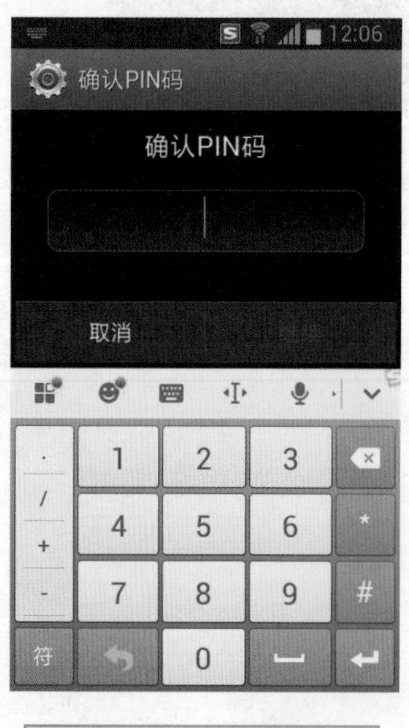

图 16-5　PIN 码

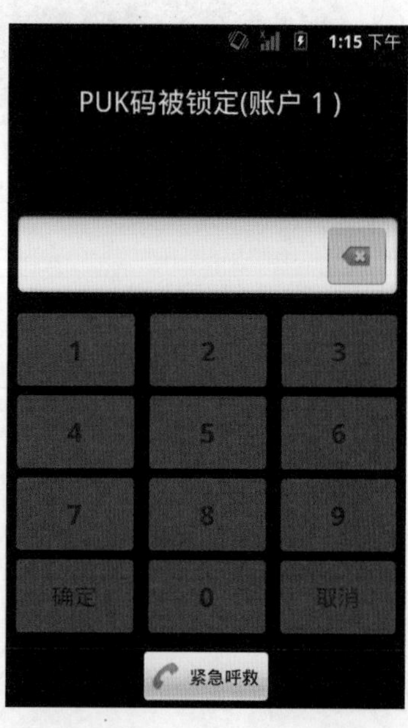

图 16-6　输入 PUK 码

PUK 码（PUK1）由 8 位数字组成，这是用户无法更改的，只有补换 SIM 卡后 PUK 码才会变更。当手机 PIN 码被锁，并提示输入 PUK 码时，若不知道 PUK 码，千万不要随便输入，因为 PUK 码只有 10 次输入机会，10 次都输错的话，SIM 卡将会被永久锁死，也就是报废。

当忘记设置的 SIM 卡的 PIN 密码后，输入 3 次 PIN 码错误后，手机会提示输入 PUK 码解锁。这时可以携带机主身份证、移动电话使用证，或者带 SIM 卡到营业厅找客服查询 SIM 卡的 PUK 码，在手机上输入对应 PUK 码，进行 SIM 卡解锁。

另外，如果你之前在运营商官方网站注册了用户，可以在运营商网站登录，然后点击 “SIM/PIN/PUK 码查询”，即可看到你手机所对应的 PUK 码。

16.2 智能手机解锁实操

关于智能手机的解锁方法，我们已经做了分析讲解；下面将通过几个实战案例来讲解手机锁死故障的解锁方法，帮助维修人员积累经验。

16.2.1 华为手机解锁实操

华为手机解锁方法如图 16-7 所示。

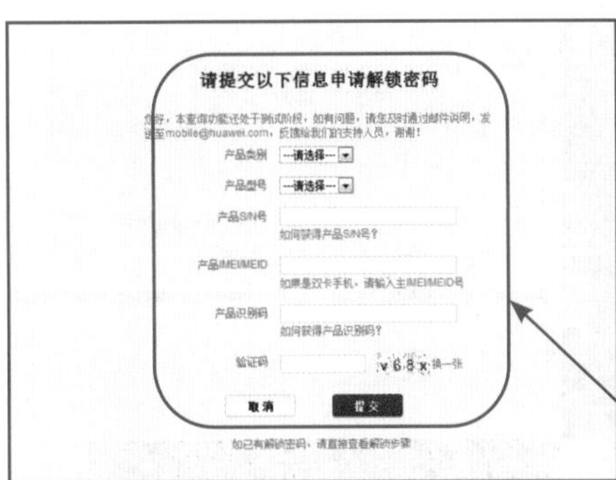

❶ 首先在计算机上安装手机的驱动程序，并从网上下载 google 提供的 ADB 工具，进入华为官网，获取手机唯一的解锁密码。

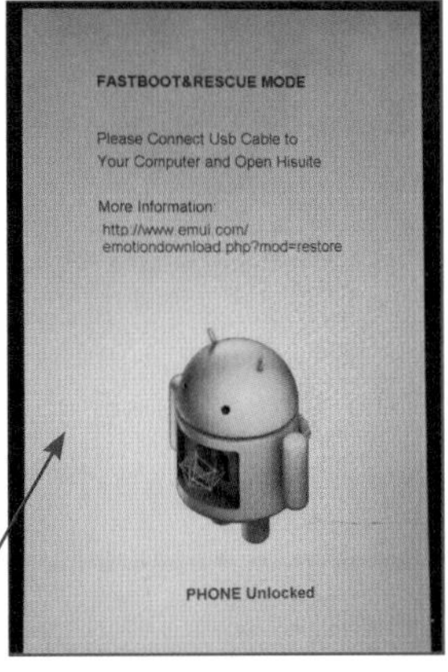

❷ 在手机的设置菜单中，关闭“快速启动”功能（也可以关机后拔下电池，超过 2 秒后再重新插入。将手机关机，同时按下音量下键 + 开机键，并保持 10 秒以上时间，这时会进入 Fastboot 模式。

图 16-7　华为手机解锁方法

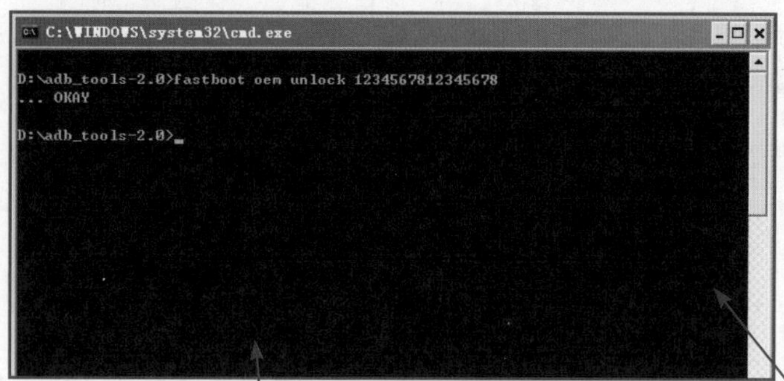

❸ 在 Fastboot 模式下，将手机和计算机通过 USB 线连接。在计算机端双击下载的 ADB 程序中的 cdm.exe 窗口，在窗口中输入“fastboot oem unlock 1234567812345678”（1234567812345678 为查询的 16 位解锁密码）。

❹ 当出现“OKAY”提示时，完成解锁。手机将自动重启，如果输入密码正确，手机将进入恢复出厂设置模式，恢复出厂设置完成后，手机自动重启，完成整个解锁操作。

图 16-7　华为手机解锁方法（续）

16.2.2　VIVO 手机解锁实操

VIVO 智能手机解锁方法如图 16-8 所示（注意：会删除手机中的通讯录等数据）。

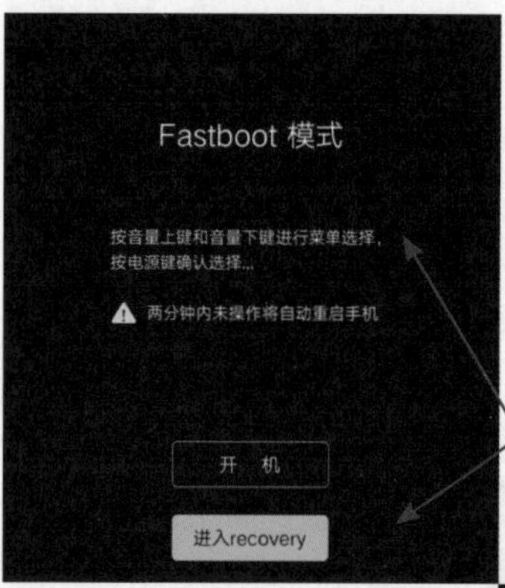

❶ 关机状态下同时按住电源键和音量上键，直到出现 vivo 的字样再松开，手机自动进入 recovery 模式（部分机型手机会先进入 Fastboot 模式下，然后按音量键手动选择 recovery 模式，按电源键进入）。

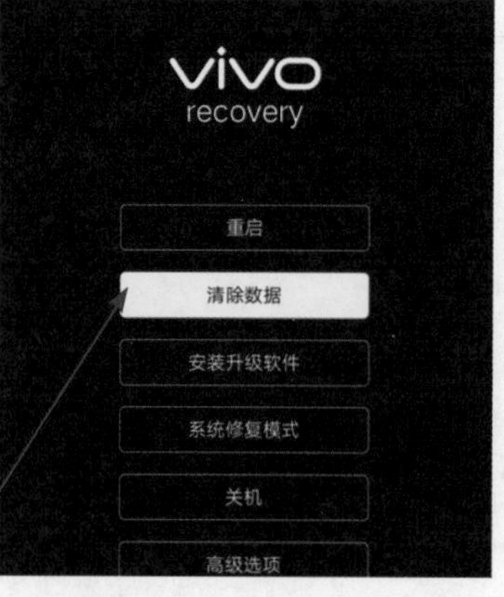

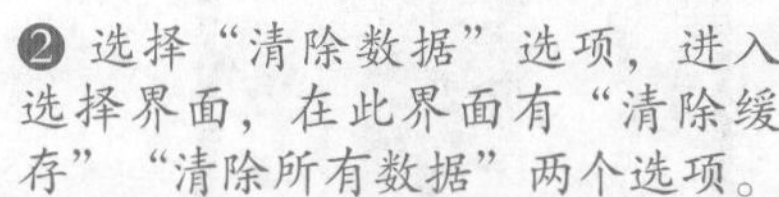

❷ 选择“清除数据”选项，进入选择界面，在此界面有“清除缓存”“清除所有数据”两个选项。

图 16-8　VIVO 手机解锁方法

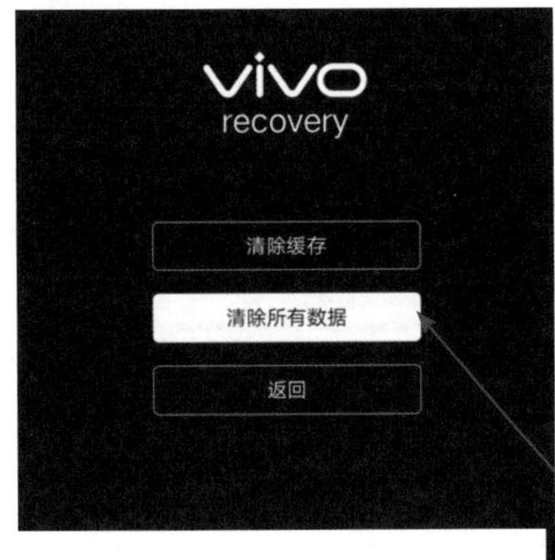

❸ 先选择“清除缓存”选项，再选择“清除所有数据”选项。

❹ 选择“清除缓存”选项后，在此界面，再次选择“清除缓存”选项。

❺ 返回第 3 步的界面，再次选择“清除所有数据”选项。然后在此界面中，选择“确定”选项，按电源键。返回主界面，选择“重启”选项，重启手机，密码就会自动消失。

图 16-8　VIVO 手机解锁方法（续）

16.2.3　云服务解锁实操

下面以 OPPO 手机为例讲解利用云服务解锁的方法，如图 16-9 所示。提示：利用云服务解锁手机首先需要在手机被锁之前，在手机上已经开启“查找手机”的功能。

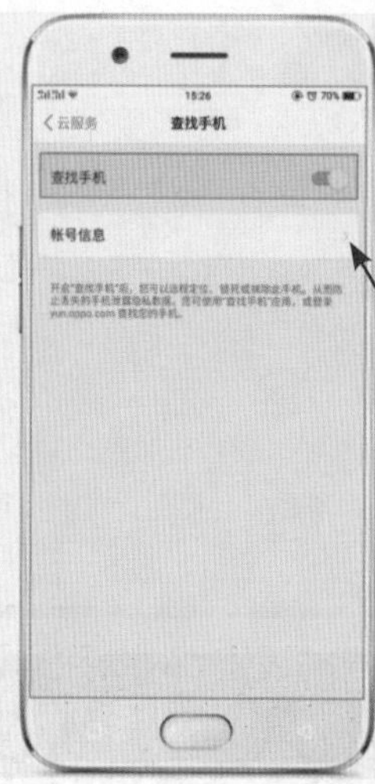

❶ 利用云服务解锁手机，需要在手机被锁之前，打开“查找手机”的功能。方法是：打开手机“设置”然后打开“云服务”，再登录OPPO账号，然后点击“查找手机”，选择右边的开启按钮。

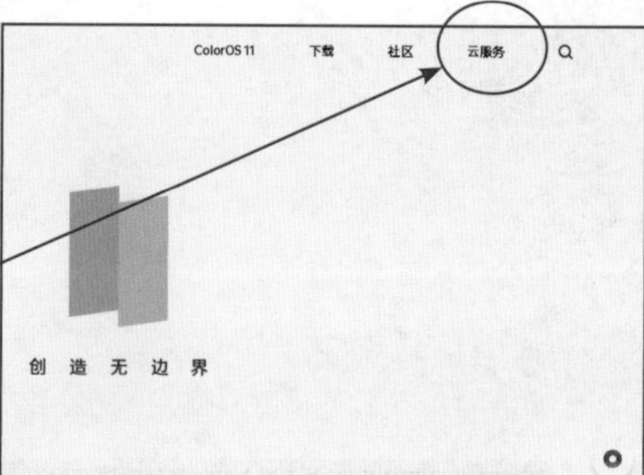

❷ 在计算机上打开浏览器，登录OPPO手机的官网，然后单击“ColorOS”选项，在打开的网页中，单击“云服务”按钮。

❸ 在弹出的登录框中，输入云服务的账号和密码（需要之前开通过云服务才可以）。

❹ 登录云服务之后，在打开的界面中，单击“查找手机”按钮。

图16-9 利用云服务解锁

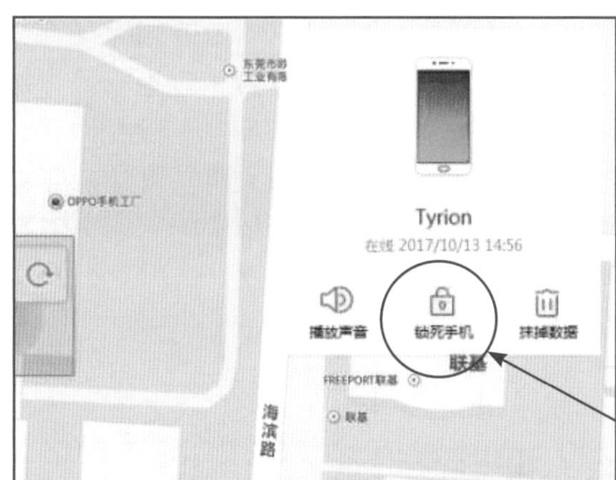

❺ 在打开的界面中单击“锁死手机”按钮。

❻ 弹出输入锁屏密码的对话框，输入新的锁屏密码，然后单击“锁定”按钮即可。

❼ 之后手机云端会发送你设定的指令到你的手机上，等出现发送成功提示后设置就完成了。稍等一会儿打开手机，输入新的解锁密码就可以解锁手机屏幕了，如果等了一会还不行重启手机即可。

图 16-9　利用云服务解锁（续）

16.3 照片等资料是怎样从手机中删除的

手机中照片等文件的删除工作其实很简单，将存储卡目录区文件的第一个字符改成 E5 就表示该文件删除了，而文件的数据内容并没有被清除。

存储在存储卡中的每个文件都可分为两部分：文件头和存储数据的数据区。文件头用来记录文件名、文件属性、占用簇号等信息，文件头保存在一个簇并映射在 FAT

表（文件分配表）中。而真实的数据则是保存在数据区中的。平常所做的删除，其实是修改文件头的前 2 个代码，这种修改映射在 FAT 表中，就为文件做了删除标记，并将文件所占簇号在 FAT 表中的登记项清零，表示释放空间，这也就是平常删除文件后，存储卡空间增大的原因。而真正的文件内容仍保存在数据区中，并未真正删除。要等到以后的数据写入，把此数据区覆盖，这样才算是彻底把原来的数据删除。如果不被后来保存的数据覆盖，它就不会从磁盘上抹掉。

16.4 恢复被删除的照片 / 视频实操

在日常维修中，通常使用一些数据恢复软件来恢复手机存储卡中的数据，使用这些软件恢复数据成功率也较高，常用的恢复软件有：EasyRecovery、FinalData、360 文件恢复（360 安全卫士中的）等。

下面以 EasyRecovery 恢复软件为例进行讲解。

注意：在照片视频等重要数据被删除后，首先不要往手机中存储任何文件或安装游戏，否则可能因为新数据的写入导致之前被删除的照片等被覆盖而无法恢复。

具体恢复方法如图 16-10 所示。

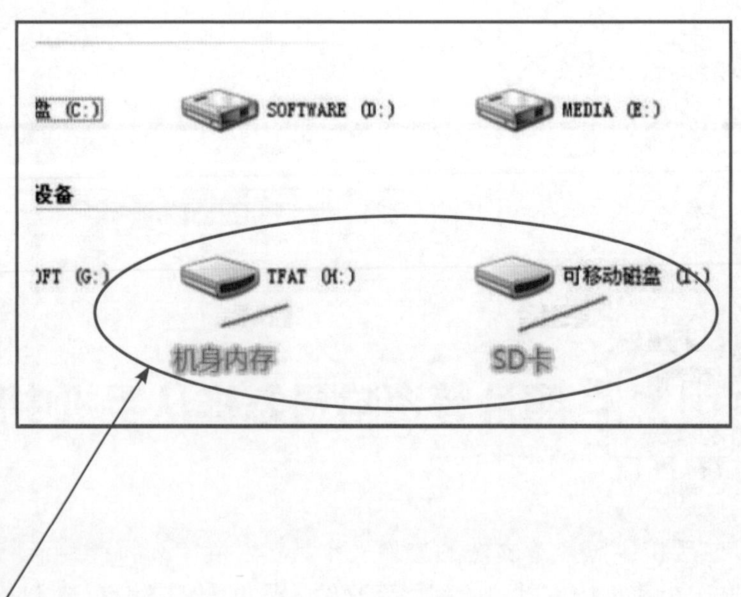

① 确定你手机上是否有外插的存储卡。如果有，拔出来用读卡器连接在计算机上。如果没有存储卡，那就需要用数据线将手机与计算机连接。正常在计算机上可以读出手机的可移动磁盘。

图 16-10　恢复被删除的照片 / 视频

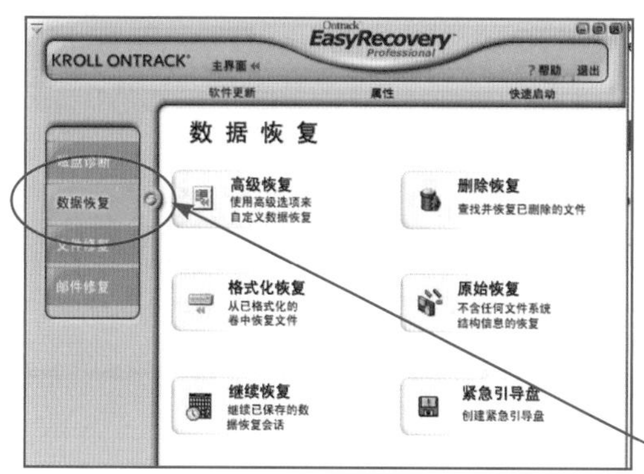

❷ 运行数据恢复软件 Easyrecovery（如果没有此软件可以用 360 安全卫士里的文件恢复），并单击“数据恢复”选项。

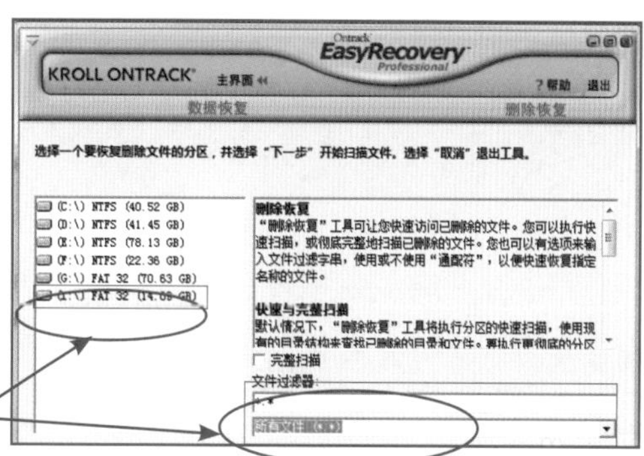

❸ 在数据恢复窗口中，单击“删除恢复”选项，选择手机内存卡的盘符(如可移动磁盘是 I 盘)，然后在右方“文件过滤器”下拉菜单中，选择图像文件（如果只恢复照片），点击“下一步”按钮。

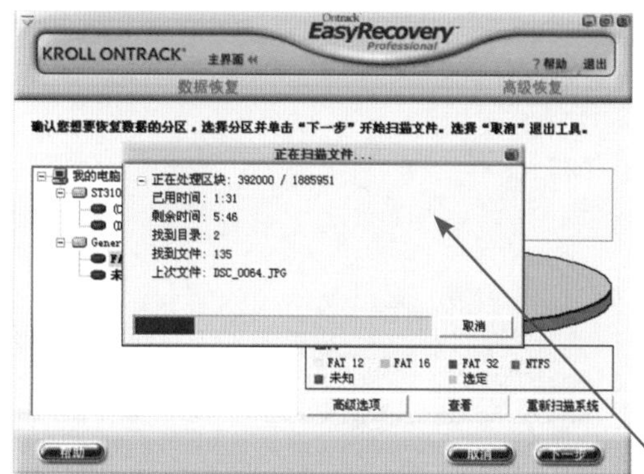

❹ 这时软件会自动扫描磁盘里被删除的图像文件，稍等一会儿扫描完成。

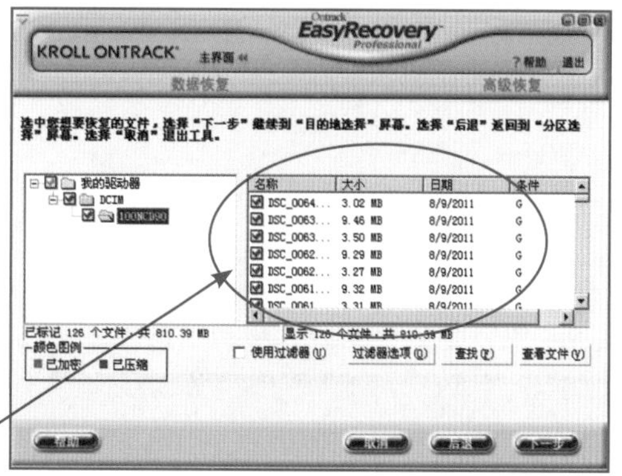

❺ 扫描结束后，会显示扫描出来的文件，这时选中要恢复的照片，单击“下一步”按钮。

图 16-10　恢复被删除的照片 / 视频（续）

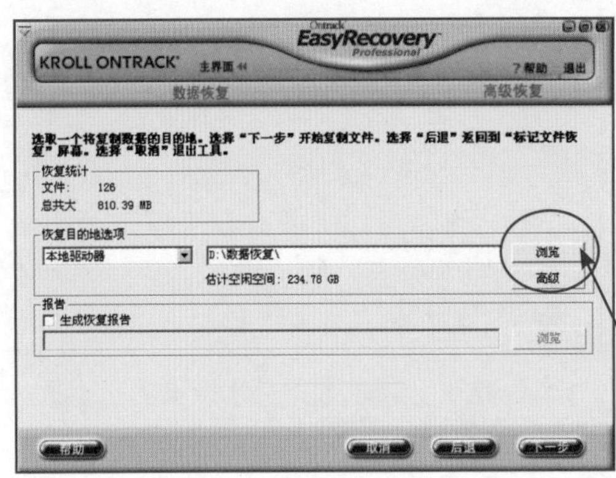

⑥ 单击"下一步"按钮后，会让你选择恢复文件保存的文件夹，一般保存到计算机的磁盘中。单击"浏览"按钮，设置保存位置。注意，不要再选择本身这个可移动磁盘，选择的是D盘。

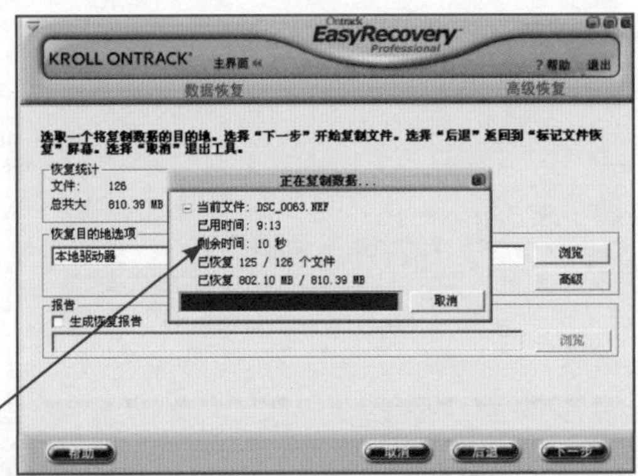

⑦ 设置好之后，单击"下一步"按钮，软件开始自动恢复数据。

KROLL ONTRACK EasyRecovery Professional 主界面 ?帮助 退出
数据恢复 高级恢复

选择"打印"来打印恢复摘要，选择"保存"来将恢复摘要保存到文件中。选择"后退"返回到"复制目的"屏幕，或选择"完成"退出工具。

Ontrack EasyRecovery - 高级恢复
版权所有 (c) 2000-2009 Kroll Ontrack Inc.
报告创建于 8/14/2011 @ 11:58 AM

源驱动器: Generic STORAGE DEVICE
要恢复 126 个选定的文件。
要恢复 810.39 MB 数据。

数据已恢复到 D:\数据恢复\。

已恢复 126 个文件。
已跳过 0 个文件。
由于目的地与 NTFS 不兼容，无法恢复 0 个文件。

帮助 打印 保存 后退 完成

⑧ 等待一会儿恢复完成后，单击"完成"按钮即可。

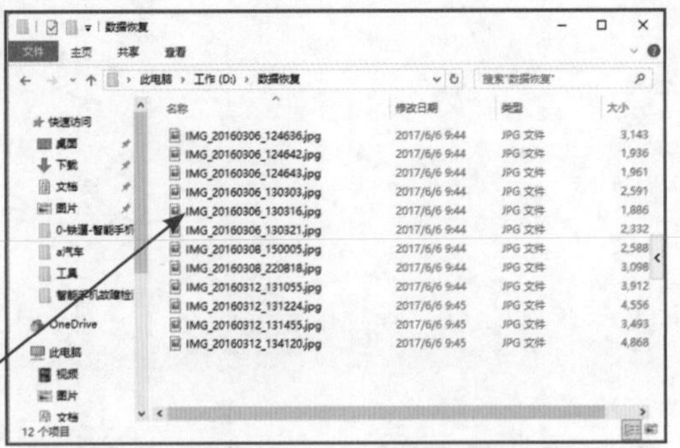

⑨ 打开计算机中保存恢复文件的文件夹，就看到恢复的照片了。如果想再放在手机内存卡里，复制粘贴到可移动磁盘即可。

图 16-10 恢复被删除的照片 / 视频（续）